KB048883

WIRED FOR LOVE

Copyright © 2022 by Stephanie Cacioppo. All rights reserved.
Korean translation copyright ⓒ 2022 by Sangsang Academy

이 책의 한국어판 저작권은 Brockman과 직접 계약한 ㈜상상아카데미에
있습니다.
저작권법에 의하여 한국 내에서 보호를 받는 저작물이므로
무단전재 및 복제를 금합니다.

Wired For Love

우리가 사랑에
빠질 수밖에 없는 이유

: 낭만과 상실, 관계의 본질을 향한
신경과학자의 여정

스테파니 카치오포 지음

김희정·염지선 옮김

생각의힘

당신에게

프롤로그

사랑에 빠지는 것 falling in love 이 중력 탓은 아니지 않는가.
— 알버트 아인슈타인

폴 디랙Paul Dirac은 누구에게도 백마 탄 왕자님 스타일
은 아니었지만 천재였다. 아인슈타인 이후 20세기 최고의
이론물리학자라고 해도 과언이 아닐 것이다. 디랙은 양자
역학 분야의 선구자였고 반물질의 존재를 정확히 예측해
냈으며 불과 서른세 살에 노벨상을 수상했다. 하지만 사회
적으로는 블랙홀이나 마찬가지였다. 동료들은 그를 병적
으로 말이 없는 사람이라고 묘사했고 오죽하면 그의 말수

를 측정하는 단위를 만들어 낼 정도였는데 '1디랙'은 한 시간에 한 단어를 의미했다. 브리스톨 대학교에 다니던 시절이나 케임브리지에서 박사 과정을 할 때도 디랙은 연애는 말할 것도 없고 친한 친구 한 명도 없었다. 그는 오직 연구에만 몰두했으며 다른 물리학자들이 과학과는 아무런 상관도 없는 시를 읽거나 하는 데 귀중한 시간을 쓰는 것을 놀라워했다. 한번은 동료 물리학자인 베르너 하이젠베르크Werner Heisenberg와 댄스파티에 간 디랙이 파도처럼 넘실대며 춤을 추는 사람들을 바라보다 이 이상한 의식을 왜 하는지 이해하지 못하고 물었다.

"춤은 왜 추는 거지?"

"멋진 여자들과 춤추는 건 즐거운 일이니까." 하이젠베르크가 대답했다.

그러자 한참을 생각하던 디랙이 되물었다.

"그럼 춤추기 전에 그 여자들이 멋지다는 건 어떻게 미리 알았어?"

1934년 디랙은 마르깃 비그너Margit Wigner라는 중년의 헝가리 여성을 소개받았다. 모두들 맨시Manci라고 부르던 이 여성은 디랙과는 여러 면에서 정반대였다. 과학에는 문외한이었고 외향적인 성격에 재미있는 사람이었다. 하지만 맨시는 이 무뚝뚝한 물리학자에게 이상하게 관심이 갔다. 디랙 자신은 보지 못하는 면을 맨시는 볼 수 있었다. 언젠가 맨시가 디랙에게 사랑을 가득 담은 편지를 보내자 그는 어깨를 으쓱하며 문법을 교정하고 외모를 비평한 답장을 보내 왔다. 그녀는 디랙이 '냉혹함'으로는 두 번째 노벨상을 타고도 남는다고 말했다.

하지만 맨시는 포기하지 않았다. 디랙을 설득해 함께 시간을 보내고, 그가 꿈을 공유하고 두려움을 털어놓도록 만들었다. 디랙은 차차 부드러워졌다. 언젠가 오랫동안 함께 있다 헤어졌을 때 디랙은 자신에게 찾아온 완전히 새로운 감정에 크게 놀랐다. "보고 싶어요." 그가 말했다. "누굴 떠난다고 해서 보통 그 사람이 그립지는 않은데 정말 이해할 수 없는 일이네요."

디랙과 맨시는 결국 결혼해 반세기 동안 서로를 사랑하며 행복하게 살았다. 아내에게 쓴 편지에서 디랙은 자신의 천재성에도 불구하고 혼자서는 결코 알지 못했을 것을 아내가 가르쳐주었다고 썼다. "내 사랑 맨시… 당신은 내 인생에 굉장한 변화를 가져왔어요. 당신은 나를 인간으로 만들어 주었어요."

혼자인 사람들

디랙의 이야기는 사랑의 힘이 어떻게 인간의 잠재력을 깨닫게 할 수 있는지 보여 준다. 그 힘을 이해하는 것— 사랑이 왜 진화 과정에서 살아남았고 어떤 기능을 하는지,

또 어떻게 우리 몸을 강하게 하고 마음을 열게 하는지—이 이 책의 주제이다. 이는 최근 몇 년간 더 복잡해진 주제이기도 하다. 우리는 사랑하는 데 필요한 환경에 새로운 종류의 압박이 가해지는 시대에 살고 있다. 결혼율은 역사상 최저로 떨어져 현재 미국 성인의 절반이 싱글이다. (1950년에는 22퍼센트만이 싱글이었다.) 앞으로 이야기하겠지만 혼자인 것과 외로운 것에는 중요한 차이가 있으므로 혼자라고 모두 외로운 것은 아니다. 하지만 스스로 혼자인 삶을 선택해서가 아니라 상황에 의해 혼자가 된 사람들은 외로움을 느낄 가능성이 크다. 혼자 아이를 키우는 사람들 같은 경우가 그렇다. 2020년에 전국적으로 시행한 한 조사에 따르면 혼자 아이를 키우는 부모의 경우 다른 가정보다 외로움을 느끼는 정도가 높은 것으로 나타났다. 2018년 스코틀랜드의 조사에 따르면 혼자 아이를 키우는 사람 세 명 중 한 명이 '자주' 외로움을 느끼고, 두 명 중 한 명은 '가끔' 외로움을 느낀다고 응답했다. 외로움은 사실 너무나 만연하고 타격이 커서, 많은 의료 전문가들은 외로움이 유행병으로서의 완전한 형태를 갖추었다고 표현할 정도이며, 싱글인 개인뿐만 아니라 파트너가 있지만 서로에게 만족하지 못하는 커플에게도 영향을 준다.

아마도 이러한 인간관계에 대한 열망과 그리움이 온라인 데이트 산업을 폭발적으로 성장시킨 원인일 것이다. 2015년에서 2020년 사이 온라인 소개팅 앱 회사들의 총 수익은 16억 9,000만 달러(약 2조 280억 원)에서 30억 8천만 달러(약 3조 6,960억 원)로 크게 뛰었으며 2025년까지 두 배가량 늘어날 것으로 예상된다. 또한 2020년 마지막 분기에 실시한 한 온라인 조사에서는 싱글이거나 배우자와 사별했거나 이혼한 인터넷 사용자의 39퍼센트가 최근 한 달 사이에 온라인 소개팅 앱을 사용해 본 적이 있다고 답했다.

하지만 완벽한 파트너를 찾아내도록 고안된 정교하고도 새로운 알고리즘과, 온라인에서 만나 장기적으로 안정적인 관계를 이어가는 커플에 대한 희망적인 데이터에도 불구하고 여전히 많은 이들이 최근 10년간 연애가 더 어려워졌다고 이야기한다. 우리 중 누군가는 사랑을 발견하기도 하지만 다른 누군가는 여전히 특별한 한 사람을 찾기 위해 오늘도 계속해서 화면을 스와이프한다. 어떻게 해야 만날 수 있을지는 모르지만 완벽한 짝이 가까이에 있을 것이라는 믿음으로.

예전보다 사랑에 대한 기준이 높아진 걸까? 디지털 시대의 연애에는 그 전 세대 사람들이 오프라인에서 사람을 만나던 것과는 근본적으로 다른 무언가가 있는 걸까? 어장이 너무 좁은 것일까? 아니면 반대로 그 안에 물고기가 너무 많은 것일까? 휘저으면 휘저을수록 내 그물에 문제가 있는 게 아닐까 하는 걱정이 앞선다. 일반적으로 생각하면 선택지는 많을수록 좋은 것 같지만, 연구에 따르면 사실 사람들은 선택지가 너무 많은 것보다는 8~15개 정도로 한정된 범위의 선택지를 선호한다. 선택지가 15개를 넘어가면 사람들은 압박감을 느낀다. 심리학자들은 이 현상을 선택 과부하choice overload라고 부른다. 나는 FOBO Fear Of a Better Option(더 나은 선택이 있을 것이라는 두려움)라는 용어가 더 마음에 든다.

어떤 이름을 갖다 붙이든 선택은 지치는 일이다. 코로나19 팬데믹은 연애 시장에서의 피곤함에 지쳐 있던 수많은 싱글들에게 영업을 중단하고 독신 생활의 안락함 속에서 잠시 쉬어갈 수 있는 핑곗거리를 제공해 주었다. 감염병이 어느 정도 가라앉는 기미를 보이자 일부 싱글들은 이번에는 FODAFear Of Dating Again, 즉 연애 재개 공포를 느끼기 시작했다. 디지털 시장에서 스스로의 가치를 상품화해 소비되며 겪은 고립감에 트라우마가 생긴 것일지도 모르겠다. 어쩌면 온라인상에서 잠적해 버리는 상대에게 너무여러 번 당했기 때문일 수도 있고, 아니면 사랑을 찾다 기대에 못 미치는 경험에 실망하고 지친 것일지도 모르겠다.

물론 모두가 그런 것은 아니다. 코로나 기간 동안에 연애를 잠시 멈춘 사람들도 있지만 소개팅 앱의 전체 사용량은 증가했는데, 사람들이 온라인상에서 연결고리를 찾고자 했기 때문으로 보인다. 락다운 이후 연애를 망설이는 사람이 많았던 만큼 또 어떤 사람들은 연애 스타일을 완전히 바꾸어 특별한 한 사람을 찾아내고야 말겠다는 희망의 에너지가 샘솟기도 했을 것이다. 정해진 배역만 찾는다든가(미래를 약속할 모든 조건을 충족하는 상대만 만나기), 종말론자가 되었다든가(이 연애가 마지막 사랑일 것처럼) 하는 식으로 말이다.

  팬데믹은 사회적 고립에 맞서 싸우는 싱글들뿐 아니라 이전 그 어느 때보다 함께 보낸 시간이 늘어난 커플들에게도 거대한 시험대였다. 대공황이나 제2차 세계대전과 같은 다른 전 지구적 위기 상황에서와 마찬가지로 결혼율이 팬데믹 이전 최저점보다 더 낮은 수준으로 곤두박질쳤다. 커플들은 여러 계획을 코로나 이후로 보류하고, 속도를 늦추고 좋은 쪽이든 나쁜 쪽이든 서로에 대해 더 잘 알게 되는 시간을 가지게 되었다. 케임브리지 대학교 수학과 박사 과정에 있던 한 학생의 계산에 의하면 락다운 기간 동안 커플들의 실제 연애 기간이 평균적으로 4년 정도 더 얹어진 것으로 보면 된다고 한다. 어떤 이들은 관계에서 벗어나고 싶어 했다. 문화평론가들은 관계가 위태로웠던 커플은 락다운 스트레스를 이겨 내지 못할 것이라고 예측했으며, 실제로 이 기간 동안 이혼 전문 변호사들의 전화통에 불이 났다는 미디어의 보도도 있었다. 하지만 팬데믹이 시작되고 몇 달 후 이루어진 한 조사에서는 미국인 커플의 절반이 이 유폐 경험으로 관계가 더욱 공고해졌다고 답변한 것으로 나타났고, 1퍼센트만이 관계가 나빠졌다고 대답했다.

코로나19로 인해 우리가 맺고 있는 인간관계가 얼마나 강한 회복력을 지니고 있는지 알게 되었다고 해도 커플들은 여전히 많은 난제와 마주하고 있다. 디지털 기술의 발전으로 엄청나게 많은 사회적 이점을 누리게 되었지만 커플에게 이는 은총인 동시에 저주였다. 덕분에 물리적으로 멀리 떨어져 있을 때에도 서로 연결될 수 있었지만 다른 한편으로는 다른 이들과도 이어 주는 이 장치로 인해 정작 파트너와는 심지어 한 방에 같이 있을 때조차 연결이 끊어지기도 했다. 30~49세의 커플들 중 3분의 2가 상대방이 스마트폰 때문에 대화에 집중하지 않은 적이 있다고 답변했다. 18~29세 커플의 34퍼센트는 상대방의 소셜미디어로 인해 질투심을 느끼거나 관계에 회의감을 느꼈다고 답했다.

커플들은 이러한 새로운 난관에 더해 여전히 자존심 싸움이라든가 사랑받지 못한다는 느낌, 대화의 단절이나 서로에 대한 지나친 기대와 같은 고전적인 문제들도 마주한다. 커플 문제 상담사들은 이러한 문제점들을 이별의 가장 흔한 원인으로 꼽는다.

이 모든 장애물들은 사람들이 사랑을 완전히 포기할 지경까지 몰고 갔다. 퓨 리서치센터Pew Research에 따르면 놀랍게도 싱글인 미국 성인의 절반—대다수의 싱글 여성—이 연애 시장에 아예 발을 들여놓지 않고 있다고 답했다. 유엔 조사 역시 전 세계적으로 혼자 사는 가구가 늘어나고 있으며 많은 사람들이 적당한 파트너를 찾지 못하고 있다고 발표했다. 결혼을 원하는 사람들의 절반 정도가 배우자를 찾지 못하고 있다고 답변한 일본의 경우는 특히 두드러지는 예다.

관계에 영향을 미치는 이런 모든 트렌드는 밀레니얼 세대에 가장 큰 타격을 주는 듯하다. 미국에서는 밀레니얼 세대의 61퍼센트가 현재 배우자나 파트너 없이 살고 있다. 밀레니얼 세대가 사랑을 찾는 데 고군분투하는 동안, 한창 연애를 할 나이의 더 어린 연령층에서는 적극적으로 연애를 피하고 있는 사람들이 꽤 있는 것으로 나타난다. 노스웨스턴 대학교에서 '결혼 개론Marriage 101'이라는 인기 과목을 가르치는 한 임상심리학자는 미국의 시사 잡지 〈디 애틀랜틱The Atlantic〉과의 인터뷰에서 많은 학생들이 로맨스 자체를 피하고 있다고 이야기했다. "점점 더 많은 학부생들이 미래를 망치지 않으려고 대학 시절에 사랑에 빠지지 않기 위해 노력한다고 이야기합니다."

사랑이라고 부르는 그것

나는 사랑을 연구하는 신경과학자이기도 하지만 속절없는 낭만주의자이기도 하다. 나는 많은 사람들이 혼자 살기를 선택하고, 낭만적 관계에서 등을 돌리는 요즘 같은 때에 그러지 말고 다시 한번 힘을 내 보자고 말하고 싶다. 세상이 변하고 있는 것은 맞지만 사랑도 그에 맞춰 변화하고 진화할 것이다. 융통성이야말로 사랑의 가장 멋진 점이다. 사랑은 끝도 없이 필요에 맞게 변화할 수 있지만 그렇다고 사랑이 소모품이 되어서는 안 된다. 사랑은 선택사항이 아니며, 없어도 살 수 있는 것이 아니다. 사랑은 생물학적 필수 요건이다.

과학적으로 뇌에 관해 연구해 오면서 건강한 사랑을 하는 것이 영양가 있는 음식과 운동, 깨끗한 물만큼이나 인간의 건강한 삶에 필수적인 요소라는 점을 확신하게 되었다. 장기적으로 낭만적 관계를 맺고 혜택을 누리도록, 진화를 통해 우리의 몸과 마음에 새겨져 있는 것이다. 이런 관계가 해지고 찢어지면 정신 건강과 신체는 망가진다. 나는 연구를 통해 우리 두뇌의 회로가 사랑을 하도록 짜여 있을 뿐 아니라 디랙의 말처럼 사랑 없이는 잠재력을 온전히 발휘할 수 없다는 점을 밝혀냈다. 사회적 존재로서 우리의 삶이 미래에 어떤 모습이든 사랑이 기초가 되고 초석이 되어야 한다. 나는 연구실에 틀어박혀 몇백 시간을 사랑에 빠진 사람들의 뇌(사랑에 상처를 받은 사람들도)를 스캔하고 분석하여 이 점을 알아냈지만, 내가 나의 삶에서 사랑을 발견하고, 잃어 버리고, 다시 찾기 전까지는 사랑의 중요성과 진정한 아름다움을 완전히 이해하지 못했다.

이 책을 통해 우리가 사랑의 신비를 함께 풀 수 있기

를 바란다. 하지만 그 전에 두 글자로 이루어진 '사랑'이라
는 단어가 무엇을 의미하는지 먼저 짚고 넘어가야 한다.
이 책에서 여러 종류의 사랑에 대해 논의하고는 있지만
(모성애, 조건 없는 사랑, 친구, 반려동물, 일, 스포츠, 삶의 목
적을 향한 사랑 같은) 낭만적 사랑에 주로 초점을 맞췄다.
두 사람이 온전히 자신의 선택으로 서로를 단단히 묶는 눈
에 보이지 않는 유대의 끈을 만들고, 심장을 마구 날뛰게
하고, 1,000척의 배를 띄우게 하고(스파르타 왕비 헬레나
를 되찾아오기 위해 트로이 전쟁이 발발했다는 데서 쓰이는
은유-옮긴이), 가족을 이루게 하며, 심장을 찢는(나중에 나
오겠지만 이건 말 그대로이다) 그런 종류의 사랑.

내가 연구하는 사회신경과학은 사랑에 관해 전체론
적 방법으로 접근한다. 사랑에 빠진 사람들의 뇌를 깊이
들여다봄으로써 사랑이라는 이 복잡한 신경생물학적 현
상이 단지 뇌의 쾌락 중추만을 활성화하는 것이 아니라,
뇌의 가장 진화되고 지적인 부분이자 지식을 습득하고 세
상을 이해하게 해 주는 인지 체계를 활성화시킨다는 것을
발견한다.

그러나 사람들은 여전히 사랑처럼 위대하고 신비로
우며 심오한 무언가를 이해하는 데 신경과학의 도움을 구
하기보다는 시인을 찾는다. 엘리자베스 배릿 브라우닝Eliz-
abeth Barret Browning은 사랑이라고 부르는 이 형언하기 어
려운 감정을 다음과 같은 시 한 구절로 정의한다. "제 삶의

모든 숨결과 미소와 눈물로 당신을 사랑합니다." 마야 안젤루Maya Angelou는 사랑을 찾는 이들을 "기쁨으로부터 추방된 자", "외로움의 껍데기에 싸여서" 사랑이 "우리를 다시 삶으로 돌려놓기를" 기다리는 사람이라고 우아하게 표현했다.

그런데 실제로 사랑을 정의해야 하는 순간이 오면 시인은, 그저 시적일 수밖에 없다. 프랑스 시인이자 소설가인 빅토르 위고는 '사랑이란 무엇인가' 묻는 질문에 똑바로 대답하는 대신 이 말 저 말로 얼버무리며 피해 갈 뿐이다. "길에서 사랑에 빠진 무척 가난한 한 남자를 만났다. 모자와 코트는 낡고 신발에는 물이 새고 있지만 그의 영혼으로는 별이 지나고 있었다"라든가, 제임스 조이스의 장편소설《율리시스》의 멋진 구절 "사랑은 사랑을 사랑하는 것을 사랑한다"는 또 어떤가.

문장 자체만 보면 참 멋지다. 하지만 '사랑이 무엇이냐'는 질문에 대한 답변으로는 '불완전하다'는 게 줄 수 있는 가장 후한 점수일 것이다. 어떤 현상에 접근함에 있어 과학자라면 마치 외과 수술을 하듯 정확해야 한다. 사랑을 연구하려면 사랑을 해부해 파헤쳐야 한다. 사랑이 무엇인가에 관한 것뿐 아니라 무엇이 사랑이 아닌가에 대해서도 정의해야 한다. 사랑은 감정인가, 인식인가? 사랑은 원초적 충동인가, 아니면 사회적으로 구축된 것인가? 사랑의 기쁨은 자연적인 도취감인가, 위험한 마약인가? 앞으로

짚어 가겠지만, 답은 '둘 다'이기도 하고 '모두 답이 아니'기도 하다. 이렇듯 딱 잘라 말할 수 없는 상황에서 제대로 된 과학자라면 그냥 계속해서 양파 껍질을 벗겨 내 볼 수밖에 없다.

　과학자는 사랑이라는 용어를 정의하는 데 그쳐서는 안 되고, 자신이 내린 사랑의 정의가 해당되지 않는 상황, 즉 경계조건을 설정해야 한다. 양방향이 아닌 사랑도 여전히 사랑일까? 욕망이 수반되지 않는 사랑도 사랑일까? 동시에 두 사람과 진정한 사랑을 나눌 수 있을까? 사랑을 정의하는 분명한 경계를 먼저 정하고 나면 그때부터 사랑이라는 것이 어떻게 작동하는지 분석을 시작할 수 있고, 사랑에 관한 오래된 전언들(사랑에 눈이 멀었다든가, 첫눈에 반할 수 있다든가, 한 번도 사랑하지 않는 것보다는 사랑했다 잃어 버리는 게 낫다든가 하는 이야기들)이 과연 과학적으로 타당한지 실험해 볼 수도 있을 것이다.

　사랑을 현미경 아래로 밀어 넣으면 그동안 질문할 생각조차 하지 못했던 새로운 질문들이 생겨난다. 사랑에 빠진 사람은 왜 고통을 덜 느낄까? 그들은 어떻게 질병으로부터 더 빨리 회복할 수 있는 것일까? 그들이 특정 분야에서 더 창의성을 발휘하는 것은 왜일까? 사랑에 빠진 사람들은 어떻게 다른 사람의 보디랭귀지를 읽어 내고 행동을 예측하는 데 더 능숙할까? 이러한 사랑의 장점뿐 아니라 위험요소 역시 살펴볼 수 있다. 사랑은 왜 식을까? 실연의 상처는 왜 그렇게 아플까? 산산조각 난 마음은 어떻게 고칠 수 있을까?

이 책에서는 나의 연구와 더불어 사회학부터 인류학, 경제학까지 여러 분야를 아우르는 동료 학자들의 연구를 소개하며 현대 과학이 인류의 가장 오래된 특성 중 하나인 사랑을 어떻게 설명하고 있는지 이야기하고자 한다. 나는 뇌를 깊이 들여다보아 마음에 무슨 일이 일어나는지 알아볼 것이다. 또한 지금까지 만났던 환자들과 커플들, 나의 가족, 그리고 사랑이 어떤 작용을 하는지 강력하게 예증했던 사람들의 사례를 소개하고자 한다.

하지만 이 책의 주된 사례는 바로 나 자신이다. 나의 이야기를 공개하는 것이 어느 정도 불편한 것은 사실이다. 나는 부끄러움이 많고 스스로에 대해 잘 이야기하지 않는 성격이다. 책에서 털어놓을 몇 가지 일들은 나의 가장 친한 친구들조차 처음 듣는 이야기일 것이다. 오랜 시간 나의 유일하고도 진정한 사랑의 대상은 과학이었고, 내가 실험실 밖에서 사랑을 경험할 것이라고는 생각하지 않았다. 디랙과 마찬가지로 나 또한 예상치 못하게 사랑을 발견했는데, 처음에는 혼란스러웠지만 이제는 사랑 없이는 살 수 없게 되었다.

서른일곱, 섬광처럼 비친 뜻밖의 행운으로 나는 인생의 큰 사랑을 만났다. 그와 나는 대양을 건너 데이트했고 파리에서 결혼식을 올렸으며, 한 쌍의 원앙처럼 결코 갈라

놓을 수 없는 사이가 되었다. 우리는 함께 여행하고, 함께 일하고, 함께 달렸다. 신발을 사러 갈 때조차 함께였다. 우리의 7년간의 결혼 생활을 하루에 6시간 정도 함께 보내는(잠자는 시간을 제외하고) 평범한 커플의 시간으로 환산하면 21년 정도 되는 것이나 마찬가지이다. 우리는 매 순간 사랑했다. 함께인 것이 너무나 행복해 시계가 멈출 때까지도 시간 가는 줄을 몰랐다.

나는 한때 사랑을 오로지 과학의 눈으로만 관찰하곤 했지만 남편에게서 인간적인 눈으로 사랑을 보는 방법을 배웠다. 그러자 내 인생과 연구에 영원한 변화가 찾아왔다. 이 책에서 나는 과학에 관한 이야기와 내 이야기 뒤에 숨은 과학에 대해 이야기하려 노력했다. 이것이 관계의 성격을 이해하는 데 도움이 되고, 당신이 삶에서 사랑을 발견하고 지속하는 데 영감을 줄 수 있기를 바란다.

1.

사회적 뇌

별에 쓰여 있었지 / 우리의 운명이었던 것
하늘에 쓰여 있었지 / 눈이 아닌 마음으로 읽을 수 있도록
— 엘라 피츠제럴드

혼인 서약을 과학적 사실에 기반해 다시 쓴다면 어떨까? '오늘부터 나는 내 온 뇌를 다해 당신을 사랑하겠습니다.' 해부학적으로 정확한 문장을 위해 낭만은 내다 버렸다. 이 문장의 낭만적인 버전이자 원래 버전, 즉 모든 신랑 신부가 사랑하는 사람의 손을 꽉 잡고 하는 그 문장은, '내 심장을 다 바쳐 당신을 사랑하겠습니다'이다.

사랑에 대해 이야기할 때 언급되는 신체기관은 뇌가

아닌 심장이다. 사랑의 언어("당신은 내 심장을 훔쳤습니다")를 해석할 때 이 두 기관을 바꿔 놓으면 황당하다 못해 기괴할 정도이다("당신은 내 뇌를 훔쳤습니다"). 감정과 인지를 담당하는 주요 기관이 뇌라는 건 오늘날 이미 잘 알려진 사실이고, 궁극적으로 사랑에 빠지고 머물 수 있게 하는 능력 역시 뇌의 소관이다. 그런데도 언어는 왜 여전히 이러한 현실을 반영하지 않는 걸까? 우리는 왜 낭만과 열정을 심장의 일로 치부하는 것일까?

사랑을 진정으로 이해하기 위해서는 가장 먼저 인류 역사의 긴 시간 동안 사랑이 자리 잡았던 그 자리로부터 사랑을 빼내 와야 한다. 바로, 사랑과 심장의 오랜 연대를 끊어야 한다는 이야기이다.

쉽지 않은 일이다. 옥스포드 영어사전은 무려 1만 5,000단어를 동원해 '심장'을 설명하는데, 대부분 사랑이나 다른 종류의 감정과 느낌 그리고 생각의 흐름을 말할 때 '심장 또는 마음'이 어떻게 쓰이는지에 대해서 묘사한다. 우리는 사랑하는 사람을 잃어 버리는 것은 심장이 부서진다heartbroken, 중요한 결정을 바꾸는 것은 마음을 바꾼다change of heart, 무언가 두려워 포기할 때엔 마음을 내려 둔다lose heart, 친절한 사람에게는 큰 마음을 가졌다have a big heart고 표현한다. 나 역시 과학자임에도 불구하고 이런 표현들을 많이 사용한다. 마음속at heart에서는 나도 시인인 걸까?

영어에만 이런 표현들이 있는 것이 아니다. 실제로 거의 대부분의 언어에 비슷한 표현들이 존재한다. 그리고 그 역사는 최소 '기쁨으로 마음이 활짝 핀다spreading wide his heart in joy'라는 글귀가 이집트 피라미드 안에 새겨진 기원전 24세기까지 거슬러 올라간다. 길가메시 서사시(1800 BC)와 유교 문헌(450BC)에서도 비슷한 표현이 발견된다. 반면 고대 기록에서 뇌에 관한 시를 찾고자 한다면… 그저 행운을 빌 뿐이다.

대부분 사람들의 생각과 달리 이러한 표현들은 단지 비유적인 표현이 아니었다. 아리스토텔레스를 포함한 세상 모든 사람들이 감정이 머리가 아닌 가슴에서 비롯된다고 믿던 시기에 인간이 만들어 낸 산물이다. 과학사가들은 이러한 믿음을 가리켜 심장 중심적 가설cardiocentric hypothesis이라는 그럴듯한 이름을 붙였다. 지금은 오류로 밝혀졌지만 지구가 우주의 중심이며 태양과 천체가 지구를 중심으로 회전한다는 천동설과 비슷한 뿌리를 갖는다. 이런 생각은 망원경과 로켓을 가진 우리에게는 어리석게 들리겠지만 고대 사람들에게는 그들이 매일 접하는 현실과 들어맞았다. 모든 면에서 지구는 가만히 있고 하늘에 뜬 태양은 움직이는 것 같았을 테니까.

이 같이 상식적인 선에서 사람들은 마음이 가슴 속에 있다고 믿었다. 흥분하거나 무서울 때 느끼는 감정을 떠올려보라. 심장이 빠르게 뛰고 숨은 가빠진다. 위가 뒤틀린다. 그리고 뇌는 무엇을 하는가? 우리가 느끼기로는, 뇌는 그냥 거기 가만히 있다. 꼼짝도 않고 죽은 듯 조용히.

마음이 어디에 있는지를 찾는 과정에서 아리스토텔레스는 임사 체험이 심장이 멈추는 현상을 동반한다는 사실을 알아차렸고, 심장과 피, 혈관에 근본적인 중요성을 부여했다. 그의 심장 중심적 관점에서는 심장이 생각과 느낌을 주관하는 기관이다. 또한 다른 장기에 비해 뇌가 상대적으로 차갑다는 사실에도 주목했다. 그에 따라 아리스토텔레스는 뇌가 인간의 모든 감각의 근원인 '열과 끓어오르는 심장'을 완화시켜 주는 생리학적 에어컨과 비슷한 기능을 한다고 추론했다.

(흥미롭게도 최근의 연구에서 아리스토텔레스의 주장이 허무맹랑한 것은 아니었다는 사실이 밝혀졌다. 심장이 뇌를 통제하지는 못할지라도 각 기관은 호르몬과 전자기장, 압력파를 통해 서로 다른 장기와 상호 작용한다는 것이 과학적으로 증명되었다.)

고대에는 아리스토텔레스의 심장 중심적 가설이 지배적이긴 했지만 그리스의 철학자이자 과학자였던 에라시스트라투스Erasistratus나 헤로필로스Herophilus, 그리고 로마의 해부학자였던 갈렌Galen과 같은 사람들은 그 시대에도 감정과 이성적 사고, 의식, 그리고 사랑과 같은 신비로운 현상들이 심장이 아닌 머리에서 비롯된다고 생각했다. 하지만 인체에서 뇌가 정확히 어떤 역할을 하는지는 르네

상스 시대를 지나도록 여전히 해결되지 않은 채 미궁으로 남았다. 셰익스피어도 〈베니스의 상인〉에서 "사랑이 어디에서 자라는지 말해 줘요. 심장인가요, 머리인가요?"라고 했으니까.

레오나르도 다 빈치 역시 뇌의 신비에 대해 궁금해했다. 존스 홉킨스 의학대학원 정신의학과 교수 조나단 페브스너Jonathan Pevsner는 다 빈치가 신경과학에 미친 영향에 대한 논문을 여러 편 발표했는데, 그에 따르면 다 빈치는 뇌를 마음이 머무는 곳이며 감각의 중심이 되는 곳이자 정보를 받아 처리하고 해석하는 '블랙박스'로 보았다. 1494년경 다 빈치는 뇌실brain ventricles 안에서 여러 감각—다 빈치는 이를 '센소 코뮤네senso comune(상식)'이라고 불렀다—이 합류된다는 가정을 바탕으로 세 개의 스케치를 그렸다. 뇌실이란 물리적인 충격으로부터 뇌를 보호하고, 영양을 공급하고 노폐물을 제거하는 뇌척수액으로 채워진 상호 연결된 공간을 의미한다. 지식을 추구하면서 예술과 과학 사이의 완벽한 균형점을 찾아낸 다 빈치는 뇌에 관한 개념에 있어서도 위대한 성과를 거뒀다. 그는 시각 정보("눈에 보이는 것")는 "여러 뇌실 중 가장 큰 뇌실에서 처리되며 이를 통해 세상에서 일어나는 일을 이해할 수 있다"고 믿었다. 또한 혈액 공급에서 뇌신경에 이르는 뇌의 다른 여러 측면에 대해서도 탐구했다. 물론 후에 신경과학자들이 정신 기능을 관할하는 것은 뇌실이 아닌 뇌라는 점을 발견하긴 했지만 다 빈치의 놀라운 직관적 추론은 뇌에 관한 생각을 크게 확장시켰다.

　수 세기가 지나면서 선구적인 탐구자들이 다 빈치의 상상을 계승하고 다듬어 뇌에 관한 현대적 개념이 탄생하게 되었다. 안드레아스 베살리우스Andreas Vesalius, 루이지 갈바니Luigi Galvani, 폴 브로카Paul Broca, 산티아고 라몬 이 카할Santiago Ramón y Cajal 등은 외과학의 선구자들로 신경과학계에서 추앙받는 대표적인 인물들이다. 과학자들은 뇌의 구성요소를 이해하기 위해 뇌를 해부했고, 뇌와 신체 사이의 연결을 밝히기 위해 혈관에 잉크를 흘려 넣기도 했다. 또한 뇌에 국소적 손상을 입은 환자들을 관찰해 뇌의 여러 부분들의 기능에 대해 추론하기도 했다. 이들이 현대 신경과학자들의 전신이며, 나 같은 사람의 선배들이다.

마법의 양배추

　시카고 대학교에서 신경과학 수업을 할 때면 포름알데히드에 둥둥 떠 있는 인간의 뇌가 담긴 유리병을 가져가곤 한다. 이 표본은 신경생물학과에서 빌려오는데, 거기에는 오랜 기간에 걸쳐 수집한 많은 뇌가 있다. 모두 과학을 사랑하는 너그러운 기증자들이 대학에 기증한 것들이다. 덕분에 학생들은 교과서로 자세히 배운 뇌를 가까이에서 직접 대면할 수 있는 기회를 누린다. 나는 학생들에게 라텍스 장갑을 나누어 주며 묻는다. "만져 보고 싶은 사람?"

학생의 90퍼센트가 손을 든다. 나머지 학생들은 그냥 관찰하는 것으로 만족하기도 하고, 나와 미리 상의하고 이 수업에 빠지는 학생도 있다. 하지만 대부분은 뇌를 직접 만져 볼 수 있는 기회에 신이 나 이 미끌거리는 장기가 머릿속에서 자신의 몸과 마음을 다스리는 상상을 한다. 게다가 나를 포함한 신경과학자들은 그 과정을 이제 막 이해하기 시작하지 않았는가.

하지만 수업에 참석한 모든 학생이 똑같이 감명받는 것은 아니다.

"이게 다인가요?" 내가 장갑 낀 손으로 뇌를 내밀자 한 학생이 물었다. 나는 마치 안에 든 조그만 토마토 한 조각을 보여 주려 위풍당당하게 접시 돔을 열어젖힌 미쉐린 스타 레스토랑의 웨이터처럼 민망한 미소를 지었다. "글쎄요… 잘 모르겠어요. 저는 좀 더 멋있을 줄 알았는데…"

한편으로는 이 학생의 실망감을 이해하지 못하는 것도 아니다. 나는 학생들에게 뇌는 우주에서 가장 강력하고 복잡한 기관이라고 가르쳐 왔다. 그런데 이제, 솔직히 말하면 초라한 몰골을 한 실체를 마주하게 된 것이다. 뇌는 길이 6인치(15cm) 정도에 무게는 3파운드(약 1.36kg) 정도 나가는 살색과 회색의 주름 덩어리에 불과하다. 게다가 포름알데히드에 절여진 뇌는 마치 삶은 양배추 정도의 미모를 가지고 있다.

하지만 이것을 반으로 갈라 좌뇌와 우뇌를 나누어 보자. 무엇이 보일까? 주름진 겉모습 안쪽에는 부드러운 회색 조직층이 있다. '회백질gray matter'이라고 불리는 이 부분은 정보 처리부터 움직임, 기억에 이르기까지 모든 것을 관장하는 뇌의 기본 구성요소인 신경세포로 가득 차 있다.

우리 몸에는 굉장히 많은 신경세포(860억 개)가 있지만 그 수와 지능이라고 불리는 것 사이에는 큰 관련이 없다. 저명한 신경과학자인 마이클 가자니가Michael Gazzaniga에 따르면 사실 약 690억 개에 달하는 대부분의 신경세포는 몸의 균형을 잡고 움직임을 통제하는 뇌의 아랫부분에 위치한 작은 영역인 소뇌에 몰려 있다. 복잡한 사고와 인간 본성의 다른 부분을 책임지는 전체 대뇌 피질에는 신경세포가 170억 개'밖에' 없다.

뇌에 들어 있는 신경세포의 수보다 훨씬 중요한 것은 신경세포 간의 연결이다. 회백질 안쪽에 위치한 두꺼운 신경 필라멘트가 이를 전문적으로 담당한다. 이것은 뇌의 정보 고속도로라고 할 수 있는 백질white matter로, 뇌의 여러 영역을 연결해서 의식적 경험과 무의식적 경험을 모두 제어하는 강력한 네트워크를 만들어 낸다. 최근 몇 년 사이 신경과학자들은 운동 기능부터 시각, 언어에 이르기까지 다양한 활동을 담당하는 각각의 회로를 식별해 냈고, 그 위치도 정확히 지정할 수 있게 되었다. 나 역시 인간의 독특한 경험인 낭만적 사랑을 담당하는 회로를 발견해서 이 분야의 발전에 기여했다.

인간의 능력이 다른 종과 비교가 불가능할 정도로 큰 차이를 보이는 이유는 뇌의 크기가 아니라 뇌 세포 사이를 잇는 결합 신경 섬유의 양 때문이다. 그리고 인간은 정말이지 엄청난 양의 결합 신경 섬유를 갖고 있다. 평균적인 스무 살 인간의 뇌 안에 있는 백질을 모두 풀어 놓으면 10만 마일(약 16만 킬로미터)이 넘는 길이의 미세한 선을 볼 수 있을 것이다. 무려 지구 둘레의 네 배가 넘는 길이이다. 현재 전 세계에서 가장 실력 있는 컴퓨터 공학자들이 컴퓨터의 미래라고 여겨지는 인공 신경망을 구축하기 위해 조밀하고 경제적인 생물학적 시스템이 작동하는 뇌의 원리를 연구하고 있다. 이들은 뇌의 능력과 에너지 효율에 감탄하며, 12와트짜리 전구를 밝히는 데 필요한 에너지만으로 100만 기가바이트에 해당하는 정보(47억 권의 책 또는 300만 시간의 영상에 맞먹는 양이다)를 저장할 수 있는 장치가 자연적으로 진화했다는 사실에 놀라워한다.

하지만 우리의 신경망은 인간이 가진 뇌의 능력 중 단지 일부만을 설명할 뿐이다. 뇌 안에서 일어나는 연결은 매우 중요하고 필수적이지만 그에 더해 인간은 우리의 뇌와 다른 사람의 뇌 사이의 보이지 않는 연결에도 의존한다. 이는 사회 생활과 친구나 사랑하는 사람들과의 상호 작용뿐 아니라 낯선 사람이나 우리를 싫어하는 사람들,

경쟁자들과의 상호 작용도 포함한다. 한 가지 요소가 아닌 이 모든 사회적 활동이 뇌의 설계와 기능에 영향을 미쳤다.

그리고 지금의 뇌를 만든 고통스럽고 신비로우며 아름다운 과정의 중심에 사랑 이야기가 있다.

사랑이 뇌를 만들었다

이야기는 수백만 년 전으로 거슬러 올라가 아프리카에 살던 두 명의 초기 영장류 조상들로부터 시작한다. 이 두 사람을 이든과 그레이스라고 부르자. 둘의 사랑은 생물학적 필요에 의해 시작되었다. 하지만 이든과 그레이스는 그 필요를 모두 채우고도 함께하기로 결정했다. 그레이스는 다른 포유류와 비교했을 때 생애 첫 몇 년 동안 말도 안되게 취약한 자식들을 낳았다. 이 커플은 자식을 보호할 방법을 찾는 동시에 살아남기 위해 하루에도 몇 시간씩 식량을 찾아다녀야 했다. 게다가 날것으로 먹은 음식을 소화시키고 다음 날 생활할 에너지를 비축하기 위해서는 매일 밤 몇 시간씩 잠을 자야 했다. 이 모든 일을 해내려면 사회적 협력이 필요했다. 이든은 갑자기 자기 자신만 생각할 수 없게 되었다. 그레이스에게 필요한 것을 알려면 그레이스의 시각으로 세상을 바라보아야 했다.

이든과 그레이스는 서로에 대해 생물학자들이 '페어 본드pair bond'라고 부르는 강력한 유대 관계를 형성했다. 그리고 진화 역사의 한 시점에서 그들의 자손들—인류의 조상들—은 사회적으로 크게 도약하게 된다. 다른 사람과의 관계를 형성하는 데 필요한 기술—조망수용능력(타인의 입장에 놓인 자신을 상상함으로써 타인의 의도와 태도, 감정, 욕구 등을 추론하는 능력-옮긴이)이나 미래를 계획하고 협력하는 방법 등—을 익히고 이를 일반화하여 종족 번식을 위한 파트너나 자기 자식이 아닌 다른 영장류와도 유대를 쌓은 것이다. 한마디로 그들은 친구를 사귀었다.

이 초기 인류는 먹이사슬에서 취약한 위치였기 때문에 친구가 필요했다. 하늘을 날지도 못했고 위장술도, 갑옷도 없었다. 동물의 왕국에서 다른 종들이 가진 힘과 스피드도, 들키지 않게 살금살금 움직이는 능력도 없었다. 대부분의 시간을 다른 동물이 먹다 남긴 음식을 주워 먹고 포식자를 피해 다니며 보냈다. 유일하게 가진 것은 관계를 맺는 독특한 재능과, 자연에서 가장 복잡한 환경인 사회적 세계에서 방향을 잃지 않을 수 있는 특별한 재주뿐이었다.

이것은 초능력에 버금가는 능력이었다. 이 능력은 초기 영장류가 유인원으로 진화하는 긴 시간 동안 다른 손가락들과는 다른 방향으로 움직이는 엄지손가락이나 도구를 만들고 직립보행을 했던 것보다 더 결정적인 역할을 해냈다. 전쟁과 기후 변화로 지구에서의 삶이 가혹해지면서 많은 생물종들이 살아남지 못했지만 이러한 어려움은 초기 인류가 발달할 힘을 기르는 데는 도움이 되었다.

초기 인류는 사회적 기술을 이용해 복잡한 집단을 형성하고 마침내 상호 협력을 통해 강화된 사회를 구축했다. 적과 친구를 구별하는 법과 포식자를 피하는 법, 이웃의 행동을 예측하고 장기적 이익을 단기적 욕망보다 우선시하는 법을 터득했다. 또한 의사소통을 위해 언어를 사용했고, 여성의 배란 주기가 아닌 애정이나 공감과 같은 다른 요소로 번식 파트너와의 관계를 유지했다. 그리고 마침내, 상대방을 신뢰하고 "사랑한다"고 말하는 법을 배웠다.

영국의 인류학자 로빈 던바Robin Dunbar가 1990년대에 제안한 사회적 뇌 가설에 따르면, 이러한 모든 사회적 복잡성이 뇌가 진화하는 데 추동력이 되었고 그 결과 우리는 더 똑똑해졌다. 인간은 침팬지와 거의 같은 크기의 뇌를 가졌었지만 인간 뇌의 신피질은 사회적 기술이 발전함에 따라 함께 성장하기 시작했다. 언어와 추상적인 사고를 주관하는 영역이 꽃을 피웠다. 이 고차원의 영역은 크기만 자라난 것이 아니라 뇌의 다른 부분들과도 더 잘 연결되었다. 이러한 변화의 흔적은 '뇌회'라고 불리는 주름의 수를 비교해 보면 알 수 있는데, 비비처럼 인간보다 지능이 낮은 다른 영장류의 뇌는 주름이 적어 더 매끄럽고 접힘이 덜하다.

7만여 년 전 이든과 그레이스의 먼 자손, 즉 현재의 인류종인 호모사피엔스가 동아프리카에서 아라비아 반도와 유라시아로 이주하기 시작했다. 거기서 다른 유인원들을 만나게 되는데 그중 가장 잘 알려진 종은 네안데르탈인이다. 네안데르탈인은 무시무시한 경쟁자였다. 몸집이 더 크고 힘도 셌으며 시력도 더 좋았고 호모사피엔스보다 조금 더 큰 뇌를 가지고 있었다. 하지만 네안데르탈인과 호모사피엔스의 신경 구조는 매우 중요한 면에서 달랐다. 네안데르탈인은 시력과 운동 기능에 더 많은 공간이 할애되어 있었다. 네안데르탈인은 짐승 같은 무적 용사였던 반면 호모사피엔스는 사회적인 전사였다. 호모사피엔스는 남을 속이거나 다른 사람의 의도를 파악할 수 있었으며 반대되는 입장 사이에서 선택을 할 수 있었고 실수를 통해 빠르게 배워나갔다.

이런 점들로 인해 호모사피엔스는 물리적 힘이 약하다는 단점을 보완할 수 있었다. 그 결과 네안데르탈인과 호모사피엔스의 진화 대격돌은 쉽게 끝이 나버렸다. 기원전 11000년에 접어들 무렵 현재의 인류는 유일하게 남은 인류종이 되었다. 즉 오늘날의 인간을 만든 것은 다른 사람들—제일 먼저 배우자, 그다음은 친구, 그다음은 사회 그리고 인간이 이룩한 문명—과의 상호 작용이었다. 그리고 그 모든 건 이든과 그레이스가 사랑에 빠지며 시작되었다.

사회적 종을 위한 신경과학

사회적 관계는 인간 진화의 역사 내내 뇌를 변화시키는 요인이었지만, 개개인이 살아가는 동안에도 계속해서 뇌를 발전시키고 영향을 주었다. 이는 명확히 눈에 보이는 점이 아니므로 거듭 이야기해도 지나치지 않다. 우리 중 얼마나 많은 사람들이 자라면서 다른 사람과 어울리는 일을 두뇌의 확장과 연결해서 생각할 수 있었을까? 오히려 공부나 창의적인 활동을 하는 중간에 취하는 휴식 정도로, 지능 개발과는 크게 상관 없는 활동으로 여겼을 것이다.

우리가 십 대일 때 지금 떠오르는 사회신경과학 분야의 최신 이론들로 무장하고 있었다면 부모님과의 언쟁 양상이 조금 달라졌을 것이다. "엄마, 사실 지금 전화를 끊어야 할 이유가 없어요. 유익한 인간관계를 맺고 유지하는 것이 실제로 뇌 발달에 도움이 되고, 그러면 인지적으로 어려운 문제에 집중을 더 잘할 수 있게 된다는 연구가 많아요. 학교 생활 같은 거요. 그러니까 제발요! 내 방에서 좀 나가요!"

상당히 비현실적으로 들리긴 하지만 아이의 주장은 사실 맞는 말이다. 여러 뇌 영상 연구에서 편도체와 전두엽, 측두엽과 같은 뇌의 중요한 부분의 크기가 개인의 사회적 관계의 규모와 상관관계가 있다고 밝혀지고 있다. 인간뿐 아니라 사회적 동물에 관한 연구에서도 사회적 관계의 중요성을 입증하는 비슷한 결과가 나타난다. 수족관에서 혼자 사는 물고기의 뇌세포는 떼 지어 사는 같은 종류의 물고기의 뇌세포보다 단순하며, 사막 메뚜기는 무리 지어 사는 경우 그렇지 않은 경우보다 뇌가 무려 30퍼센트 정도 더 자란다. 이는 더 복잡한 사회적 환경에서는 정보 처리 능력이 추가적으로 요구되기 때문일 것으로 추정된다. 침팬지 역시 혼자일 때보다 무리 지어 살 때 훨씬 더 빨리 새로운 도구의 사용법을 익힌다.

신경과학으로 사회적 관계의 장점이 드러났듯 위험 요소 역시 밝혀졌다. 사회적 스트레스(예를 들면 이별 후 겪는 마음의 상처, 아니, 뇌의 상처 같은 것 말이다!)는 전측 대상회와 같이 물리적 고통에 반응하는 뇌 부위를 활성화시킨다. 흔히 우리가 외로움이라고 부르는 사회적 고립감을 느끼는 사람의 경우 뇌의 주요 사회적 영역에서 회백질과 백질이 더 적게 관찰된다. 사회적으로 고립된 상태가 지속될 경우 여러 신경과학적 반응에 취약해지기 쉬우며, 이는 신체에도 그대로 반영되어 굉장히 많은 건강 문제를 일으킬 수 있다. 그렇기에 일부 의료진들은 만성적 외로움을 흡연과 동등한 건강의 적신호로 여기기도 한다.

다른 사람의 뇌와의 연결, 즉 사회 생활이 우리의 두 뇌와 신체에 어떤 변화를 일으키는지에 관한 이와 같은 연구는 사회신경과학에서 밝혀낸 사실의 일부일 뿐이다. 사회신경과학 분야는 1990년대 소위 '소프트 사이언스'에 속하는 사회심리학(외부로 드러난 행동을 관찰하고 주관적이기 쉬운 실험 대상의 자가 보고에 의존하는 연구 방식)과 '하드 사이언스'인 신경과학(첨단 스캐너를 이용해 뇌 안쪽을 자세히 들여다보고 뇌의 부위별 역할을 정확히 알아내는 연구 방식)의 다소 부자연스러운 결합에서 탄생했다.

이전의 신경과학자들은 뇌를 외부와 연결되지 않은 컴퓨터처럼 여겨 하나하나를 별개의 존재로 취급했다. 이렇게 뇌를 기계 장치에 비교하는 경향은 17세기로 거슬러 올라간다. 프랑스 철학자이자 과학자인 르네 데카르트René Descartes는 파리 근교에 있는 로얄 가든Royal Garden에서 사용하던 수력으로 작동하는 자동인형을 보고 인체 역시 비슷한 방식으로 작동할 것이라고 생각했고, 본질적으로 인간도 복잡한 생물학적 기계 장치라고 여겼다. 덴마크의 해부학자인 니콜라우스 스테노Nicolas Steno는 그보다 한참 더 나아가 '뇌는 기계'라고 선언했으며, 시계나 풍차 같은 기계와 원리가 다르지 않은 뇌를 이해하는 가장 좋은 방법은 분해해서 각각의 부분들이 "따로 그리고 같이" 어떤 역할을 하는지 살펴보는 것이라고 했다.

여러 세기가 지나며 스테노의 비유는 업데이트되었다. 1800년대에는 뇌가 신체의 다른 부위들과 신호를 주고받는 점을 들어 전보 시스템과 비교되었다. 20세기 후반에는 저장장치에 데이터를 저장하고 정보를 처리하며 명령을 실행한다는 점에서 PC와 비교되었다. 사회신경과학자들은 이 비유를 더 발전시켜 뇌를 전통적인 컴퓨터가 아닌, 무선으로 다른 장치와 연결되는 스마트폰에 비교한다. 인터넷에 접속할 수 없거나 문자를 보내지 못하는 아이폰은 그래도 여전히 유용할까? 우리의 뇌 역시 잠재력을 완전히 발휘하기 위해서는 외부와의 강력한 연결을 필요로 한다. 그리고 스마트폰과 마찬가지로, 이 연결은 동시에 뇌를 취약하게 만든다. 해킹을 당하거나 불필요한 앱으로 가득 찰 수도 있으며, 마음을 산란하게 하고 불안을 유발하는 알림 폭탄을 맞을 수도 있다.

하지만 인간의 뇌는 스마트폰 디자이너들이 꿈에서나 상상할 수 있는 일들을 해낼 수도 있다. 바로 스스로 프로그램을 다시 쓸 수 있다는 점이다. 신경과학자들은 이를 '신경가소성neuroplasticity'이라고 한다. 신경가소성이야말로 진정한 마음의 마법 중 하나이다. 어린 시절에는 불필요한 신경세포를 제거하는 동시에 뇌의 용량을 키우고, 살아가면서 새로운 정보를 습득함에 따라 연결을 확장하고 새로운 연결망을 구축한다. 또한 부상이나 세월로 인한 소모와 같은 손상을 고치고 보완한다. 그리고 사회적 상호작용은 이렇게 뇌 안에서 일어나는 중요한 변화들을 이끌어 내는 매우 중요한 요인이다.

그러므로 다른 사람과 관계를 맺는 일은 시간 낭비나 인생의 부수적인 요소가 아니라 말 그대로 인간이 현재의 생물종으로 존재하는 이유이다. 건강한 인간관계가 건강한 뇌를 형성하며, 나중에 다시 살펴보겠지만 인지 기능 저하를 예방하고 창의력을 북돋우며 사고의 속도를 높여 준다. 그리고 가장 강력한 사회활동이자 뇌의 잠재적 인지 능력을 완성시키는 가장 좋은 방법은, 아마도 사랑하는 것 이다.

2.
싱글의 뇌

정신은 우주의 모든 경이 중 가장 위대한 현상이다.

—칼 융

십 대의 내가 지금 나의 삶을 보면 어떻게 생각할지 가끔 궁금하다. 늘 혼자였던 그 소녀가 수정 구슬로 미래를 들여다볼 수 있었다면 어땠을까. 소녀 앞에 놓인 수정 구슬에 청량하고 맑은 가을날 파리의 어느 오후가 보인다. 뤽상부르 정원은 활기찬 소음으로 가득하다. 마로니에 이파리가 바람에 바스락거리고, 생 쉴피스 교회의 종소리와 함께 관광객들을 위한 아코디언 연주 소리가 멀리서 들려온다. 몇몇 사람들이 샴페인 잔을 들고 잔디 위에 서서, 희끗희끗한 머리에 갈색 눈을 가진 친절해 보이는 남자의 말에 귀를 기울이고 있다. 그 남자는 자신이 옳은 선택을 하고 있다는 것을 아는 듯 자신에 찬 표정이다. 그 옆에는 심플한 디자인의 화이트 드레스를 입은, 더는 소녀가 아닌 여성이 서 있다. 긴 머리에 수줍지만 여유 있는 표정의 그녀가 하얀 장미로 만든 부케를 들고 말한다. "서약합니다."

"잠깐, 뭐라고?" 어린 내가 외친다. "저게 나라고?! 내가 결혼을 한다니!" 상상 속의 어린 스테파니가 수정 구슬을 들고 어디가 잘못되었나 하며 흔들어 댄다.

나는 영원히 싱글로 사는 것이 내 운명이라 믿었다. 그리고 신경과학 분야에서 사랑을 연구하기 시작하면서 나는 내가 싱글이라는 사실을 재미있는 아이러니로 여겼다. 누가 봐도 명백한 모순이어서 처음 만난 사람들과 한담거리로 삼기 좋은 이야기 같은. "에이, 실험실에서 백날 사랑을 연구해도 연애는 한 번도 못 해본 저 같은 과학자도 있는데요, 뭐." 나는 사귀는 사람이 없는 상태에서 더 객관적인 연구를 할 수 있다고 스스로를 달랬다. 사랑의 마법에 빠지지 않은 상태라면 사랑을 더 과학적으로 분석하고 연구할 수 있을 것이고, 대부분의 사람들이 생각하는 것처럼 연애를 하는 것이 싱글인 것보다 당연히 더 낫다고 여기지도 않을 것이다. 그보다는 사람들이 사랑을 추구하는 행동을 대단히 흥미롭고 신비로우며 설명이 필요한 현상으로 여기고 연구할 것이다. 내가 싱글이라는 사실은 연

구에 꼭 필요한 요소인 객관적 거리 유지에 도움이 될 뿐
아니라, 자기에게 관심을 보여 달라고 보채고 질척거리는
연인에게서 오는 전화를 받지 않아도 되니 방해받지 않고
일할 수 있는 건 말할 것도 없다. 그래서 나는 내가 싱글이
라는 사실을 짐이라기보다는 명예 훈장 정도로 여기려고
애를 썼다.

생각해 보면 내가 기억하는 한 난 늘 그렇게 해왔다.

나는 프랑스령 알프스에 있는 작은 스키 마을에서 태
어나 그보다 더 작은 마을에서 자랐다. 스위스 국경과 가
까웠던 그 마을은 스노우볼(유리에 투명한 액체와 장식을
넣고 흔들면 눈이 내리는 것처럼 보이는 장식품-옮긴이)에
서 볼 법한 곳이었다. 오래된 교회와 빵집, 도서관, 초등학
교, 아늑한 집들, 그리고 언덕에는 내가 밤이면 올라가 별
을 바라보던 버려진 성이 있었다. 나무로 둘러싸인 풀밭에
누워 덩굴로 빽빽한 성의 처마 너머로 별자리들을 찾기 위
해 밤하늘을 바라보곤 했다. 학교에서 다른 아이들과 친구
가 되어 사회적인 관계를 형성하는 것은 망설이면서도 별
사이의 보이지 않는 관계를 찾는 일에는 넋을 놓고 매료되
었다. 하늘 전체가 커다란 천상의 벽화 같았다. 한동안 나
는 천문학자가 되고 싶었다. 어쩌면 그 때문에 결국 뇌를
공부하겠다고 결심한 것인지 모른다. 우리 머리 안에도 하
늘만큼 광대한 우주가 있었기 때문이다.

내 어린 시절을 사운드트랙으로 만들면 어쩌다 별똥

별을 보며 소원을 비는 내 속삭임을 빼고는 주로 침묵이 흐르겠지만 우리 집의 사운드트랙은 크레이프 팬에 가염 버터가 치직 하고 녹는 소리가 주를 이룰 것이다. 프랑스인 아버지와 이탈리아인 어머니가 만나 이루어진 우리 가족은 당연히 음식에 있어서는 열정이 남달랐다. 아침이면 커다란 잔에 담긴 코코아나 카페오레에 크로아상을 적셔 먹고, 저녁에는 할머니표 볼로네즈 소스를 곁들인 라비올리나 링귀니를 먹었다. 음식은 곧 가족이었고, 가족은 나의 모든 것이자 자라면서 내가 경험한 사회 생활의 전부이기도 했다. 친척들이 찾아오면 우리는 모두 모여 앉아 음식에 관해 이야기하고, 음식을 준비하고, 음식을 먹고, 먹은 걸 소화시키기 위해 걸으면서… 내일 뭘 먹을지 이야기했다. 단순하고 행복하며 단단한 보호 속에서 어린 시절을 보냈다.

그럼에도 불구하고 나는 아주 어릴 적부터 내가 사촌들과 무언가 다르다는 사실을 알고 있었다. 사촌들은 모두 형제자매가 있었고 스스로에게나 다른 사람을 대할 때나 나보다 더 편안해 보였다. 사촌들은 모두 함께 잘 지냈지만 외동딸이었던 나는 혼자 잘 지내는 방법을 익혀야 했다. 사촌들이 집 안에서 노는 소리를 들으며 몇 시간이고 집 밖에서 별을 바라보거나 달빛 아래서 주차장 벽에 테니스공을 쳐 대던 기억이 난다. 내가 친 공을 받아 쳐 주는 상대가 있었으면, 그래서 더 재미있게 게임을 할 수 있었으면 좋겠다고는 항상 바랐지만 공이 규칙적으로 벽에 부 딪히는 소리를 들으며 외로움 속에서 편안함을 느끼기도 했다. 사촌들이 보기에 나는 이상한 아이였다. 나를 몽상 가, 철학자라고 불렀고, 어떨 때는 내가 너무 혼자 시간을 보내서 어디가 좀 이상해졌다고 생각하기까지 했다.

어린이들은 다른 사람을 보며 배운다. 주변에 또래 친 구들이나 형제자매가 없으면 뇌에서 그런 대상을 만들어 내기도 한다. 연구에 따르면 어린이 세 명 중 두 명은 일곱 살이 되기 전에 상상의 친구를 만들어 내서 그 친구와 한 팀이 되어 생각을 공유하는데, 외동아이가 특히 이에 능숙 하다. 그리고 이런 비약적인 상상력은 외동아이가 '유연한 사고'에 뛰어나고 창의력, 상상력과 관련된 대뇌피질 영역 인 모서리위이랑supramarginal gyrus에 회백질이 더 많이 형 성되어 있다는 최근의 연구 결과에 대한 부분적인 설명이 될 수도 있을 것이다.

외동아이는 틀을 깨는 사고방식에 능하지만 사회적 두뇌 발달 측면에서는 불리하기 때문에 그 유리함은 상쇄 된다고 할 수도 있겠다. 외동아이는 유혹을 이겨내고, 욕 구 충족을 늦추고, 타인의 감정을 추측하는 능력 등을 포 함한 감정 정보 처리 능력과 관련이 있는 전전두피질의 회 백질 양이 상대적으로 적다. 그런 차이로 인해 일부 아이 들은 사회적 관계에 관심을 덜 보이기도 한다. 그러나 나 는 정반대였다. 신비로운 수수께끼 같은 사회적 관계에 매료된 것이다. 나는 사회 생활에 깊고 열렬한 관심이 있으면서도 참여는 거의 하지 않고 대부분 아웃사이더로서 지켜보는 입장을 택했다. 나는 내가 왜 다르다고 느끼는지, 왜 어딘가에 속하지 못하는지, 왜 사회적으로 자연스럽게 녹아들지 못하는지 이해할 수 없었다. 나이가 들수록 내게 없는 것이 무엇인지 더욱 알고 싶었다.

하지만 함께 있으면 나 자신을 잊고, 내가 아웃사이더가 아니라 진정으로 어디엔가 속한다고 느낄 수 있게 해주는 사람이 하나 있었는데, 그 사람과 함께 있으면 나는 그냥 나일 수 있었다. 바로 우리 이탈리아 할머니인 외할머니였다. 할머니의 이름은 야신타였는데 나는 그냥 메메라고 불렀다. 우리는 할머니의 소박한 부엌에서 하루에도 몇 시간씩 함께 시간을 보냈다. 할머니는 내게 뇨끼를 만드는 법을 가르쳐 주고, 이탈리아 북부 베니스와 우디네 사이에 있는 작은 마을에서 쓰던 재미있는 발음의 사투리도 가르쳐 주셨다.

할머니는 건강에 강박적이셨다. 내게 옛날식 건강체조 몇 가지를 알려 주시며 늘 하라고 했었는데, 그중 하나가 아침에 일어나자마자 두 다리를 들고 발목을 30번씩 돌리는 동작이었다. 나는 지금까지도 아침에 가끔 다리를 번쩍 들고 돌리면서 메메를 생각하며 미소 짓곤 한다.

할머니는 내 입장에서는 태초나 다름없는 1911년에 태어나셨는데, 아침 루틴을 유지하는 것이 장수의 비결이라 확신하셨다. 할머니는 긍지를 가지고 확고부동하게 전통을 지키는 옛날 사람이었고, 이민자로 살아가면서 고급스러운 물건을 가지지는 못했지만 단정한 외모를 유지하는 데 정성을 기울였다. 다림질한 실크 블라우스, 꼼꼼하게 구멍을 꿰맨 털 양말, 아주 오래된 진주목걸이가 할머니의 유니폼이었다.

할머니의 인생관은 다른 가족들과는 달랐다. 네 살밖에 안 된 큰딸을 맹장염 합병증으로 잃은 후 할머니는 완전히 다른 사람이 되어 버렸다. 할머니는 내게 날마다 옷을 제대로 갖춰 입는 건 언제가 마지막 날이 될지 모르기 때문이라고 말씀하셨다. 할머니의 얼굴은 비바람에 깎였지만 여전히 아름다운 가파른 절벽처럼 보였다. 피부 관리는 식물 성분과 올리브오일로 만든 프랑스 남부산 순한 비누와 물로 세안을 하는 것이 전부였다.

매주 일요일마다 교회에 다니시던 할머니는 교회가 할머니를 정화한다고 말했다. 할머니는 동네의 모든 또래 여성들처럼 어린 나이에 결혼을 했고, 결혼이 성스러운 계약이라 믿었다. 할머니에게 있어서 사랑은 하나님이 주는 선물이었고, 만일 그런 사랑이 짐처럼 느껴진다면 신의 은혜로 알고 기꺼이 감내해야 하는 일이었다. 가족에 대한 사랑은 무조건적이었다. 거기에 더해 할머니는 사랑이 필요한 사람들에게 더 많이 베푸셨다.

할머니에게 가장 소중한 존재였던 나는 끊임없이 질

문을 던지고 늘 혼자인 어린 소녀로, 다른 사람보다 조금 더 보호가 필요하고, 조금 더 사랑을 쏟아야 할 손녀였다. 할머니는 나를 애지중지하며 버릇없이 키운다 할 정도로 아끼셨다. 내게는 무엇이든 주고 싶어 하셨다. 우리 집에 오지 않는 날엔 매일 밤 전화를 하셨다. 시계처럼 규칙적으로 빠짐없이 내가 건강한지, 행복한지, 춥지는 않은지, 잠자리에 잘 들었는지 챙기곤 하셨다. 내가 아홉 살이던 어느 날 밤, 할머니는 엄마와 통화를 하시며 다음날 아침에 할머니가 사는 작은 마을 근처의 큰 도시로 버스를 타고 나가 보온이 잘되는 새로 나온 운동복을 사와야겠다고 말씀하셨다. 내가 추운데 밖에서 테니스를 치다가 죽을까 봐 걱정이 된 것이다. 옆에서 대화를 듣던 나는 무슨 이유에서인지 울기 시작했다. 아직까지도 그날 밤 내 행동은 우리 가족들 사이에서 수수께끼이다. 어찌됐든 나는 통곡을 하면서 할머니에게 도시에 나가지 말라고 애원을 했다. 운동복 같은 건 필요 없다고, 내가 필요한 건 할머니라고 외치면서. 엄마아빠는 어안이 벙벙했다. 그도 그럴 것이 나는 떼를 쓰는 아이가 아니었다. "스테파니가 도대체 왜 저러는 거야?"

다음날 아빠가 하교 시간도 아닌데 일찍 나를 데리러 왔다. 돌아가는 차 안에 흐르던 침묵이 아직도 생생하다. 집에 도착하자 아빠는 나를 의자에 앉힌 다음 숨을 깊게 들이쉬고 말했다. "메메 에 파흐티*Mémé est partie*(메메가 떠나

셨어).” 뇌졸중. 뇌에서 터진 혈관이 할머니를 데려가 버린 것이었다. 할머니가 버스에 첫발을 딛은 순간 벌어진 일이었다. 나중에 안 일이지만 메메의 어머니도 똑같은 이유로 돌아가셨다. 어린아이가 이런 식의 사건을 어떻게 받아들일 수 있는지 나는 여전히 알지 못한다. 요즘은 나도 신경과 환자들이 겪는 뇌졸중을 거의 날마다 매우 자세히 목격한다. 허혈성 뇌졸중으로 인해 혈관이 막히거나 출혈성 뇌졸중으로 인한 파열 같은 증상을 눈앞에서 보듯 자세히 그릴 수 있다. 회복할 수 있는 뇌졸중과 영원한 장애를 남기는 뇌졸중, 목숨을 앗아 가는 뇌졸중 사이에 밀리미터의 차이밖에 나지 않는다는 사실도 안다.

하지만 아홉 살밖에 되지 않은 내 머리로는 그런 것을 이해할 수 없었고, 이해하기 힘들다는 점 때문에 그 일이 더 불가사의하고 두렵게 느껴졌다. 내 생각에는 어떤 면에서는 메메의 뇌졸중이 내 커리어의 전체적인 방향과 내가 세계를 보는 눈을 결정한 것 같다. 나는 오랫동안 나도 메메와 똑같은 운명을 겪게 될 것이라는 예감을 가지고 살았다.

거기에 더해 할머니에게 벌어진 일을 이해하고 싶었고, 그렇게 해서 나는 그 운명을 피하고 다른 사람들도 그런 운명을 피할 수 있도록 돕고 싶었다. 아주 어릴 때부터 나는 내 인생의 목표가 뚜렷하게 정해진 느낌이었다.

그러나 당장은 메메를 잃고 나니 그동안 내 사회 생활

의 범주가 얼마나 작았었는지를 실감하게 됐다. 거기에 더해 나는 더 혼란스러워졌다. 애도라는 새로운 사회적 의식에도 대처해야 하는 상황이 벌어졌기 때문이다. 내가 아홉 살 소녀였던 시절에는 '애도'라는 단어의 의미를 알려 주는 수업은커녕 그에 적절히 대처하는 방법이 담긴 책을 학교에서 빌릴 수도 없었다. 나는 엄마아빠를 관찰했다. 두 분은 침착함을 잃지 않고, 내가 너무 슬픔에 겨워할까 걱정해 감정을 내보이지 않으려고 애쓰셨다. 하지만 엄마아빠를 본보기로 해서 배울 수도 없고, 조언을 구하거나 의지할 형제자매나 친구도 없었던 나는 폭풍처럼 밀려오는 이 새로운 감정에 어떻게 대처해야 할지 전혀 알 수가 없었다. 그래서 장례식 날까지 매일 저녁이면 방에 앉아서 혼자 울었다.

교회에서 장례식이 거행되는 동안 어찌할 바를 몰라 힘들었던 기억이 난다. 할머니에게 조의를 표하고 싶었고, 내가 할머니를 얼마나 사랑했는지 온 세상 사람들이 알게 하고 싶었다. 돌아보니 교회의 긴 의자에 앉아 있는 어른들은 대부분 무표정한 얼굴이었고, 사촌 한 명만 펑펑 울고 있었다. 나는 속으로 '내가 저 사촌보다 더 울어야 할까? 덜 울어야 할까?' 하고 생각했다. 그 순간조차 나는 사람들을 이해하지 못해 당황했고, 보통은 본능적이고 직관적으로 알 만한 '적절한 행동'이 무엇인지 몰라 어리둥절했다.

내가 아웃사이더, 관찰자라는 느낌은 학교를 다니는

내내 나를 따라다녔다. 결국에는 나도 친구를 사귀었는데, 주로 남자아이들이나 운동을 좋아하는 여자아이들이 대부분이었다. 나는 길고 곧은 머리에 무릎에는 늘 상처를 달고 다니고 테니스 헤드 밴드에 화려한 운동화 차림을 한 깡마른 아이였다. 나는 축구장을 뛰어다니거나 숲속에 트리하우스를 짓는 것을 좋아했다. 알프스의 시원한 바람과 피부에 나는 땀을 느끼면서 빠르게 움직이는 것을 즐겼다. 나는 테니스뿐 아니라 알프스에서 스키를 타고, 호수에서 수영도 즐겼다. 육상팀 소속으로 달리기는 물론 말도 타고 축구도 했다. 그러나 활동을 마치고 친구들이 대화를 시작하면 나는 입을 꼭 다물었다. 내가 끼어들 기회를 기다렸지만 그런 기회는 절대 오지 않는 듯했다. 그때는 왜 그렇게 모든 것이 수수께끼처럼 보였을까? 그러나 그중에서도 가장 큰 수수께끼는 바로 우리 집에서 펼쳐지고 있다는 사실은 확실히 알 수 있었다.

첫 연구 사례

1942년, 혜몽 페네Raymond Peynet라는 젊은 상업미술가는 프랑스 남부의 발랑스Valence에 있는 작고 예쁜 공원을 둘러보다가 엄청난 광경을 목격했다. 주물로 장식된 작은 무대에서 바이올린 연주자 한 명이 근처 벤치에 앉은 젊은 여성을 위해 세레나데를 연주하고 있었고, 여성은 볼이 빨개진 채 반짝이는 눈으로 무아경에 빠져 그를 바라보고 있었다. 페네는 프랑스인들이 '쿠 드 푸드르Coup de foudre(글자 그대로 해석하면 청천벽력이라는 의미-옮긴이)'라 부르는 '첫눈에 사랑에 빠진' 현장을 1열에서 목격한 것이다. 그는 스케치북과 연필을 꺼내 뻣뻣한 검은 머리칼에 중산모를 쓴 젊은 바이올리니스트와 살랑거리는 원피스 차림에 포니테일을 한 활기 넘치는 여자를 그렸다.

페네는 두 사람이 함께할 낭만적인 미래를 상상하며 그 그림에 '미완성 교향곡'이라는 이름을 붙였지만 한 잡지 편집자가 '연인들'이라는 의미의 '레 자무르Les Amoureux'로 바꾸었다. 그 그림은 전설이 되었다. 이후 20여 년에 걸쳐 페네의 '연인들'은 스카프, 우표, 결혼 축하 카드, 도자기 접시, 에어프랑스 광고와 라파예트 백화점 등 출연하지 않은 곳이 없었다. 그들의 사랑은 들척지근하다기보다는 달콤했고, 구식이면서도 약간 초현실적이었고, 무엇보다 프랑스다운 데가 있었다. 비 오는 날 다정하게 우산을 함께 쓴 모습이나 벤치에 앉아 껴안고 시간을 보내는 모습은 전 세계에 라무르l'amour(사랑) 전문가로 알려진 나라를 대표하기에 이상적인 이미지였다.

나는 '페네의 레 자무르'라는 표현을 자주 들으며 자랐다. 부모님의 친한 친구들이 우리 부모님을 부르는 별명이었기 때문이다. 절대 싸우지 않고, 늘 손을 잡고 다니고, 몇 시간이고 꿈꾸듯 서로의 눈을 바라보며 시간을 보내는 우리 엄마아빠의 로맨스가 너무나도 매혹적이어서 동화 같다고들 했다. 페네가 그린 연인들처럼 엄마와 아빠도 우연한 만남에 서로 첫눈에 반했다. 엄마를 유혹한 것은 바이올린이 아니라 마르셀이라는 보더콜리였지만 말이다.

이야기는 1970년대 초로 거슬러 올라간다. 엄마는 공원에서 반려견을 산책시키던 아빠를 처음 보았다. 두 사람은 눈이 마주치자 서로에게 웃어 보였다. 마르셀이 아니었으면 그냥 그렇게 지나쳐 버렸을 수도 있었지만, 마르셀은 아빠를 엄마 쪽으로 끌고 가서는 숨을 헐떡거리면서 엄마의 발목을 격렬하게 핥았다.

"마르셀, 안돼!" 아빠가 사과했다. "이런 짓을 하는 녀석이 아닌데요."

"괜찮아요, 정말이에요!" 그렇게 말하며 마르셀의 귀를 쓰다듬는 엄마의 얼굴에 미소가 점점 더 활짝 피었다. 두 사람은 대화를 나누며 조금씩 가까이 다가섰다. 마르셀이 긴장을 풀었다. 미션 수행에 성공한 것이다. 헤어지기 전에 아빠가 엄마의 전화번호를 물었다. 그리고 다가오는 토요일에 함께 춤추러 가지 않겠냐고 데이트를 신청했다. 첫 데이트에서 엄마가 바로 아빠를 집으로 데리고 간 걸 보면 아빠의 춤 솜씨가 꽤 마음에 들었던 모양이다. 비록 몇 시간 동안 이야기를 나눈 것 말고는 아무 일도 일어나지 않았지만. 부모님은 우아하고 호리호리한 몸매에,

1970년대 프랑스인답게 주황색 나팔 바지를 입는 나름 쿨한 사람들이었지만 굉장히 보수적이었다. 그래서 6개월 후 결혼식을 올리기 전까지 성관계를 하지 않았다. 어쩌면 그래서 더 빨리 결혼을 했는지도 모른다! 그리고 2년 후 내가 태어났다.

연구를 통해 점점 더 확실히 알게 된 것은 사랑이 여러 가지 심오하고 신비한 방식으로 뇌에 영향을 주는 매우 복잡한 현상이라는 사실이다. 하지만 '매혹attraction', 즉 우리가 욕망하는 사람에게 끌리는 느낌은 사랑보다 더 단순한 과정으로, 이 현상의 생물학적·화학적 원리는 상당히 많이 밝혀져 있다. 매혹에서 가장 먼저 주목할 만한 요소는 이것이 충동적이라고까지 할 수는 없지만 눈 깜짝할 사이에 벌어지는 현상이라는 점이다. 우리는 상대방이 내 스타일인지 200밀리초 사이에 판단할 수 있다. 그리고 상대방에게 흥미가 없으면—데이트 앱 틴더Tinder 식으로 말하자면 화면을 왼쪽으로 스와이프하는 것—그보다 더 빨리 마음을 정한다. 이 눈 깜짝할 사이의 결정은 엄청나게 복합적인 시각 정보에 기반하는데, 자손 증식의 적합성 같은 뿌리 깊은 유전적 선호 체계뿐 아니라 '나는 너의 스타일이 좋아' 같은 개인적 선호 체계까지 반영한다.

흥미로운 사실은 배우자가 될 가능성이 있는 상대에게 끌리는 요인 중 하나가 우리 자신의 모습이라는 점이다. 그런 사실을 우리는 전혀 의식하지 못하지만 말이다.

한 연구에서 참여자의 사진을 이성의 얼굴에 합성해서 보여 주었다. 남성들은 여성으로 변한 자신의 모습을 알아보지 못했을 뿐 아니라(그 반대의 경우도 마찬가지였다) 자기 사진을 가장 매력적이라고 평가했다. 우리 부모님의 경우도 자기와 비슷한 사람을 찾는 경향에서 벗어나지 않은 것 같다. 사람들이 오누이로 착각할 정도로 비슷하게 생겼기 때문이다.

냄새 역시 상대방에게 매력을 느끼는 데 중요한 역할을 하는데, 여기서는 반대로 자신과 다른 냄새를 풍기는 사람에게 끌린다. 우리 코는 유전자 정보를 담은 화학적 신호인 페로몬을 감지한다. 듣기만 해도 냄새가 진동하는 듯한 한 연구에서는 여성 대학생들에게 남성 대학생들의 티셔츠 냄새를 맡고 상대를 선택하도록 했다. 그 결과 자신과 완전히 다른 면역 체계를 가진 상대의 냄새를 선호하는 것으로 드러났다. 이는 질병과 싸우는 더 다양한 방법을 물려받아 후손을 보호하는 데 도움이 되는 선택이다. 새로운 데이트 상대를 만났을 때 날씨가 어떤지, 그 전에 얼마나 배가 고팠는지 등의 다른 요인들도 선호도에 영향을 준다. 그런데 이런 현상은 인간에만 국한된 것이 아니다. 예를 들어 배고픔은 암컷 거미가 짝짓기 상대를 선택하는 데 영향을 준다. 한 연구에 따르면 잘 먹은 암컷 거미는 수컷을 더 잘 받아들인다.

우리가 누군가에게 끌리는 정도를 넘어서 사랑에 빠

지는 느낌을 갖기 시작하면 뇌는 다양한 신경전달물질과 화학물질을 폭포수처럼 쏟아내서 우리의 기분과 인지 능력을 변화시킨다. 사랑을 해 본 사람이라면 사랑에 빠졌을 때 가장 첫 번째로 눈에 띄는 증상이 기분이 엄청나게 좋다는 것임을 알 것이다. 이 상태를 묘사하는 데 '희열Euphoria'이라는 표현이 자주 쓰인다. 화학적으로 이 감정이 추동되는 과정을 살펴보면 이것이 얼마나 자연스러운 일인지 이해할 수 있다. 사랑에 빠지면 일련의 생물학적 불꽃이 터진다. 그중 하나가 복측피개영역VTA이 자극되는 현상이다. 하트 모양의 이 영역은 '좋은 기분'을 느끼게 하는 보상 회로에 도파민을 보내는 역할을 하는데, 우리가 맛있고 중독성이 있는 음식을 먹거나 와인을 마실 때 자극되는 부분이기도 하다.

바로 이 때문에 사랑에 빠지면 다음날 부작용이 없는 마약을 한 듯한 느낌이 드는 것이다. 심장이 빨리 뛰고, 피부 온도가 올라가고, 볼이 달아오르며, 동공이 확장되고, 뇌는 우리 몸에 에너지를 추가로 발휘하기 위해 포도당을 분비하라는 신호를 보낸다. 뇌는 도파민에 흠뻑 젖어 즐거운 비명을 지르지만, 사랑에 빠졌을 때 도파민만 작동하는 것은 아니다. 노르에피네프린이라는 호르몬의 분비도 증가시켜 터널시야tunnel vision(시야 협착의 일종으로 터널 속에서 터널 입구를 바라보는 모양으로 시야가 제한되는 현상-옮긴이)를 갖게 만들어서 이 중요한 순간에 초점을 맞추고,

시간에 대한 지각 능력을 왜곡시킨다. 연인과 첫 데이트를 하는 동안 시간이 유동적으로 느껴지고 심지어 쏜살같이 흘러가 버린 듯한 느낌은 부분적으로 도파민과 노르에피네프린의 수치가 높아졌기 때문이다. 한편 입맛을 조절하고 원치 않는 불안한 생각 등을 조절하는 중요한 호르몬인 세로토닌의 수치는 사랑에 빠지면 뚝 떨어져서 강박장애를 앓는 사람의 수치와 비슷해진다. 바로 이 때문에 식사가 불규칙해지거나 작은 일에 집착을 하고 '적절한 행동과 결정'이 무엇인지 고민하고 '완벽한 문자 메시지'를 보내야 한다는 염려에 사로잡히는가 하면, 지난번 데이트를 머릿속으로 수없이 되감기하며 재현하는 현상이 벌어지는 것이다.

매력적인 상대와의 신체적 접촉은 인간이 서로 끌리는 과정에서 아주 중요한 역할을 하는 또 다른 호르몬의 분비를 촉발한다. 옥시토신이라는 이 신경펩타이드는 '유대 호르몬'으로 불리기도 하는데, 사람들을 이어 주는 접착제와 같은 작용을 하면서 공감과 신뢰의 느낌을 높여 준다. 상대방의 눈을 지그시 바라보거나 포옹을 할 때 수치가 치솟는다. 다시 말하면 옥시토신은 관계를 형성하는 데 필수적이다.

최근 하버드 의대의 한 연구에 따르면 사랑에 빠진 사람들의 식욕 저하는 높아진 옥시토신 수치 때문일 수 있다고 한다. 연구팀이 다양한 체중의 남성 참여자들에게 음식이 많이 차려진 식탁에 앉기 전 옥시토신을 코에 분무하자 위약을 분무한 비교집단에 비해 음식을 덜 섭취했다. 식후 간식, 특히 초콜릿 쿠키를 먹는 양도 줄었다.

한 명짜리 그룹

우리 부모님은 작은 마을에 정착하셨다. 내가 자란 곳이기도 한, 샹베리라는 프랑스 도시 근처에 자리한 마을이다. 엄마는 그곳에 있는 지방대학의 경제학과 교수이셨고, 아빠는 잘 나가는 냉동 식품 업체의 경영자로 일하셨다. 마몽(엄마)이 상아탑에서 누리는 기쁨과 평생 계속되는 배움의 길을 찬양하고, 파파(아빠)가 냉동 완두콩의 영양학적 장점을 찬양하는 장광설을 늘어놓으실 때면 나는 의젓하게 듣는 척했다. 아빠가 아이스크림을 뇌물 삼아 나를 자기 편으로 끌어들여 이 장난스러운 논쟁에서 이겨 보려고하실 게 틀림없기 때문이었다.

부모님은 열심히 일하셨고 하루 중 대부분을 일 때문에 떨어져서 보내야 했다. 그러나 저녁에 집으로 돌아오면 자석처럼 꼭 붙어 있었다. 다시 만난 엄마아빠는 서로의 입술에 키스를 했다—프렌치 키스가 아니라 진심으로 사랑하는 마음을 담아 달콤하고 가볍게 하는 입맞춤이었다. 그 순간부터 다음날 출근 전까지 세상 그 무엇도 엄마아빠를 떼어 놓을 수 없었다. 두 분은 장보기, 요리하기, 빨래하기 등의 집안일을 분담하기보다는 함께하는 쪽을 택했다. 소파에 앉을 때에도 항상 엄마는 아빠 손을 잡고 아빠는 엄마 어깨에 팔을 두른 자세로 꼭 붙어 있었다.

나는 주방에서 엄마아빠가 함께 요리하는 모습을 지켜보는 걸 좋아했다. 껍질을 벗기고 얇게 썬 감자를 튀겨서 감자튀김을 만드는 과정마저도 잘 짜인 안무에 따라 추는 발레처럼 보였다. 말 한 마디 없이도 의사소통이 되는 때가 많았다. 두 분 모두 상대방이 다음에 할 행동을 엄청난 정확도로 예측하는 데 능숙했다. 그리고 함께 보내는 시간을 진정으로 즐거워했다. 한번은 엄마가 집안 대대로 내려오는 유명한 레시피로 볼로네즈 소스를 만들고 있었는데, 어느 순간 함께 조리하던 엄마아빠가 포복절도하기 시작했다. 여느 이탈리아 사람과 마찬가지로 우리 엄마도 손짓 없이는 말을 못 하셨는데 이야기에 너무 열중한 나머지 엄마도 모르게 엄청난 양의 토마토 소스를 아빠 얼굴에 뿌린 것이다. 엄마아빠는 곧 서로에게 음식을 던지기 시작했고, 마무리는 역시 긴 입맞춤이었다.

어릴 때부터 나는 엄마아빠가 서로에게 완벽한 짝이라는 것을 알았다. 하지만 그 완벽한 퍼즐 어디에 내가 끼어들 수 있을까? 물론 부모님은 날 사랑하셨지만 나는 자주 내가 원치 않는 부속품이나 곁다리가 된 기분이었다. 차를 타고 갈 때면 나는 뒷자리 중앙에 앉아 앞자리에 앉은 엄마아빠 사이로 목을 길게 빼서 끼어들기도 하고, 팔 걸이 위로 꼭 잡은 부모님의 손 위에 턱을 괴고 가기도 했다. 엄마아빠만의 주말을 즐기기 위해 어린 나를 메메네 집에 맡길 때면 나는 나를 '버렸다'고 생각하고 섭섭해했다. 그러고는 몇 분 정도가 아니라 몇 시간씩 한자리에 앉아 주차장을 내다보면서 엄마아빠가 돌아와서 주말 계획에 나를 끼워 주기를 기다렸다(지금 그때를 떠올리니 내가 퇴근하기를 기다리며 창문 밖을 바라보고 있는 우리 강아지가 생각난다).

조금 더 나이가 들면서는 우리 부모님이 서로를 완성하는 것처럼 나를 완성해 줄 사람을 만날 수 없을 것이라고 의심하곤 했다. 부엌에서 달콤하게 속삭이는 부모님을 바라보며 소파에 홀로 앉아 워크맨으로 라우라 파우시니의 우울한 이탈리아 발라드 '라 솔리투디네La Solitudine(고독)'를 들었다.

> 내 안의 이 침묵, 그것은 두려움이었네
> 당신 없이 살아가야 한다는 두려움

아무도 없이 홀로 사는 게 내게 주어진 운명 같았다. 왜 그런 생각을 했는지는 지금도 잘 모르겠다. 부모님이 보여 주신 낭만적 이상에 못 미칠까 두려웠을까? 내가 그냥 워커홀릭이라 학교 생활과 스포츠 활동을 너무 좋아해서 낭만 같은 것에 할애할 시간이 전혀 없었던 걸까? '마음에 안 드는 사람들과 있으니 혼자가 낫다'는 프랑스 속담에 너무 깊이 현혹되었던 걸까? 사실 그 속담은 한 번 들은 후 내가 늘 외는 주문이었고, 적어도 좋은 평계였다. 나도 사랑이 사람들을 얼마나 행복하게 만드는지는 확실히 알고 있었다. 심지어 학교에서 짝을 맺어 주는 큐피드 역할까지 했다. 사회적 역학 관계에 대한 내 관심으로 친구들의 보디랭귀지를 읽고 누가 누구에게 관심이 있는지를 알아차려서 두 사람을 연결해 주는 일 말이다. "야야, 레이첼, 너 봤어? 네가 가까이만 가면 진 얼굴이 빨개지는 거?"

하지만 나는 그런 게임을 내게 적용하는 데는 관심이 없었다. 운동을 좋아하는 아이들이나 과학에 빠진 괴짜들하고 주로 어울렸고, 가까워지는 상대가 있다 하더라도 남자친구 후보라기보다는 한 번도 가져본 적이 없는 오빠나 남동생 같은 느낌이 강했다. 중학생일 때 테니스 코트에서 한 소년이 갑자기 내게 입을 맞췄던 일이 있었다. 그는 내가 머리를 자르면 데이트 신청을 하겠다고 말했다. 나는 그저 미소를 지어 보이고는 보란듯이 긴 머리칼을 바람에 휘날리며 반대편으로 걸어갔다.

시간이 흐르면서 나도 남의 시선을 의식하기 시작했다. 사람들, 그중에서도 주로 엄마가 왜 나는 사랑에 관심이 하나도 없는지 묻기 시작했기 때문이다. 엄마는 내가 어떻게 남자친구 한 번 사귀는 일 없이 중·고등학교를 졸

업했는지 궁금해하셨다. 심리학을 공부하겠다고 대학에 간 후에는 내 애정 전선(혹은 애정 전선의 부재)에 대해 엄마에게 전혀 언급조차 하지 않았다. 좋은 성적을 받았다거나 엄청난 경쟁을 뚫고 인턴을 하게 됐다든지 하는 말을 전할 때마다 엄마는 "잘됐구나, 그런데 운명의 상대는 찾았니?" 하고 물으시곤 했다.

엄마는 매일 밤 오래 기다려 온 내 운명의 상대가 내 앞에 나타나 주기를 기도한다고 고백하셨다. 그리고 가끔은 운명에 슬쩍 개입하려는 시도를 하시기도 했다. 내가 열네 살 때 친구 몇 명과 함께 생일을 맞은 친구를 위해 80년대 후반 '붐'이라고 부르던 댄스 파티를 계획한 적이 있었다. 그 파티에서 엄마는 자기 아들이 스물한 살이 되면(그 아이도 열네 살이었다) 나랑 좋은 짝이 될 거라고 생각하는 부모님과 친해졌다. 맞다, 엄마는 늘 큰 그림을 그리셨다! 신이 난 부모님들은 그 아이와 내게 함께 춤을 추라고 자꾸 권했고, 우리가 함께 춤을 추자 너무 좋아서 사진까지 찍었다.

지금 그 사진을 보면 웃음이 터져 나온다. 그 아이와 내가 너무 뚝 떨어져 춤을 추고 있어서 둘 사이에 테이블이 들어갈 정도였기 때문이다. 소년은 다른 사람과 그 거리를 줄이는 데 성공했다. 댄스 파티가 있고 10년 후, 그는 결혼을 해서 자리를 잡고 가정을 꾸렸다. 나는 스물네 살이 되도록 여전히 씩씩하고 행복한 싱글이었다. 우리 엄마는? 물론 이전 어느 때보다 근심이 깊어졌다.

얼마 안 가 일요일 저녁 식사 때마다 손주들이 태어나는 걸 보지도 못하고 죽겠다고 불평하는 엄마의 푸념을 들어야만 했다. 나는 엄마에게 좀 기다려 달라고 말하기도 하고, 내 사생활에 집착하는 대신 새로운 취미를 가지시는 건 어떻겠냐고 조언하기도 했다.

"엄마, 강아지를 한 마리 데려오는 건 어때요?"

불편하기는 했지만 엄마가 걱정하시는 걸 이해하지 못하는 것도 아니었다. 엄마는 아빠에게, 아빠는 엄마에게 너무도 많이 의지를 했다. 두 분 다 결혼 생활에서 안정감과 삶의 의미를 찾았기 때문에 내게도 같은 것을 바라셨던 것이다.

솔직히 말하자면 어쩌다 드물게 데이트를 해도 엄마에게는 완전히 숨겼다. 어쩌면 엄마가 너무 강권했기 때문인지 모르겠다. 보는 이에 따라서는 모든 조건을 다 갖췄다고 할 만한 남자와 2주 정도 사귄 적도 있었다. 그는 부자였고, 발도 넓고, 잘생기고, 귀족 같은 남자였다. 견장 달린 장교복을 입고 말을 타는 모습이 쉽게 상상되는 그런 이미지의 남자 말이다. 내가 편안하게 느끼는 환경에서 그보다 더 멀 수가 없는 장소인 모나코의 자선 무도회에서 그를 만났다. 친구들은(가기 싫다는 나를 억지로 끌고 간 친구들) 드디어 내가 백마 탄 왕자님을 찾았다고 농담을 했다. 그가 내 전화번호를 묻자 친구들은 모두 신이 나서 킥

킥거렸다.

첫 데이트에 그는 나를 프랑스의 백악관인 엘리제궁으로 데려갔다. 우리는 프렌치 풍으로 격식 있게 가꿔진 정원을 거닐고 금박 장식이 가득한 방에서 샴페인을 마셨다. 흐르는 듯 자연스러운 그의 금발머리와 영화배우처럼 완벽한 미소를 보면서 나는 엄마를 위해 살짝 한숨을 내쉬었다. 엄마가 나를 위해 꿈에 그리던 이상적인 결혼 상대가 바로 내 앞에 있었기 때문이다. 하지만 나는 얼른 그곳을 벗어나 학교로, 테니스 코트로 돌아가고 싶어 안달이 났다.

내가 낭만적인 관계를 적극적으로 피했다기보다는 누군가가 나를 좋아한다는 사실조차 모르고 지나간 적도 많았다. 사회신경과학자가 그렇게나 사회적으로 무감각하다는 사실을 인정하는 것이 쉬운 일은 아니지만 나는 단지 나일 뿐이었으며, 절대 주인공이 되지는 않고 늘 관찰자에 머물렀다. 예를 들어 박사 과정을 밟고 있을 때 나는 친절한 의대생과 사무실을 함께 썼다. 우리는 공동 연구를 진행하고 이런저런 이론들을 세우고 토론하며 긴 시간을 보냈고, 논쟁하거나 서로를 놀리기도 하면서 함께 많이 웃곤 했다. 몇 년이 지나 그가 당시 내게 신호를 보냈던 것이라고 고백을 했다. 나는 다른 사람들 사이에 오가는 그런 신호는 너무도 쉽게 눈치를 챘으면서 정작 나에게 오는 신호는 전혀 알아차리지 못했던 것이다.

마음 깊은 곳에서는 나도 진정한 사랑이라는 개념을 받아들이고 있었다. 운명의 상대가 나타나면 사랑에 빠질 수도 있다고 생각하기는 했다. 심지어 마음속에 이상형도 그려 두고 있었다. 친절하고 운동을 잘하며 지적으로 영감이 되는 사람. 그러나 그 특별한 누군가를 찾아 헤매는 데 인생을 바치고 싶지는 않았다. 나는 사랑이 내게 찾아오기를, 그리고 그런 사랑이 찾아왔을 때 혼란스러워 하지 않고 자연스럽게 '이거다' 하는 생각이 들기를 바랐다. 우리 부모님이 했던 사랑 같은 것이기를, 연구를 할 때처럼 목적 의식이 느껴지는 사랑이기를 원했다. 또 운동을 할 때처럼 도파민이 치솟는 사랑이기를 원했다. 그 부유한 남자는 친절했지만, 테니스에서 완벽한 백핸드로 공을 쳐서 상대가 손도 쓸 수 없이 스코어를 올릴 때 느껴지는 희열을 주지는 못했다. 나는 사랑이 라켓과 공이 완벽한 지점에서 만났을 때 손에 전달되는 느낌, 아무리 경험해도 매번 새로운 그 느낌을 주기를 바랐다.

　　그리고 그런 느낌을 주지 못하는 사랑은… 흠, 아마도 내 것이 아니리라 생각했다. 누가 두 사람이 함께여야 보람찬 삶을 살아낼 수 있다고 말했지? 결혼해서 사는 삶이 정상이라고 여기는 것은 단지 사회적인 압력 때문일 수도 있지 않을까? 하나라는 숫자가 가장 외로운 숫자가 아닐 수도 있지 않을까?

3.
일을 향한 열정

> 과학은 이성의 제자이기도 하지만
> 낭만과 열정의 사도이기도 하다.
> ─스티븐 호킹

어릴 적에 사랑에 빠진 적이 없다고 했지만 사실 누군가 있긴 했다. 이름은 기억나지 않지만 장난기 가득한 웃음과 꿰뚫어 보는 듯한 호박색 눈, 머리부터 발끝까지 몸 전체를 뒤덮은 보드라운 갈색 털은 영원히 잊을 수 없을 것이다.

맞다. 한 원숭이에 대한 이야기이다. 60센티미터 남짓 되는 그 마카크 원숭이는 1999년 어느 여름날 내 삶을 송

두리째 바꿔 놓았다. 나는 스물네 살이었고 또래의 다른 사람들처럼 나 역시 앞으로 어떤 일을 할지 확신이 없었다. 심리학 대학원 과정을 밟고 있었지만 뇌의 생물학과 마음을 과학적으로 연구하는 일에 점점 더 관심이 커져 가고 있었다. 연구를 하면 할수록 우리를 인간으로 존재하게 하는 그 기관에 대한 탐구 없이는 인간의 본성을 완전히 이해하기를 바랄 수조차 없다는 생각이 굳어졌다.

나는 다른 학생들 대신 뇌에 대한 발표를 맡겠다고 자원했고, 몇 주간은 신경과학 논문에 깊이 빠져 지내며 점점 더 복잡해져만 가는 발표의 초안을 준비했다. 그러는 동안 뇌에 완전히 매혹되고 들떠서 몇 주간은 뇌에 대한 이야기 외에 다른 이야기는 할 게 없을 정도였다. 드디어 발표 당일, 나는 만면에 웃음을 활짝 띠고 강의실로 들어가 마치 복음 전도사라도 된 듯한 열정을 품고 발표를 시작했다. 그러나 발표를 마친 후 숨을 고르고 내게 처음 이 발표를 권유했던 나이 지긋하고 친절하신 교수님을 올려다보았을 때 교수님이 곤히 잠들어 계신 것을 보고 말았다. 믿을 수 없는 일이었다. 나는 학생들 앞에서 울음을 터뜨리고는 강의실을 뛰쳐나왔다. 교수님은 나중에 새로 복용하기 시작한 약에 졸음을 유발하는 부작용이 있다며 나에게 사과하셨다. 그는 너무 미안한 나머지 실수를 만회하고자 내가 유명한 프랑스 신경생물학자의 실험실을 방문할 수 있도록 주선해 주셨다. 덕분에 나는 뇌가 어떻게 작동하는지 현장에서 직접 배울 기회를 얻었다.

"인 비보in vivo(생체 내 실험-옮긴이) 연구실이다." 교수님은 의미심장한 눈빛으로 덧붙이셨다.

그때는 '인 비보'라는 이 라틴어가 무슨 의미인지 전혀 몰랐지만 "문제 없죠" 하고 일단 대답하고는 그저 이 '인 비보'라는 교수님이, 그게 누가 됐든지 간에, 내가 이야기할 때 졸지만 않기를 바랐다.

나는 작은 르노 승용차를 몰고 부모님 집에서 두 시간을 달려 프랑스 최고의 과학 연구 기관 CNRS(프랑스 국립과학연구원)의 리옹 캠퍼스로 갔다. 실험실은 조용했고 소독약 냄새가 풍겼다. 나는 실험실 벽을 따라 흐르는 흥분의 열기를 느꼈고 나에게 큰 계기가 되어 줄 무언가가 바로 목전에 와 있다는 느낌을 받았다. 그리고 거기서 내 인생을 바꾼 원숭이를 만났다. 그 마카크 원숭이는 우리 안에 놓인 단 위에 서 있었는데—여전히 나를 움찔하게 만드는 기억이다—그럼에도 나를 만나서 반갑다는 듯 사랑스러운 눈을 깜빡이며 기쁨이 가득한 소리를 냈다.

한 대학원생이 '인 비보'란 살아 있는 생물의 체내에서 뇌가 어떻게 작동하는지를 연구하는 것이라고 설명해 주었다. 이 상황에서 '살아 있는 생물'이란 수술로 여러 전극이 뇌에 삽입된 그 마카크 원숭이를 의미했다. 신경과학 연구의 초창기에는 미세 전극을 이식해 살아 있는 뇌의 활동을 귀로 직접 듣는 것이 일반적이었다. 소리가 클수록 뇌 활동이 더 강렬하다는 의미이다. 이 기술은 신경과학 분야의 여러 선구자들의 노력을 기반으로 하는데, 이탈리아의 의사였던 루이지 갈바니는 18세기에 신경세포와 근육을 전기 자극으로 흥분시킬 수 있다는 사실을 발견했고, 독일의 물리학자 헤르만 폰 헬름홀츠Hermann von Helmholtz는 19세기에 신경세포에 흐르는 전류가 메시지를 전달한다는 사실을 밝혀냈다.

실험실의 기밀유지 규칙 때문에 그 연구에 대해 자세히 알 수는 없었지만 신경과학자 장 르네 두하멜Jean-René Duhamel과 부인인 안젤라 시리구Angela Sirigu가 VIP라고 줄여 쓰는 복측 두정내영역ventral intraparietal zone을 살피고 있던 중이라는 것은 알 수 있었다. (나는 학생들에게 이 부분이 뇌의 'VIP룸'이라고 농담하곤 한다.) 귀 바로 위 두정엽 내에 위치한 이 영역은 인간을 포함한 영장류의 방향 감각과 움직임을 관장하는 모든 시각적·촉각적·청각적 감각을 처리하는 데 영향을 미치고, 시선의 방향을 결정하는 데 큰 역할을 해 걷거나 뛸 때 장애물에 걸려 넘어지지 않도록 돕는다. 또한 매력적인 누군가가 지나갈 때 우리가 보통 하는 행동이나 하고 싶은 행동, 쉽게 말해 고개를 돌리는 동작도 이 부위 덕분에 가능하다.

연구팀은 표준 절차에 따라 두개頭蓋 내 미세 전극을 앰프에 연결했고(뇌에서 보내는 부분적 신호로부터 전기적 활동을 실시간으로 추적할 수 있도록), 원숭이가 시선을 바꿀 때마다 VIP에서 보내는 신경세포가 내는 소리를 바로 재생해 들을 수 있었다.

"한번 들어 볼래요?" 한 연구자가 나에게 물었다.

나는 고개를 끄덕였다. 너무 흥분해서 말도 못할 지경이었다. 귀에 헤드폰을 대자 시간이 느리게 흐르고 심장은 빠르게 뛰었다. 원숭이의 신경세포는 잡음 같은 소리를 냈지만 모든 소리에 강한 신호가 담겨 있었다. 마치 세상에서 가장 멋진 라디오 프로그램에 주파수를 맞춘 것 같았다. 나는 그 정보의 순수함과 진정성에, 생명으로부터 발산되는 에너지에 사로잡혀 큰 감동을 받았다. 그 순수한 행복감의 순간에 이제야 진정한 나의 소명을 발견했음을 알았다. 첫 소리에 반하는 순간이었다.

화가의 뇌졸중

살아있는 뇌가 실제로 작동하는 소리에 흠뻑 매료되긴 했지만, 내가 우리에 갇힌 대상과는 절대 작업할 수 없다는 사실도 확실했다. 두하멜 박사와 시리구 박사에게는 죄송하지만, 내가 뇌를 연구하는 데 삶을 바치기로 결심한 이유 중 하나는 사람들을 자유롭게 하기 위해서였다. 내가 좋아하는 일을 하면서도 그 목표를 이룰 수 있는 가장 직접적인 방법은 뇌전증처럼 정신을 쇠약하게 만드는 부상과 뇌 장애로부터 회복할 수 있도록 돕는 것이라고 생각했다. 나는 신경과학 분야에서 유럽에서 가장 권위 있는 기관 중 하나인 스위스 제네바 대학병원(Hôpitaux Universitaires de Genève, 줄여서 HUG라고 한다. 말장난을 하려는 게 아니다) 박사 과정에 등록했다.

박사 과정 첫해에는 여전히 프랑스 국경 바로 너머에 있는 부모님 집에서 통학했지만 집에 있는 시간은 거의 없었다. 동이 트기 전에 일어나 아침 6시 기차를 타고 제네바로 갔다가 자정이 넘어서야 집으로 돌아왔다. 신경학 병동이 나의 새로운 집이었다. 일하는 게 어찌나 즐거웠는지 잠을 많이 잘 필요성도 못 느꼈다.

조금 지나서부터는 내가 뇌 탐정이 된 기분이 들었다. 내 일은 뇌졸중, 뇌전증 또는 다른 뇌 손상 후유증을 겪은 뒤 뇌의 어느 부분이 보존되었고 어느 부분에 장애가 생겼는지 또 어느 부분에 재활이 필요한지를 밝히고, 난치성 뇌전증일 경우에는 신경외과에서 장기적인 행동이나 신경심리학적 결함을 야기하지 않고 뇌의 어느 부분을 제거해야 하는지를 찾아내는 것이었다. 모든 케이스가 매력적이긴 했지만 동시에 감정 소모가 많았다. 시간이 흐르면서 연구 대상에게 연민을 가지면서도 나 자신과 분리하는 법을 터득했다. 더는 걸을 수 없는 운동선수나 자식을 알아보지 못하는 엄마를 만나도 마음이 산산조각 나지 않도록 일과 적정 거리를 유지하는 법도 배웠다.

사랑과 열정이 뇌에서 매우 중요한 역할을 맡는다는 첫 번째 단서는 71세의 스위스인 환자 위게트Huguette에게서 발견했다. 그녀는 성공한 화가이자 섬유 디자이너였고, 당시 자신이 진행하는 텔레비전 프로그램이 따로 있을 정도로 제네바에서 잘 알려진 미술 강사이기도 했다. 위게트에게 예술은 곧 삶이었다. 예술은 그녀의 직업이자 세상과 소통하는 방법이었다. 그녀는 스케치북 없이는 집을 나서지 않았다. 그녀는 마찬가지로 유명한 화가였던 사랑하는 남편과 그 열정을 공유했다.

내가 처음 위게트를 병원에서 만난 건 2001년 10월의 어느 날이었다. 인생에서 가장 끔찍한 24시간을 경험한 그녀는 무언가에 홀린 듯 보였다. 지난 밤, 한밤중에 갑자기 잠에서 깬 위게트는 다시 잠이 오지 않아 물을 한잔 마시려고 자리에서 일어났다. 계단을 내려가는데 갑자기 이상한 감각이 몰려왔다. 그녀는 집에서 길을 잃고 혼란에 빠졌다. 계단 벽도 처음 보는 것처럼 느껴졌다. 비틀거리며 주방에 들어섰지만 늘 컵을 두는 찬장을 찾을 수도 없었다. 몽유병인가? 악몽을 꾸고 있는 것일까? 스스로를 꼬집어 보았지만 깨어 있는 것이 분명했다. 대체 무슨 일이 일어나고 있는 거지?

위게트는 그 감각을 애써 무시하며 침실로 돌아왔고 다시 잠이 들긴 했다. 아침이 되었을 때는 지끈거리는 심한 두통을 제외하고는 그럭저럭 평소와 다름없다고 느꼈디. 위게트는 진통제를 먹고 그림과 수업으로 빼곡한 일정을 시작했다.

오후 1시쯤 되었을 때 그녀는 제네바에 있는 집에서 2마일(약 3.2킬로미터) 정도 떨어진 화실에 있는 남편을 데리러 가려고 차에 올랐다. 눈 감고도 운전할 수 있는 익숙한 동네였다. 하지만 위게트는 이내 지금 자신이 어디에 있는지, 어느 방향으로 가고 있는지 전혀 모른다는 사실을 깨달았다. 어느 출구로 나가야 할지 몰라서 원형 교차로를 돌고 또 돌았다. 그러다 무언가 찌그러지는 큰 소리가 났다. 교차로 가운데 있는 벽에 자동차 왼쪽을 심하게 부딪힌 것이다. 위게트는 브레이크를 세게 밟고는 비틀거리며 차에서 내렸다. 어디가 어디인지 알 수 없었다.

지나가던 사람이 달려와 물었다. "부인, 괜찮으세요?"

"모르겠어요. 길을 잃었어요. 여기가 어딘지 모르겠어요."

"어디 사세요?"

집 주소를 부르는 데는 아무 문제가 없었다. 집에 와서도 가족들을 알아볼 수 있었다. 가족들이 곧장 구급차를 불렀고, 위게트는 병원에 도착했다. 종양이나 출혈 검사를 위해 CT 촬영을 했고 뇌전증 발작을 배제하기 위해 뇌파 검사EEG를 진행했다. 검사 결과 우측 두정엽에 심각한 뇌졸중을 겪은 것이 확인되었다.

대뇌피질 꼭대기에 있는 두정엽은 두뇌에서 매우 흥

미로운 역할을 담당하기에 나 역시 이 부분에 대해 공부를 많이 했다. 여러 가지 기능을 담당하는 두정엽은 우리가 눈으로 보는 것을 이해하고 이치에 맞게 여기도록 정렬하는 일도 한다. 시선의 방향을 결정하고 주변 공간에 대한 인지를 돕는 VIP(마카크 원숭이의 뇌에서 보내는 신호를 들었던 그 부위) 역시 두정엽에 위치한다. 두정엽은 우리의 신체상body image(스스로를 바라보는 주관적 방식)과 시각적 주의 집중도(어떤 것에 집중하고 어떤 것을 무시할지를 정하는 것)를 결정하기도 한다.

위게트의 증상과 손상 부위로 보았을 때 뇌졸중이 인지 능력에 상당한 결손을 초래한 듯했다. 하지만 구체적으로 어떤 종류인지는 알 수 없었다. 환자를 병원에 입원시켜 여러 행동 검사를 진행했다. 그런데 검사 결과를 기다리는 동안 예상치 못한 발견을 하게 되었다.

아침 식사가 발단이었다. 위게트는 자신의 아침 식사에 내용물이 반이나 빠져 있다는 사실에 마음이 상했다. 그녀는 왜 자기에게는 오렌지 주스와 과일을 주지 않았느냐고 정중하게 물었다. 같은 병실을 쓰는 다른 환자의 식판에는 오렌지 주스와 과일이 놓여 있었다. "왜 제 식사에는 이것들이 빠져 있는 거죠?"

이 말을 들은 간호사는 위게트의 식판을 보고 놀라움을 애써 감추어야 했다. 위게트의 식판 왼편에는 오렌지 주스와 과일이 분명히 있었고 똑똑히 잘 보였다. 하지만 어찌 된 일인지 위게트의 눈에는 그것들이 보이지 않았다. 그녀에게 오렌지 주스와 과일은 존재하지 않는 것이었다. 내 머릿속에 한 줄기 빛이 스치고 지나갔다. 나는 위게트에게 스케치북을 보여 달라고 요청했다. 그녀는 병원에 도착한 이후 줄곧 무언가를 그려 왔다. 나는 위게트가 그림을 그리는 것이 어떤 진단이 내려질지 확실치 않은 상황을 견디기 위한 대처기제일 것이라고 생각했다.

스케치북을 보고는 미소가 지어졌다. 대부분 병원에서 근무하는 간호사와 의사를 그린 것이었고, 패션 잡지에서 본 베일을 쓴 아름다운 여인들도 그려져 있었다. 그림은 아름다웠다. 밝고 유쾌했으며 생동감이 넘쳤다. 하지만 거기에는 부정할 수 없이 이상한 점이 있었다. 그림 속 인물들은 모두 놀랍도록 무언가가 생략되고 왜곡된 모습이었는데, 위게트—나중에 안 일이지만 위게트는 세세한 부분을 묘사하는 스타일의 데생에 뛰어난 화가였다—는 알아차리지 못한 것 같았다. 그리고 이러한 생략과 왜곡은 모든 스케치의 왼쪽 페이지에만 국한되어 있었다. 그림 속 인물들의 왼팔과 왼쪽 눈이 없었던 것이다. 블라우스를 오른쪽 반만 입고 있는 여자의 그림도 있었다.

신속하게 진단이 내려졌다. 환자는 좌측 공간편측무시증을 앓고 있었으며, 이것은 인지 공백(또는 마음의 눈을 실명했다고도 한다)의 일종으로 세상의 반을 볼 수 없게 만들었다. 위게트는 몸의 왼쪽을 제어하는 오른쪽 뇌가 손상

되었기 때문에 마음의 눈 중 왼편에만 영향을 미쳤다. 위게트의 눈은 실제로는 여전히 주변 전부, 왼쪽과 오른쪽 모두를 볼 수 있었지만 그녀의 마음의 눈은 오른쪽에 있는 사물에만 주의를 기울였다. 마치 왼쪽이 정전된 듯 깜깜해진다기보다는 왼쪽의 존재를 부정하고 의미를 두지 않게 되는 것이라고 할 수 있다. 반쪽 난 세상이 위게트가 바라보는 세상의 전부였다. 그게 오렌지 주스이든, 자동차이든, 제네바 호수 왼쪽에 떠 있는 오리이든, 위게트는 그 반쪽을 보지 못한다는 사실조차 인지하지 못했다.

진짜로 실명을 하는 것이 아니고서야 예술가에게 이보다 더 절망적인 일이 있을까? 하지만 문제는 거기서 그치지 않았다. 이 뇌졸중으로 위게트의 자기 인식에도 문제가 생긴 것 같았다. 자신의 왼손과 왼발이 마치 돋보기로 보는 것처럼 거대하게 보였다.

"제가 예전처럼 다시 그림을 그릴 수 있을까요?" 위게트가 물었다.

나는 그녀를 안심시키고자 했다. "그럼요."

하지만 능력을 원상태로 되돌리기 위해서는 몇 개월간의 재활치료를 받아야 한다는 것도 말해 주었다. 우리는 곧바로 재활치료를 시작했지만 얼마 지나지 않아 위게트에게는 일반적인 재활 프로그램이 통하지 않는다는 사실이 명확해졌다. 뇌졸중 환자들의 재활치료는 보통 어린이들이 하는 놀이와 비슷해 보이는 운동이다. 나무못을 작은 구멍에 넣는다든가 하는 간단한 작업을 하며 몇 시간을 보내기도 한다. 위게트는 내가 가져온 이 '장난감들'을 보고는 경멸을 감추지 못했다.

"이런 게 다시 그림을 그리는 데 어떤 도움이 된다는 거죠?"

그녀의 반응은 고기능 환자들—CEO라든가 예술가, 스포츠 선수나 공학자—에게서 주로 볼 수 있는데, 자신의 능력에 훨씬 못 미친다고 여겨지는 작업을 치료 때문에 강요받게 되면 우울증을 겪거나 스트레스를 받게 된다. 뇌의 일부가 손상된 것은 확실하지만 위게트의 자아는 온전히 그대로였다. 그러므로 어떤 치료 요법을 쓰든 이를 고려해야 했다.

그녀가 교과서적 치료법을 대놓고 거부하자 나도 교과서를 치워 버리기로 결심했다. 환자가 오로지 예술에만 관심이 있다면 마음의 눈을 회복하는 데 그 열정을 활용하기로 했다. 나는 위게트가 스스로 극복할 수 있는 방법으로 접근했다. 위게트에게 내가 강사로 있는 새로운 예술 수업에 등록한 학생이 되었다고 생각해 보라고 했다.

수업 커리큘럼은? 뇌에서 새로운 연결고리를 그려 가는 것이었다. 뇌의 자연 치유력을 활용해 손상되지 않은 건강한 부위로 손상된 부분을 만회하거나 치료할 수 있도록 새로운 연결을 만들어 내는 것이 목표였다. 위게트는 몇 달간 자신의 열정과 예술가로서의 정체성에 집중하는 어려운 재활 프로그램을 견뎌야 했다. 간단히 말하면 그림 그리는 법을 처음부터 다시, 그리고 어마어마하게 줄어든 캔버스를 원래대로 확장시키는 법을 스스로에게 가르쳐야 하는 과정이었다. 어렵고 고단한 작업이었다.

치료를 시작하고 처음 3주간 위게트는 시력을 되찾겠다는 일념으로 60장이 넘는 그림을 그렸다. 피곤해도, 우울감이 찾아와도 내가 요구하는 것을 모두 소화해 냈다. 종종 포기하고 싶어 했고, 쌀쌀한 병원 복도를 거닐 때면 두르고 있던 커다란 스카프 속으로 사라져 버리는 듯한 느낌을 받기도 했다. 하지만 위게트에게 포기란 곧 예술가로서의 정체성을 잃어 버리는 것이었다.

도저히 나아질 기미가 보이지 않던 어느 날 치료를 마친 위게트가 물었다. "이걸 대체 왜 하는 거죠?"

나는 숨을 깊이 들이마신 후 설명했다.

"두정엽은 방이 많은 큰 집 같은 거예요. 그 방 중 한 군데에 불이 꺼졌어요. 퓨즈가 나갔거나 누전이 되었다거나, 이유가 무엇이건 간에 그 방에는 불이 안 들어와요. 불을 다시 켤 수도 없죠. 그럼 아무것도 안보일 텐데 그 어두운 데서 그림을 어떻게 그리죠? 자, 이제 다른 방에 불을 전부 켜고 문도 다 열어 놔야 해요. 필요하면 벽도 허물어야겠죠. 집 전체를 최대한 밝혀서 불이 꺼진 방이 의미가 없도록 만들려는 거예요. 집 전체가 밝으면 되는 거니까요."

우리는 그렇게 했다. 나는 위게트에게 거울을 이용해 오른쪽에서 왼쪽을 비추어 여러 각도에서 자화상을 그리도록 요청했다. 강제로 보이지 않는 쪽에 집중하도록 반복적으로 훈련해 위게트의 시야를 새로 만들어 냈다. 마음속 집에 있는 다른 '방'들을 '찾아가' 불을 환히 켜고 벽을 허물 수 있도록.

마침내 진척이 보이기 시작했다. 처음에는 조금씩이었지만 점차 급속도로 좋아졌다. 위게트가 예술가가 아니었다면—자신의 일을 향한 이만큼의 열정과 사랑이 없었다면—그처럼 심각한 뇌졸중에서 회복되지 못했을 것이다. 덧붙여 말하자면 사랑은 위게트의 재활치료에 있어 여러 면에서 돌파구가 되어 주었다. 잃어 버린 왼쪽에 사랑하는 가족—예를 들면 손주—의 사진을 두었을 때 그녀는 다른 물건이나 모르는 사람의 사진보다 쉽고 빠르게 알아차렸다. 위게트가 손주에 대해 갖고 있는 긍정적인 연상이 뇌의 변연계를 활성화시키는 강력한 감정적 반응을 유발했다. 변연계는 감정과 기억을 담당하며 특히 뇌의 신호를 감지해 두정엽으로 보내는 기능을 하는데, 이 인지 결함을 이겨 내기 위해 필요한 노력을 할 수 있게 만든다.

위게트는 천천히 새로운 정신적 연결고리를 쌓고 새로운 습관을 만들고 세상을 보는 새로운 방식을 찾아내며 자신의 왼쪽에 더 주의를 기울이는 법을 터득해 나갔다. 왼쪽에 있는 물체에 집중하려고 하자 처음에는 들쭉날쭉

하고 길쭉한 조각의 형태로 흩어져 마치 스테인드글라스 창문처럼 보였다. 그러나 점차 시간이 지날수록 전체적으로 볼 수 있게 되었다. 캔버스가 다시 펼쳐진 것이다.

1년 후 위게트는 거의 완전히 회복되었다. 뿐만 아니라 재활치료를 통해 전보다 각도와 비율에 대해 더 잘 이해하게 되었고 붓놀림도 더 예민해졌다. 예술가로서의 정체성도 더욱 깊게 인지하게 되었다. 위게트는 뇌졸중을 겪기 전에는 작업할 때 지나치게 신중하다고 느끼는 적이 많았다고 고백했다. 심지어 상업적으로 더 성공한 예술가인 남편에 대한 열등감도 있었다고 했다.

뇌졸중을 겪고 회복하면서 이 모든 불안도 사라졌다. 위게트의 캔버스는 더 넓어졌으며 그림의 스타일 역시 여유로워지고 실험적으로 변했다. 작품에 컬러 조명을 투사하는 등 새로운 시도를 하고, 병원에서 열린 전시회에서도 각광을 받았다. "이런 말을 하는 게 믿기지 않지만 뇌졸중이 저를 자유롭게 만들어 주었어요."

모두 가소성 덕분이다

위게트의 회복은 뇌의 자가 회복력을 잘 보여 주는데 이것은 신경가소성으로 알려진 특별한 특징 덕이다. 이는 뇌의 작동 원리를 이해하는 데 있어 매우 중요한 요소이다.

신경과학자들은 뇌의 특정 부위를 설명할 때 그 부위의 기능에 관해 이야기하곤 한다. 예를 들면 해마가 기억을 저장하고 편도체가 위험을 감지한다는 식이다. 이는 여러 가지 복잡한 행동들이 뇌의 어느 한 부분의 작용에 의해 일어나는 일이라는 잘못된 인상을 주기 쉽다. 사실 그런 일은 거의 없다. 오히려 그와 정반대로 뇌는 여러 기능과 활동에 잘 적응하고 다른 부위와 역할을 공유하기를 좋아한다.

　　한 예로 언어는 뇌의 어느 한 부분에 국한되지 않는다. 조금만 떠올려보아도 전두엽부터 두정엽, 측두엽, 뇌섬엽 등 뇌의 여러 영역이 언어를 생산하고 처리하는 과정에 관여한다. 이 영역들은 사랑하는 사람과의 관계를 형성하는 데에도 밀접한 관련이 있기에 다음 장에서 자세히 설명할 것이다.

　　뇌의 각 영역들은 여러 기능을 가지고 있고, 서로의 기능을 상호 보완하고 보강하며 필요할 경우 복제하기도 한다. 또한 뇌의 어떤 부분이 손상됐을 때 그로 인해 느슨해진 부분을 조이기 위해 새로운 기능에 적응하거나 새로운 기능을 만들어 내기도 한다.

　　사람의 뇌를 자동차와 같이 각각의 분리된 부분이 특정 역할을 해내는 기계에 빗대어 생각한다면 이상하게 느껴질 수 있다. 보통은 자동차 에어컨이 고장 났다고 해서 갑자기 연료분사장치에서 마법처럼 찬 바람을 만들어 줄 것이라고 기대하지는 않는다.

하지만 뇌는 언제나 이런 식의 임시방편책을 마련한다. 어딘가에 손상이 생겼을 때도 뇌는 모든 기능을 유지하고자 한다. 뇌에는 수많은 신경 경로가 존재하며 목적지에 도달하기 위한 여러 방법을 가지고 있다. 한 경로가 차단되면 다른 경로로 신호를 보내 방향을 틀기도 한다. 뇌가 손상을 만회하고자 하는 이러한 경향으로 한 가지 감각(시각)을 잃었을 때 다른 감각(청각)이 더 강화되는 현상을 설명할 수 있다. 뇌는 한 군데서 잃어 버린 것을 다른쪽에서 보강하려 한다.

위게트에게 일어난 일 역시 그런 것이다. 그녀는 뇌졸중 후유증으로 왼쪽에 있는 사물을 분간하지 못하게 된 대신 오른쪽에 있는 사물에 대해서는 그 전보다 더욱 민감해졌다. 그리고 재활치료를 통해 회복되었을 때는 더욱 분석적인 화가가 되어 있었다. 그녀의 뇌는 손상된 면을 다른 것으로 만회하는 데 그치지 않고 새로운 정신적 연결고리를 만들어 냄으로써 잃어 버린 기능을 회복하는 것에 더해 또 다른 흥미로운 시각을 갖도록 했다.

물론 위게트는 여러 면에서 특별한 사람이었지만 회복 과정 자체는 수많은 환자들과 마찬가지로 일정한 패턴을 따랐다. 환자들이 잃어 버린 능력을 재발견하는 데 도움이 되는 것은 그것이 직업이든 취미이든 아니면 어떤 한 사람이든, 그들이 삶에서 가장 사랑했던 것에 대한 열정이다. '사랑의 힘'에 대한 놀랍고 멋진 이야기들은 심리학 에세이에서 읽었고, 발라드 노래 가사에서도 들었으며, 심지어 자라면서 우리 집 주방에서도 펼쳐지는 것을 목격했다. 그런데 이제는 그 사랑이 뇌에 있어 지금까지 밝혀지지 않은 매우 중요한 역할을 할지도 모른다고 생각하게 되었다. 그렇다면 사랑은 손상된 뇌를 회복시키는 것뿐 아니라 건강한 뇌를 더욱 확장시키는 데에도 핵심적인 역할을 할 수 있지 않을지 궁금해지기 시작했다.

4.
러브 머신

진리는 발견하기만 하면 이해하기는 쉽다.
중요한 것은 발견하는 일이다.
—갈릴레오

내가 이 일을 시작하기 전까지는 사랑을 연구하는 데 신경과학을 도구로 활용한 과학자가 많지 않았다. 사랑이라는 것이 너무 어려운 주제라 건드리기 힘든 것도 한 이유일 것이다. 뇌가 두 사람 사이의 관계를 코딩하는 방식은 쉽게 발견할 수 있는 것이 아니고, 하물며 측정하거나 수학적인 방정식으로 정리하기는 더욱 어려웠다. 나는 뉴턴이 중력을 연구할 때 이런 느낌이지 않았을까 하고 생각했다. 존재한다는 사실은 알고 있지만 아직은 설명할 수 없는 보이지 않는 힘이라는 점에서 말이다.

게다가 좀 더 미묘한 문제도 있었다. 사랑에 관한 신경 기반을 연구하는 것이 애초에 의미가 있기나 할지 의문을 갖는 동료 신경과학자들의 회의적인 관점이었다.

"사랑의 신경과학? 농담이지?" 제네바에 있을 때 지도 교수님 한 분은 이렇게 비웃기도 했다. "그건 경력에 전혀 도움이 안 돼. 자살하는 거나 마찬가지지. 아무도 안 찾을 걸. 논문 발표는 할 수 있겠어?"

그에게는 내 생각이 거의 과학을 하면서 솜사탕이나 만들겠다는 이야기나 다름없었을 것이다. 연애와 관련된 주제는 과학적 연구 대상으로 삼을 만큼 진지하지 않다거나 실속이 없다는 취급을 받았다. 진지한 과학자에게 있어 사랑이란 너무 보드라운 주제라고 이야기했던 사람은 그 교수님 말고도 더 있었지만 내 기억에는 그가 가장 직접적으로 표현했던 것 같다. 그리고 당시 아직 대학원생이었던 나에게 그 교수님은 내 진로를 바꿀 만한 영향력이 있는 분이셨다.

"박사학위 따려고 그렇게 열심히 하는데 왜 이런 평범하고 간단한 주제를 연구하는 데 다 날려 버리려고 하는 거야?"

간단하다고? 그 단어는 충격적이었다. 화학에서 소금을 만드는 공식은 간단하다. 나트륨과 염화물을 1:1로 섞으면 된다. 하지만 변치 않는 사랑을 만드는 공식은? 훨씬 복잡하다. 그리고 열린 마음을 가진 과학자들은 그 사실을 알고 있었다. 당시에 내가 피터 바쿠스Peter Backus를 알았더라면 좋았을 텐데. 경제학자였던 바쿠스는 지구에서 자기에게 맞는 상대를 찾을 확률보다 우주에 외계 문명이 존재할 확률이 더 높다고 계산했다.

사랑은 전혀 간단하지 않다. 지도 교수님의 말을 듣고 있자니 나 이전에 불모지 같은 환경에서 사랑의 심리학을 엄중한 학문으로 연구할 수 있도록 길을 닦았던 일레인 햇필드Elaine Hatfield나 엘렌 베르샤이트Ellen Berscheid, 바버라 프레드릭슨Barbara Fredrickson, 리사 다이아몬드Lisa Diamond, 수잔 스프레처Susan Sprecher 같은 선구적인 여성 사회과학자들이 떠올랐다.

교수님의 설교를 다 들은 후 나는 연구실 문을 조용히 닫고 나와 혼자 속삭이듯 중얼거렸다. "웃기고 있네." 자존심이 있는 과학자라면 어떻게 이토록 인간에게 더할 수 없이 중요한 주제를 단어가 가볍게 '들리고' 진지하지 않게 '보인다'고 해서 무시해 버릴 수가 있을까? 다른 사람들이 질문할 생각도 하지 않은 주제를 찾아 질문을 던지는 것이 과학자의 일이 아니었던가?

한편으론 교수님의 염려가 이해는 되었다. 사람들이 '사랑'이라고 부르는 것은 효과적으로 연구하기에는 너무 방대하고 모호하며 주관적인 것이 아닐까 하는 당연하고도 현실적인 의문이 존재했다. 사랑이란 그저 끌림이나 애착, 티나 터너Tina Turner의 노래에서처럼 '2차적 감정' 같은 좀 더 기본적인 감정들의 복합적 형태일 뿐일까? 어쩌면 '사랑'은 성격이나 계층, 문화에 따라 사람마다 완전히 다른 의미를 갖고 있는 것이 아닐까? 연구의 범위를 좀 더 좁혀야 하는 게 아닐까?

이런 관점은 제목에 '사랑'이라는 단어를 넣어 제출했던 연구비 지원서 사건으로 분명해졌다. 거절당했기 때문이다. 나중에 같은 지원서를 거의 철자 하나도 바꾸지 않고 제출했을 때는 연구비를 받는 데 성공했다. 이전 지원서와 다른 점이 한 가지 있긴 했는데, 바로 '사랑'을 '관계 형성'으로 바꾸었다는 것이다.

학자들은 사랑에 관한 연구의 가치에 대해 머뭇거렸지만 언론은 발 빠르게 내 연구에 관심을 보였다—특히 밸런타인데이가 가까워졌을 때 〈사이언티픽 아메리칸Scientific American〉이나 〈내셔널 지오그래픽National Geographic〉 같은 곳에서 인터뷰 요청이 들어왔다. 처음 몇 개의 기사가 나가자 동료들이 나를 "사랑 박사"라며 놀리기 시작했다. 언론에 노출되자 대학생들도 내 연구에 관심을 보였는데, 캠퍼스에서 연애를 하는 데 도움이 되지 않을까 생각했기 때문이었다.

2006년 나는 제네바에서 미국 뉴햄프셔의 다트머스 대학교로 옮겨 세계적으로 저명한 신경과학자인 스콧 그래프턴Scott Grafton, 마이클 가자니가와 함께 심리 뇌과학과에서 연구를 진행했다. 새로운 언어와 문화, 그리고 기후 속에서 잠시 길을 잃었지만 곧 뇌 스캐너와 컴퓨터가 있는 실험실에서 밤에도 주말에도 데이터에 묻혀 살았다.

근무시간 중에 여학생들이 실험실에 찾아와 특별한 요청을 하는 일이 잦았다. 보통 지원군으로 친구 한두 명을 데리고 왔는데, '사랑에 빠진 여성 구함'이라고 실험실 밖에 붙여 놓은 포스터를 보고 내가 하는 연구에 대해 알게 되었다고들 했다.

그날도 한 여학생이 실험실 문을 조심스럽게 노크하고 조금 어색하게 목청을 가다듬고는 물었다. "저… 음… 스테파니… 잠깐 이야기chat 좀 할 수 있을까요?"

영어로 과학 논문을 쓰는 것은 가능했지만 그때만 해도 여전히 일상 영어는 완벽하지 않아서 프랑스어로는 '고양이'를 의미하는 '이야기chat'라는 단어를 듣고 고개를 갸웃했다. 그래도 대충 분위기상 그 학생이 대화를 원한다는 것은 알 수 있었다.

"앉으세요."

학생은 자리에 앉은 다음 양손을 청바지 주머니에 쑤셔 넣더니 얼굴이 발그레해졌다. 친구들이 옆에서 팔꿈치로 쿡쿡 찔렀다.

"얘기하세요. 뭐든지 물어봐요!"

학생은 "네!"라고 답한 후 내가 그해 수없이 많이 듣게 될 그 특별한 요청을 얘기했다. "제가 러브 머신을 사용해 볼 수 있을까 해서요."

나는 "대상의 특정 인지-감정 상태를 추적하는 시스템 및 방법론"으로 특허 지원서를 제출했지만 학생들 사이에서 그 장치가 "러브 머신Love Machine"이라고 불리면서 그 이름으로 굳어졌다. 러브 머신은 내가 디자인한 컴퓨터 기반 테스트로 검사에는 10분 정도 소요되었는데, 학생들은 두 명의 연애 상대 중 한 명을 골라야 할 때 마음을 정해 주는 기계 정도로 생각하는 듯했다. 식스팩을 가진 인기남과 사랑스러운 미소의 괴짜남 사이에서 갈팡질팡할 때 이 프로그램이 자신의 마음을 들여다보고 자신이 어떤 남자(또는 여자)를 진정으로 좋아하고 있는지 알려 줄 것 같았나 보다.

내가 대학생들의 데이트를 돕는 장치를 고안하려 했던 것은 아니었다. 제네바에서 위게트 같은 환자들을 경험하고 난 후 긍정적인 감정이 뇌에 미치는 영향력에 대해 체계적으로 연구해 보고 싶었다. 위게트는 심각한 뇌졸중으로 인한 뇌 손상을 이겨 내는 데 그림을 향한 사랑을 활용했다. 나는 그녀가 그토록 사랑한 직업에 대한 긍정적인 기억이 마음의 기능과 가소성을 개선하는 것을 직접 목격했다. 우리가 함께 진행한 재활치료 자체는 매우 성공적이었지만 체계적 근거가 없는 개인적인 일화에 그쳤다. 다른 환자들의 치료 역시 그러했다.

나는 위게트나 그 밖에 신경학 병동에서 마주쳤던 비슷한 여러 환자들의 케이스가 각자 독립된 사건인지 아니면 뇌의 어떤 일반적인 특징을 설명할 수 있는 현상인지 밝힐 수 있기를 바랐다. 사랑이나 (예를 들면 스포츠를 향한) 열정 같은 긍정적인 감정 자극이 뇌 기능을 개선할 수 있다는 점이 모든 사람에게 적용되는 것인지 알고 싶었다.

내가 아는 대부분의 신경과학자들은 인간의 여러 감정 중 이와는 반대편에 속하는 상태에 더 관심을 갖는다. 좀 더 어두운 면 말이다. 제네바의 동료들을 비롯해 많은 학자들이 부정적 감정 자극이 일부 뇌 영역의 반응 속도를 얼마나 향상시킬 수 있는지에 대해 연구해 왔다. 이를 위해 잠재의식 프라이밍Subconscious priming(기억에 저장된 생각을 무의식적으로 활성화하는 것-옮긴이) 실험을 진행하는데, 환자에게 매우 빠른 속도로 뱀이나 거미 이미지를 노출시키는 실험으로, 이미지는 빠르게 지나가 환자가 의식적으로 인지할 수는 없지만 미세한 위협을 감지해 내는 뇌 영역인 편도체까지 피해 갈 수는 없을 정도의 속도를 유지했다.

작은 타원형 모양으로, 아몬드를 뜻하는 그리스어에서 유래한 편도체amygdala는 뇌의 가장 오래된 부분인 대뇌변연계의 대뇌피질 아래 묻혀 있으며 빠르게 지나치는 위험 정보가 의식에 도달하기 전에 이를 감지하고 반응하도록 설계되어 있다. 부정적인 자극에 기민한 것은 진화적 관점에서도 완전히 이해가 가는 점이다. 내가 정글에서 채집 활동을 하는 초기 인류라면 숲 바닥에 있는 길고 검은 것이 땅에 떨어진 나뭇가지인지 뱀인지를 신속히 분간하는 능력이 필요할 것이다. 또한 수풀 속에 있는 사람이 나에게 적대적인 의도를 지니고 있다는 점을 파악할 수 있어야만 도망갈 수 있다.

이러한 진화적 반응은 신경과학자 조지프 르두Joseph LeDoux가 소개한 '로우 로드low road'—자각하지 않고도 방어 반응을 이끌어 낼 수 있게 설계된 직접적 감정의 경로—를 통해 일어난다. 이것은 눈을 통해 입력된 위협의 시각 정보를 편도체와 연결하는 고속도로 같은 것으로, 시상하부를 촉발해 신체의 자기방어기제인 '투쟁-도피 반응(긴박한 위협을 마주했을 때 나타나는 생리적 각성 상태-옮긴이)'을 촉발한다.

이 모든 것은 눈 깜박할 사이—약 100밀리초—에 일어나며 전의식 상태(일시적 무의식 상태-옮긴이)에서 발생한다(의식적 생각이 반응하는 데는 약 300밀리초, 다시 말해 3분의 1초 정도가 걸린다). 위협을 마주하면 그 이유를 깨닫기도 전에 거의 자동적으로 움찔하거나 뛰어오르거나 팔을 드는 반응을 하게 되는 이유이다.

신경과학자 랄프 아돌프Ralph Adolphs의 환자였던 유전적 장애로 편도체가 손상된 S.M.의 케이스가 편도체 기능에 관한 가장 극적인 사례일 것이다. 그는 편도체가 손상

되어 어떤 두려움도 느낄 수 없게 되었다. 참고로 이것은 S.M.에게 매우 무서운 일이었는데, 위협을 감지하는 능력의 부재로 위험한 상황을 피할 수 없었고, 그가 몇몇 폭력 범죄 피해를 입은 것도 그의 뇌 상태로 부분적 설명이 가능했다.

편도체는 두려움을 관장하는 것 말고도 돌출 상황, 즉 눈에 띄는 환경의 변화를 감지해 내는 중요한 역할을 한다. 일반적으로 상황이 안정적이면 안전하다고 여기는 반면 상황이 빠르게 변하는 경우에는 그다지 안전하지 않다고 느낀다. 편도체는 긍정적이든 부정적이든 모든 종류의 변화를 잡아 내기 때문에 위협을 효과적으로 감지한다.

한번은 편도체에 전극을 삽입한 뇌전증 환자들에 대한 연구를 진행했다. 환자들은 부정적인 의미를 담은 감정 단어와 긍정적인 의미를 담은 감정 단어에 빠른 속도로 노출되었다. 예상대로 부정적 의미를 담은 단어를 들었을 때는 편도체의 위협 감지기가 작동되었는데, 이 실험에서 내가 놀랐던 점은 긍정적인 단어 역시 편도체를 자극했다는 점이다. 다만 부정적인 단어에서만큼 반응 속도가 빠르지는 않았다. (사실 '빠르지 않았다'는 것은 불과 몇백 분의 1초 정도의 차이를 의미한다.)

이 결과는 우리의 뇌가 위험을 감지하고 반응하도록 만들어졌을 뿐 아니라 긍정적인 경험, 즉 도망치고 싶지 않고 오히려 다가가고 싶은 것들에 대해서도 마찬가지 반응을 하도록 타고났다는 사실을 보여 준다. 사랑에 대한 욕구는 위험을 피하는 상황보다 즉각적이지는 않을 수 있지만 그렇다고 해서 결코 생존과 무관한 사치는 아니다. 앞서 말한 대로, 인간은 사랑 때문에 진화했고 사랑하도록 진화했다. 따라서 뇌에는 오래전부터 사랑을 위한 르두의 '로우 로드' 같은 오래된 길이 있었는지도 모른다.

'러브 머신'은 이를 확인하기 위해 고안되었다. 작동 원리는 다음과 같다. 실험의 참여자, 예를 들면 그날 데이트 조언을 들으러 나를 찾아온 여학생이 관심 있는 두 사람의 이름을 프로그램에 입력한다. 블레이크와 실로라고 하자. 실험이 시작된다. 스크린이 깜박인다. 학생은 깜박임은 볼 수 있지만 그 순간 자기도 모르게 데이트 상대 1번의 이름, 블레이크가 26밀리초 동안 스크린에 등장해 무의식적으로 활성화되었다는 것은 알아채지 못한다. 이는 뇌가 의식적으로 단어를 인지하기에는 짧은 시간이지만 편도체를 활성화하고 블레이크라는 이름과 연관된 감정을 유발할 잠재적 메시지를 전달하기에는 충분한 시간이다.

잠재적 연상 작용이 일어난 상태에서 참여자는 가짜 단어들로부터 진짜 단어들을 골라내는 어휘 검사지를 작성한다. 학생의 반응 속도를 정밀하게 추적한 다음 통계적 분석을 통해 중요하고 의미 있는 미세한 차이를 측정할 수 있다. 참여 학생은 1번 블레이크 이름으로 프라이밍 되었을 때 2번 실로의 경우보다 거의 20퍼센트 빠르게 진짜 단어들을 인지했다. 무작위로 순서를 바꾸어 실로가 먼저 나오게 해도 여전히 블레이크에 대해 같은 반응 속도를 보였다.

하지만 그렇다고 해서 이 학생이 무의식적으로 블레이크를 더 좋아한다고 할 수 있을까? 그게 아니라 사실은 실로를 더 좋아하지만 실로라는 이름이 촉발한 긍정적 연관성이 오히려 이휘 검사시에서 방해로 작용해 블레이크를 더 선호하는 데이트 상대처럼 보이게 했다면? 이러한 혼동을 제거하기 위해 스스로 열렬하고도 깊은 사랑에 빠져 있다고 자신하는 여성들을 상대로 '러브 머신'을 작동시켜 보았다. 참여자들이 사랑에 빠진 상대의 이름을 러브 머신에 입력하고, 사랑하는 사람과 함께 보낸 시간만큼을 알고 지낸 친구의 이름도 입력했다. 뇌가 단지 익숙함에 반응해 선택하지 않는다는 것을 증명하기 위한 실험이었다. 그 결과, 사람들은 확실히 사랑하는 사람의 이름으로 프라이밍 되었을 때, 즉 잠재적 연상 작용이 일어난 후 어휘 검사에서 훨씬 빠르게 반응했다.

나의 다음 질문은 '왜'인가였다. 왜 이런 일이 발생하는 걸까? 어째서 사랑이 단어를 읽어 내는 속도를 향상시킬 수 있는 것일까? 나는 뇌가 상호 연결된 방식에 그 답이 있을 것이라고 추측했다. 블레이크라는 이름이 학생의 눈앞을 스쳐 뇌 안의 신경세포 앞에서 반짝였을 때 그 이름의 긍정적 연상 작용으로 인해 뇌의 '보상' 체계가 활성화되었다. 복측피개영역과 시상하부를 포함한 뇌의 여러 영역에서 화학전달물질인 도파민이 쏟아져 나오면서 이것이 행복한 감정을 처리하는 영역뿐만 아니라 구문 해석에 도움을 주는 영역 같은 뇌의 다른 영역에도 즐거운 기운이 솟구치게 했다. 실험에 참여한 학생은 이 중 무엇도 스스로 결정하지 않았다. 여기서 보인 반응과 그로 인한 결과는 학생의 의지나 통제, 심지어 의식적인 생각에 의한 것도 아니었다. 다시 말하면 이 실험은 학생의 진짜 감정, 진정한 선호도, 뇌가 블레이크에는 긍정적 연상을 떠올렸지만 실로에게는 그렇지 않았다는 사실을 드러낸 것이었다. 한 동료 학자가 이 연구의 결과를 이렇게 요약해 주었다. "알고 있을 때도 알고, 모르고 있을 때도 아는 거군."

그렇다면 여기서 또 다른 질문이 생긴다. 왜 그 학생은 이 감정들을 스스로 해석할 수 없었을까? 자신의 감정을 알기 위해 '러브 머신'이 필요했던 이유가 뭘까? 이 프로그램은 사실 성별이나 인종 등에 무의식적으로 편견을 가지고 있는지를 측정하는 내재적 연관검사IAT, Implicit Association Test와 비슷하다. 이런 검사들은 안쪽 깊숙이 묻힌 감정, 자기 자신에게조차 내보이고 싶지 않은 감정을 드러낸다.

하지만 이런 검사 역시 제네바의 동료들이 부정적 감정에 대해 진행한 연구들과 마찬가지로 어두운 면, 유쾌하지 않은 무의식적 반응이나 차별에 관련된 것들에 초점을 맞춘다. 편견은 통제하고 원인을 찾아 근절해야 하는 대상이다. 하지만 사랑은 자유롭기 위해 필요한 것이다. 우리를 가장 행복하게 하는 것은 우리가 무의식적으로 선호하는 것("마음으로 진짜 원하는 것")인 경우가 많다. 블레즈 파스칼Blaise Pascal이 말했듯 "감정에는 이성이 알 수 없는 이유들이 있다."

〈로미오와 줄리엣〉에서처럼 극적인 선개는 보통 무언가 방해 요소가 있을 때 발생한다. 재미있게도 '러브 머신' 검사 후 학생들에게 결과를 얘기해 주면 보통 '그럴 줄 알았어!' 하는 식의 반응을 보인다.

"그럼 러브 머신이 왜 필요했나요?"

대부분은 자기 자신에게 솔직하기만 하다면 어떤 사람과 사귀어야 할지에 대한 직감을 이미 갖고 있다. 하지만 거기에는 전두엽—뇌에서 '부모' 역할을 하며 '그러면 안 돼'라고 이야기하는 영역을 포함한다—이 방해 요소로 버티고 있다.

실험실에 앉아 있는 이 학생은 러브 머신을 통해 자신의 직감이 맞았음을 확인하고는 스스로 감정의 주체가 되어 왔다는 느낌을 받았다. 나는 이 느낌을 살짝 강조해 주며 뇌가 보낸 신호에 대해 어떤 행동을 취할지는 스스로 결정할 일이며, 오로지 자기 자신만의 결정임을 상기해 주었다. 학생은 슬며시 웃으며 의기양양하게 실험실을 떠났다. 두 명의 친구가 그 뒤를 따랐다.

마음속 깊은 곳

나는 러브 머신 실험을 통해 사랑하는 사람의 이름이 프라이밍 되었을 때 생각을 달리하거나 적어도 생각의 속도가 더 빨라진다는 사실을 알게 되었다. 이는 사랑이라는 감정이 지금까지 우리가 알던 것보다 더 복잡할 수도 있다는—다른 말로 하면 더 영리하다는—점을 시사한다. 그러나 이러한 차이를 설명하기 위해 뇌에서 어떤 일이 벌어지고 있는지는 여전히 안갯속이었다. 그저 관련된 뇌 영역과 그 뒤의 원리에 대해 추측할 수 있을 뿐이었다. 더 많은 정보를 얻기 위해서는 뇌 자체를 깊이 들여다보아야 했다.

기능적 자기공명영상fMRI은 신경과학자들이 여러 심리 상태에 대한 생물학적 근거를 이해하는 데 활용하는 기법이다. fMRI는 1990년대에 처음 도입된 이래로 다양한 인지사회적 기능과 행동에 관여하는 뇌 영역의 정확한 위치를 찾아내는 데 매우 중요한 역할을 해왔다. 뇌의 한 영역이 평소보다 활성화되면 그 영역은 더 많은 산소를 소비하게 되는데, 이를 충족시키기 위해 그 영역으로 유입되는 혈류량이 증가한다. fMRI는 기본적으로 이 과정을 기록해 다양한 자극에 대한 반응으로 뇌의 어떤 부분이 활성화되는지를 선명하게 자세히 보여 준다.

후속 실험에서 나는 여성으로만 구성된 36명의 실험 참가자에게 러브 머신 검사를 진행하는 동시에 그들의 뇌를 fMRI로 촬영했다. 이번에는 참가자들이 낭만적 연애 관계를 맺고 있는 사람의 이름(잘 알려진 심리 척도를 이용해 측정했다), 친구 한 명의 이름(신체적으로나 정신적으로나 연애 감정을 느끼지 않는 친구), 그리고 참가자가 평소 열정을 보이는 취미 활동(예를 들면 테니스나 글쓰기 같은) 하나를 대도록 했다.

결과는 여러 차원에서 흥미로웠다. 우선 잠재의식 프라이밍 효과 면에서 사랑하는 연인과 좋아하는 취미로 무의식을 활성화한 두 그룹 모두 친구 이름만 활성화한 그룹보다 어휘 검사에서 훨씬 뛰어난 성과를 보였다. 그리고 연인과 더 깊이 사랑에 빠져 있다고 보고한 참가자일수록 반응 속도가 더 빨랐다.

다음으로는 실험 참가자들이 검사를 진행하는 동안 뇌에서 일어나는 일을 들여다보았다. 이 부분이 정말로 흥미로운 부분이었다. 나는 사랑이 소위 말하는 감정을 관할하는 뇌, 즉 변연계의 오래된 부분과 심리학자들이 언제나 사랑과 연관 짓곤 하는 도파민에 굶주린 '보상' 체계로 이루어진 영역을 주로 촉발시킬 것이라고 가정했다. 물론 예상대로 그 영역이 사랑과 열정에 의해 활성화되기는 했다.

하지만 사랑에 의해 강렬하게 활성화된 부분은 그

영역만이 아니었다. 사랑은—(스포츠나 취미를 향한) 열정도 마찬가지였지만 우정은 그렇지 않았다—예상 외로 양측 방추형 영역과 각회와 같이 뇌에서 이성을 관할하는 영역 역시 촉발시켰다. 이 영역들은 고차원적인 뇌 영역으로, 개념적 사고와 은유적 언어, 자아의 추상적 표현 등에 관여하며 보통 마음의 문제와 쉽게 연관 짓지 않는 부분이다.

정말 놀라웠다. 그리고 이 영역들 중 하나인 각회는 인류의 진화 역사에서 보면 매우 최근에 등장한 영역으로 우리를 인간답게 하는 특징들과 함께 진화했다. 창의력, 직관, 자전적 기억, 복잡한 언어 사용, 경험을 통한 학습, 상상력, 틀을 깨는 사고 등이 그것이다. (아인슈타인의 천재성이 일반 사람들과는 다른 각회와 일부 관련이 있다는 이론이 제시된 바 있다.) 이 영역이 사랑에 그토록 강렬히 반응한 이유는 무엇일까?

각회는 기쁨이나 놀라움과 같은 다른 긍정적 감정에는 활성화되지 않았다. 이는 사랑이 단지 감정일 뿐 아니라 사고 방식이기도 하다는 점을 시사하는 것이 아닐까?

사랑의 지도

감정적 뇌와는 거리가 멀다고 생각했던 영역들이 사

랑과 열정으로 인해 촉발되는 것을 보며 깜짝 놀랐다. 이 데이터가 나에게만 보이는 것일까? 아니면 그동안 이 증거들이 보이지 않게 꼭꼭 숨겨져 있었던 걸까?

나는 메타 분석을 시행하기로 했다. 소수이긴 하지만 이전에 시행되었던 사랑에 관한 몇 가지 fMRI 연구에 대한 종합적 연구로, 이미 발표된 논문에서 보고되었던 결과에 더해 원논문의 저자들은 언급하지 않고 넘어갔지만 내 연구에는 단서가 될 수 있는 보충 자료들을 취합했다. 목표는 뇌 안의 사랑의 지도를 그리는 것으로, 이 복잡한 인간적 현상이 어떻게 작동하는지 전체적인 그림을 얻고자 했다.

나를 비롯해 함께 연구한 동료들은 이전 연구의 방법론을 파헤치며 몇 주를 내리 컴퓨터 앞에서 보냈다. 모든 데이터를 소화해 낸 후 우리 팀은 사랑이 12개의 특정 뇌 영역을 활성화시키는 것으로 보인다는 점을 발견했다. 여기에는 예상했던 영역—뇌의 '보상' 체계와 감정을 제어하는 하부피질영역—외에도 초반에 진행했던 fMRI 연구에서 발견한 자기 표현과 신체상 등의 고차원적 인지 기능을 담당하는 대뇌피질 내 뇌 영역과 같은 가장 정교한 영역도 포함되어 있었다.

그런 다음 우리는 낭만적 사랑의 두뇌 지도를 동반자적 사랑(보통 친한 친구에게 느끼는)과 그동안 신경과학자들이 열심히 연구해 온 유일한 종류의 사랑인 모성애와도 비교해 보았다. 세 가지 다른 종류의 사랑 모두 '사랑 회로'의 모든 12개 영역을 활성화했지만 강도와 양상에 차이를 보였다. 우선 낭만적 사랑은 뇌의 쾌락 중추와 더불어 각회와 같이 자아 인지를 담당하는 피질 영역을 우정보다 훨씬 강력하게 촉발했다.

모성애의 경우 하부피질 수도관주위회백질PAG이 활성화되었다는 점을 제외하면 동반자적 사랑과 매우 흡사했다. 이 영역은 다른 여러 기능 중에서도 긴밀한 유대감을 갖는 데 중요한 역할을 하는 옥시토신과 바소프레신이라는 호르몬 수용체가 밀집된 곳이다. 이 수용체들은 또한 동정심과 관련이 있는데, 흥미롭게도 고통 억제와도 밀접한 연관이 있다. 이를 통해 자식을 사랑하는 것은 커다란 기쁨이면서 동시에 자연적 진통제가 필요할 만큼 고통스러운 경험일 수 있다는 것을 추측해 볼 수 있다. 어머니들은 이 자연 진통제로 인해 자식으로 인한 고통을 잊고 기분을 나아지게 할 수 있다. 야간 수유를 중단한 엄마나 아이를 먼 곳에 있는 대학에 보낸 엄마라면 무슨 말인지 이해할 것이다.

나는 우리가 얻은 결과에 매료되었다. 이제 사랑은 어느 누가 생각했던 것보다 뇌에서 훨씬 복잡한 역할을 한다는 사실이 분명해졌다. 하지만 이 사랑의 신경 지도에서 가장 충격적이었던 건 그 정교한 모양이 아니라 모든 사람이 이를 공유한다는 사실이었다. 사람들은 흔히 자신의 사랑은 특별하다고 생각하지만 생물학적 차원에서 사랑은 그것을 느끼는 주체에 관계 없이 같은 형태였다. 태어난 곳이 어디이든, 동성애자이든 이성애자이든, 남성이든 여성이든 성전환자이든 상관없이 누군가가 당신에게 특별한 존재라면 이 사랑의 회로에 똑같은 방식으로 불이 들어올 것이다.

진화심리학 연구를 통해 낭만적 사랑은 문화적으로 보편적이며 모든 인간 사회에 존재해 왔다는 사실이 밝혀졌다. 그리고 이 연구는 그 이유를 설명해 주는 것 같았다. 사랑은 현대 문명의 파생물이나 문화적으로 매개된 사회적 구조가 아니라 인간 본성에 뿌리내린 기본적이고도 보편적인 특징이다. 이제 사랑의 지도를 찾았으니 그 지도가 우리를 어디로 데려다 줄지 알고 싶었다. 이 자료가 사랑을 찾고 건강한 관계를 지속하는 데 도움이 될 수 있을까? 가장 깊은 뿌리까지 사랑을 추적하면 무엇을 얻을 수 있을까?

5.
거울에 비친 사랑

사랑은 세상에서 가장 강력한 무기이다.

—하워드 H. 화이트

20분 동안 우리는 나란히 앉아 있었지만 한마디도 하지 않고 완벽한 침묵을 지키고 있었다. 그러다가 그가 나를 향해 몸을 돌리고 말했다. "내가 코를 골기 시작하면 한 대 쳐 줘요." 작업 멘트 치고는 충격적이어서 나는 피식 웃음이 났다. 주변을 보니 가까이에 어느 교수님 한 분이 의자에 앉아 졸고 있었다.

"저 교수님 코를 고시는 것 같은데 한 대 칠까요?"

우리는 함께 웃음을 터뜨렸다.

"나는 존이라고 해요."

나는 뻔한 이야기는 하지 않아도 된다는 뜻으로 눈썹을 치켜올렸다. 한 번도 인사를 나눈 적은 없지만 존 카치오포 박사는 소개가 필요 없는 사람이었다. 적어도 신경과학 학회장에서는 말이다. 석사 과정을 밟을 때부터 나는 그의 논문을 밥 먹듯 읽었다. 하지만 그가 이렇게 잘생긴 사람이었는지는 전혀 몰랐다. 그는 건강하게 그을린 피부에 매력적인 반백의 머리, 강단 있는 체격을 가지고 있었다. 게다가 숱이 많은 콧수염이 그를 나이 들어 보이게 하는 대신 활짝 웃는 미소를 돋보이게 만들어 한층 더 친근한 이미지를 풍겼다.

2011년 1월 어느 날 매우 이른 아침이었다. 상하이에서 열리는 학회에 참석 중이었지만, 과학자들의 학회가 늘 그렇듯 뉴욕이나 밀라노에서 열리는 학회와 다를 게 없어서 그곳이 상하이라는 게 전혀 실감 나지 않았다.

나는 스위스국립재단에서 심리학 연구교수로 일하고 있었고, 제네바에서 비행기를 타고 날아와 학회장에 막 도착한 참이었다. 다트머스에서 돌파구를 찾은 지 몇 년 지나지 않았지만 내 연구는 빠르게 확장되던 사회신경과학의 길잡이가 되었다. 그리고 나는 '사랑 박사'라 불리면서 전 세계에서 열리는 학회에 연사로 자주 초대받았다.

시차 때문에 노곤한 상태로 거기 앉아 우롱차를 마시며 연구에 대해 잡담을 나눌 때만 해도 그 학회가 내 삶을 바꿔 놓으리라고는 꿈에도 상상하지 못했다. 거의 참석하지 못할 뻔한 학회였다. 불과 24시간 전만 해도 나는 39도에 가까운 고열로 앓아누워 있었다. 일주일 가까이 독감으로 고생했는데도 비행기를 타기 전날밤까지도 회복될 기미가 보이지 않았다. 나는 학회 주최측에 메일을 보냈다. 공감을 연구한다던 그 심리학자는 흥미롭게도 내가 몸이 좋지 않다는 소식을 듣고도 공감이라고는 손톱만큼도 없는 차가운 답장을 보내 왔다.

"취소하기에는 너무 늦었어요." 그가 말했다. "프로그램 인쇄까지 끝냈거든요."

그전까지 한 번도 약속한 강의를 취소해 본 적이 없었다. 하지만 열은 계속 올랐고, 침대에서 기어 나와 비행기를 타기에는 몸이 너무 아팠다. 나는 비행기 표를 취소하고 두통으로 깨질 듯한 머리를 베개에 묻고는 기절해 버렸다.

다음날 아침 일어나 보니 이상하게도… 몸이 훨씬 나아져 있었다. 열도 완전히 내린 상태였다. 시계를 확인했다. 어쩌면 취리히까지 가는 비행기를 탈 수도 있는 시간이었고, 마침 거기서 상하이까지 가는 야간 항공편이 있었다. 스위스항공에 전화를 했더니 중국으로 가는 다음 비행기편에 딱 한 자리가 남아 있다고 했다. 나는 컴퓨터와 높은 굽의 가죽구두 한 켤레, 검은색 재킷을 서둘러 챙기고 택시를 불렀다.

"기사님, 20분 안에 공항까지 가 주시면 팁을 두둑히

드릴게요."

　　결국 공항까지는 45분이 걸렸지만 게이트를 향해 전력질주한 덕에 비행기 문이 닫히기 직전에 마지막 승객으로 탑승할 수 있었다. 그 비행기를 타지 못했다면 만나지 못했을 여러 가능성을 생각하면 지금도 가끔 소름이 돋는다.

　　그날 아침 학회장으로 학자들이 들어서는 것을 지켜보면서 존과 나는 금방 편히게 대화를 나누기 시작했다. 내가 하고 있는 연구 내용을 그가 알고 있다는 사실만으로도 내게는 큰 의미가 있었다. 그도 그럴 것이 존은 1990년대에 사회신경과학 분야를 확립한 주요 인물 중 한 사람이었기 때문이다. 그는 특히 뇌섬엽에 대해 내가 진행 중이던 연구에 흥미를 보였다. 뇌섬엽은 대뇌피질 안쪽에 자리한 작은 영역으로, 감정 정보를 처리하는 일을 비롯한 여러 가지 기능을 한다. 우리는 통계의 의미와 긍정적 자극에 대한 반응에 관해 여러 이야기를 나누었지만, 대화 내내 서로를 바라보며 웃었다. 나는 속으로 이런 게 신경과학자들이 서로를 유혹하는 방식일까 하고 생각했다.

고독한 배회자

　　존은 신경과학계의 스타였다. 20여 권의 책을 집필했

고 그의 논문은 10만 회 이상 인용되었으며 그가 하는 연구는 수천만 달러의 보조금을 받았다. 하지만 나를 끌어당긴 건 그의 화려한 이력이 아니라 공감의 빛이 서린 담갈색 깊은 눈이었다. 그는 말이 굉장히 빨랐는데 머리는 그보다 더 빨리 돌아가는 것 같았고, 그의 눈을 바라보고 있으면 그가 내게 온 정신으로 집중하고 있고, 내가 하는 말과 마음을 모두 이해하고 있다는 느낌이 들었다.

존 테렌스 카치오포는 1951년 6월 12일 텍사스주 동쪽에 위치한 작은 도시인 마샬에서 태어났다. 평평한 지형에 건조하고 더운 기후의 마샬은 내 고향 알프스와 같은 행성에 있다고 믿기 어려울 정도로 다른 곳이었다. 하지만 나와 마찬가지로 존에게도 이탈리아인 조상이 있었다. 20세기 초에 조부모가 시칠리아에서 미국으로 이민을 했고, 가족의 전통이 된 근면한 이민자 정신은 존이 하는 모든 일에 깃들어 있었다. 존의 학생들은 오후 5시에 퇴근할 때나, 새벽 5시에 출근할 때나 늘 불이 켜져 있는 그의 사무실을 보면서 경탄해 마지않았다. 그는 학생들에게 "절대 나보다 더 많이 일하라고 하지는 않을 거예요"라고 말하곤 했다. 존은 학계에서 위상이 점점 높아지는 중에도 연구를 위해서라면 저녁 약속을 취소하고 남아 학생들이 조사 결과를 입력하는 일을 도왔다.

어릴 적부터 수학 천재라는 소리를 듣고 자란 존은 가족 중에서 처음으로 대학에 간 사람이었다. 그는 미주리 대학에서 경제학을 전공했지만 논쟁에 재능을 보였다. 사람들은 그에게 변호사를 하면 성공할 것이라고 말했다. 그는 한쪽 편을 들고 논쟁을 벌여 모든 사람을 설득시킨 다음 바로 편을 바꿔 반대 의견으로 또다시 사람들을 설득하는 장난도 자주 쳤다. 그는 그 과정을 거치면서 "내가 아무것도 모른다"는 사실을 확신하게 되었다고 말하곤 했다. 나이가 들면서 그는 논쟁에서 이기는 것보다 진실을 찾는 데 더 흥미가 생겼다.

그즈음 존은 우연히 실험 심리학자를 만나게 됐다. 존은 그에게 사람들이 특정 행동을 하는 이유가 무엇인지 물었다.

"모르죠." 그 심리학자가 말했다. "하지만 그건 실증의 문제이니 알아낼 수 있지요." 존의 머리에 '아하!' 하고 불이 커지는 순간이었고, 그때부터 모든 것이 달라졌다. 그것은 사랑에 빠지는 순간과 다르지 않았다. 그는 오하이오 주립대학의 심리학과 박사 과정에 지원했고, 뛰어난 지적 능력과 일반적인 관행을 따르지 않는 태도로 눈길을 끌었다.

존이 사회심리학을 선택하고 후에 동료와 함께 사회신경과학 분야를 시작하다시피 한 것은 청년기에 거의 죽을 뻔했던 경험과 깊은 관련이 있었다. 이야기는 대충 이렇다. 차선이 하나밖에 없는 좁은 길에서 빠르게 차를 몰고 가는데 갑자기 어디선가 말이 뛰어들었다. 그는 차를 급히 돌리다가 운전대를 놓치고 말았다. 충돌 직전에 그의 눈앞을 스치고 지나간 것은 학교에서 거둔 우수한 성적이나 상이 아니라 그가 사랑하는 사람들의 얼굴이었다. 그 경험 덕분에 그는 평생에 걸친 연구 지침의 기본 원칙을 깨달았다. 삶에서 가장 중요한 것은 사회적 관계이고, 사회적 관계야말로 삶에 가장 깊은 의미를 부여한다는 사실 말이다.

존이 처음으로 주목을 받은 것은 1970년대에 설득에 관한 연구 결과를 발표한 후였다. 새로운 정보를 접한 사람들이 어떻게 마음을 바꾸고 선택을 하는지를 이해하기 위한 연구였다. 그는 당시 가장 친한 친구였던 리처드 E. 페티Richard E. Petty와 함께 정교화 가능성 모델elaboration likelihood model을 만들었다. 이 모델은 심리학 개론을 들은 사람이라면 누구나 들어 봤을 정도로 심리학의 기본 개념으로 자리 잡았다.

이 틀에서는 우리가 설득력 있는 정보에 보이는 심리적 반응을 중심 경로와 주변 경로 두 가지로 분류한다. 중심 경로는 어떤 것의 장단점을 고려한 의도적 사고로, 이런 사고의 결과로 생기는 태도 변화는 보통 오랫동안 지속된다. 주변 경로는 더 감정적이고 직관과 외부적 요인, 편견 등의 영향을 받는데, 이런 식으로 설득되어서 변화된 태도는 오래 지속될 확률이 더 낮다.

이 패러다임은 광고와 정치 여론 조사에서부터 헬스

케어 문제에 이르기까지 거의 모든 이슈에 대한 태도 변화를 조사하는 데 사용되어 왔다. 여기 담긴 이론은 존의 친구이자 노벨상을 수상한 심리학자인 대니얼 카너먼Daniel Kahneman이 한참 후인 2011년 출간한 베스트셀러《생각에 관한 생각》으로 대중화시킨 개념과 매우 닮아 있다.

존은 심리학자로서 이름을 날리기 시작했지만 심리학이라는 분야를 섬처럼 고립시켜 연구하지 않았다. 그는 수학, 의학, 기술, 물리학에 관심이 많았고, 심리학이 '중추학문' 역할을 맡아 인간이라는 것이 어떤 의미인지를 이해하고자 하는 공동 목표를 지닌 이질적인 학문 분야들을 한데 모을 수 있을 것이라 생각했다. 1992년, 존이 오하이오 주립대학 출신의 동료이자 친한 친구인 개리 번스턴Gary Bernstone과 함께 '사회신경과학'이라는 명칭을 만들어 냈을 때만 해도 심리학계의 대부분의 동료들이 이 새로운 분야의 이름이 모순적이라 생각했다. 심리학계에는 사회적 관점과 생물학적 관점 사이에 넘을 수 없는 심연이 존재했기 때문이다. 존은 그 심연을 가로지르는 다리를 놓길 바랐다. 원대한 비전 없이는 할 수 없는 행동이었다. 지금은 거의 모든 학문 분야의 명칭 앞에 신경이라는 단어를 붙일 수 있게 되었고, 사회신경과학은 매우 활발한 연구가 이루어지는 분야가 되었다.

존은 오하이오 주립대학을 정말 좋아했고, 박사학위를 받은 후에는 심리학과의 기둥이 되었다. 그리고 벅아이 미식축구팀도 사랑했다. 사실 너무 사랑해서 연구에 지장을 줄 정도였다. 존은 자기가 1999년에 오하이오 주립대학을 떠나 시카고 대학으로 자리를 옮긴 이유가 바로 그 때문이라고 농담을 하곤 했다. 미식축구팀이 없는 것을 전혀 부끄럽게 생각하지 않는 시카고 대학은 존에게 사회심리학과의 과장 자리를 맡아 '인지 및 사회 신경과학 센터'를 설립해 줄 것을 요청했다.

사람의 생명을 구하는 연구이자 그의 이름을 가장 유명하게 만들어 준 연구인 외로움loneliness의 위험성을 다루기 시작한 곳이 바로 시카고 대학이었다. 존은 외로움이 위험한 상태라는 주제의 논문을 연속적으로 발표했다. 그는 이 논문들을 통해 외로움은 전염성이 있고, 유전적으로 물려받을 수도 있으며, 하루에 한 갑씩 담배를 피우는 것만큼이나 치명적이라는 사실을 증명해 보였다. 존은 사회적 관계가 모든 사람의 신체 및 정신 건강에 얼마나 중요한지를 지구상의 어느 누구보다 잘 알고 있었다. 그 모든 지식에도 불구하고 안타깝게도 그의 애정 생활은 행복하지 못했다. 그는 두 번 결혼했고, 두 번 이혼했다. 그는 자기가 휴가지에서는 좋은 배우자였다고 말하곤 했다. 하지만 집과 일상 생활로 돌아오면 그는 자신의 진정한 사랑과 재회했다. 바로 일이었다. 그의 인간관계는 그것 때문에 늘 피폐해졌다.

글래머

상하이의 하루는 길었다. 수많은 포스터에 나온 일정과 홍보 내용에 따라 강연, 질의 응답 시간들을 찾아다니고, 틈틈이 동료들과 어울리고 메모하기를 반복하면서 연회장 테이블에 놓인 작은 생수병을 수없이 비운 하루였다. 나는 마음을 확장시키는 사랑의 힘에 관한 강연을 했다. 존은 깊은 외로움이 얼마나 위험한 것인지를 주제로 한 기조 연설을 했다. 강연이 끝난 후 축하 인사를 하고 싶었지만 열성적인 팬들에게 둘러싸인 그에게 가까이 다가가기도 어려웠다.

그날 밤 나는 글래머라는 이름의 칵테일 라운지에서 열린 리셉션에서 그를 다시 만났다. 과거 프랑스인 거류 지역에 위치한 곳이었다. 학회장의 삭막한 형광등 불빛 아래서 보던 사람들을 칵테일 바의 멋진 LED등과 부드러운 초롱불로 조명해 볼 기회였다. 조명으로 빛나는 계단을 걸어 올라가니 상하이의 스카이라인과 황푸강이 보이는 커다란 창문이 있는 라운지가 나왔다. 전체적으로 붐비고 시끄러웠지만 잘만 찾으면 조용히 앉아 긴 대화를 편히 나눌 수 있는 자리들도 마련되어 있었다.

존은 바에 앉아 학회 주최자들과 한담을 나누고 있었다. 그러다가 조금 지루해진 그가 왼쪽으로 고개를 돌리다가 나와 눈이 마주쳤다. 그는 우리가 처음 만난 순간을 기억한다는 듯 하품을 크게 하는 척하며 말했다.

"내가 잠들면 어떻게 해야 하는지 알죠?"

우리는 함께 웃음을 터뜨렸다. 그날 밤, 우리는 끊임없이 대화를 이어갔다. 그와 이야기를 하는 동안 나는 우리 둘 사이의 공간이 점점 좁혀지고 조여드는 느낌을 받았다. 그가 시작한 문장을 내가 마쳤고, 대부분의 미국인들이 너무나 알아듣기 힘들어하는 퐁듀만큼이나 진한 내 프랑스어 악센트가 섞인 영어를 그는 아무 문제 없이 알아들었다. 그는 나를 너무도 잘 이해했다. 둘 다 "저도요!"와 "동감이에요"를 너무 자주 연발해서 오히려 당황스러울 지경이었다. 이렇게 조화로운 대화를 나누는 사람을 나란히 앉히고 뇌파 검사 장치EEG에 연결해 보면 두 사람의 뇌파가 일치하는 현상을 관찰할 수 있다. 신경과학자들이 뇌 간 동조brain to brain entrainment라고 부르는 현상이다.

대화를 나누던 어느 시점엔가 존이 내게 싱글이냐고 물었다.

나는 얼굴을 붉혔다. "일하고 결혼했어요." 나는 늘상 하던 대로 대답했다.

"저도요."

그런 다음 존은 지금까지의 관계에서 겪은 문제들과 두 번의 이혼에 관해 이야기하면서, 그러지 않으려고 애를 썼지만 자기를 사랑한 사람들에게 너무도 큰 고통을 주었던 것 같다고 고백했다. 혼자인 것이 더 나을지도 모르겠다는 말도 했다.

"외로운 상태는 아니고 그냥 혼자인 상태 말이에요."
존은 일에 너무 헌신하는 성격이라 파트너가 필요로 하고
당연히 받아야 할 관심과 시간을 꾸준히 내는 것이 어려
웠다. 그리고 이제 더는 자기가 좋아하는 사람에게 상처를
줄 수 있는 위험을 감수하고 싶지 않았다. 거기에 더해 배
우자가 일을 줄이라고 조언하거나, 그렇게 계속 일하다가
는 번 아웃을 겪게 될 것이라고 걱정하거나, 이제 그만 일
하고 자라고 할 때 마주칠 불가피한 갈등도 원치 않았다.
나는 그의 입장에 공감이 갔다. 걸어온 길이 완전히 달랐
음에도 불구하고 우리 두 사람은 두 개의 다른 길을 따로
걸어 지금 여기, 혼자인 상태에서 개인적인 자유를 소중히
여기게 된 바로 이 지점에서 만난 것이다.

돌이켜보면 둘 중 아무도 그 역설적인 상황에 충격을
받지 않았다는 사실이 믿기지 않는다. 나와 존은, 다시 말
해 '사랑 박사'와 '외로움 박사'인 우리 두 사람은 우리가
설교하는 것을 실행에 옮기지 않고 있었다. 우리 둘의 연
구는 스펙트럼의 양 극단에 서 있기는 하지만 결국 인간이
사회적 관계를 얼마나 필요로 하는지를 강조하고 있었다.
그럼에도 불구하고 둘 다 혼자서 삶을 감당할 수 있다고
생각하는 오만함에 빠져 있었던 것이다. 담배를 피우는 의
사가 자기는 폐암에 대해 잘 알고 있기 때문에 담배로 인
한 해를 피할 수 있을 것이라 생각하는 비이성적인 행동쯤

에 견줄 만한 태도였다.

존과의 대화가 점점 깊이를 더해 가는 사이 주변에 있던 동료들이 하나둘씩 숙소로 돌아갔다. 존은 스카치 위스키 두 잔을 주문했다. 나는 한 번도 마셔 본 적 없는 술이었다. 하지만 그날 밤에는 새로운 것을 시도해 보고 싶은 기분이었다. 우리는 동시에 잔을 들고 앉은 자세를 살짝 틀어 서로에게 몸을 기울였다—상대방에게 매혹될 때 보이는 모든 징후가 다 거기에 있었다.

잠시 정신을 차리고 그 순간 무슨 일이 벌어지고 있는지 생각할 겨를이 있었다면 아마 내가 신경과학적·생물학적으로 이미 그에게 빠져들고 있다는 사실을 깨달을 수 있었을지도 모른다. 존과 공감대를 형성하면서 내 뇌의 보상 회로에는 넘쳐흐르는 도파민이 환희의 느낌을 만들어 내고 있었다. 심장 박동이 빨라졌고, 아드레날린은 내 뺨의 모세혈관을 확장시켜 홍조를 띄웠다. 노르에피네프린 수치도 치솟아서 흥분감과 초조한 에너지를 쏟아내어 우리가 나누는 대화에 온 신경을 집중하게 만들고 시간의 흐름을 왜곡하고 있었다.

"와아, 벌써 자정이네요." 존이 말했다.

세 시간을 쉬지 않고 이야기한 참이었다. 다음날 아침 일찍 비행기를 탈 계획이었던 나는 라운지에 남아 있던 교수 몇 사람과 함께 그곳을 나섰다.

존이 문을 열어 주며 "자, 먼저." 하고 말했다. 어둠이 내려앉은 거리를 걸으며 나는 자주 하던 버릇대로 하늘을 올려다봤다. 달이 우리 머리 바로 위에서 봉홧불처럼 밝게 빛나고 있었다. 달을 쳐다보려면 목을 90도로 젖혀야만 했다. 늘 별을 바라보곤 하지만 그날 밤처럼 밝은 달은 본 적이 없었다. 존이 휴대전화를 꺼내 사진을 찍었다. 그런 다음 우리는 인사를 나누고 각자의 호텔방으로 돌아갔다.

연기와 거울로 속임수를 쓰는 신경

우리는 왜 서로에게 그렇게 바로 끌렸을까? 시간이 조금 지난 이제는 그 이유를 추측해 볼 수 있다. 무엇보다 우리가 공통점이 많다는 사실이 큰 이유였을 것이다. 비슷함, 공통분모를 찾는 것은 서로에게 매력을 느낄 확률을 크게 높여 준다. 상대방의 움직임을 그대로 따라 하는 단순한 '거울 게임'을 하고 나면 상대방에게 매력을 느낄 확률이 놀라울 정도로 높아진다는 연구 결과도 있다.

존과 나는 확실히 공통점이 많았다. 둘 다 일을 사랑했고, 둘 다 아침에 일찍 일어나 동이 트기 전부터 업무에 바로 뛰어드는 사람들이었다. 이탈리아인 조상이 있고, 위계 질서보다는 평등한 관계를 선호했고, 어린아이 같은 유머 감각을 지닌 것 등 비슷한 점이 너무도 많았다. 하지만 이런 공통분모만으로는 서로에 대한 끌림을 완전히 설명할 수 없었다. 존을 만난 지 얼마 되지 않았지만, 비슷한 관심사를 가진 낯선 사람이라기보다는 꼭 오래 전에 헤어진 친척 같았다. 마치 그에게서 내 모습을 발견한 느낌이었다. 우리는 서로의 문장을 완성했고, 서로 무슨 생각을 하는지 긴 설명 없이도 이해할 수 있었다.

생물학적인 관점에서 그것은 타당한 현상이었다. 우리가 다른 사람에게 의미 있는 존재가 되고, 심오한 차원에서 정체성을 공유하는 관계가 되면 우리는 두뇌의 거울 신경계*mirror neuron system* 덕분에 상대방의 행동과 심지어 상대방의 의도까지 예상할 수 있게 된다.

1장에서 살펴본 대로 신경세포는 뇌의 가장 기본적인 구성요소이다. 그러나 이 신경세포 집합체 중 일부는—운동 신경계와 언어, 자전적 사고를 담당하는 부위에 위치함—우리가 행동할 때, 그리고 누군가가 같은 행동을 하는 것을 볼 때 모두 활성화된다. 다른 사람이 내가 좋아하는 운동 경기를 하는 것을 앉아서 구경만 해도 몸이 흥분된다거나, 농담의 내용을 몰라도 다른 사람이 웃는 것만 보고도 함께 웃음이 터져나오는 경우를 떠올려보자. 이런 활동에 관여하는 신경들은 대리 경험을 하는 상황에서도 활성화된다. 대부분 '다른 사람의 입장에 서 보는 것'이 천천히 일어나는 인지 과정이라 생각하지만 사실은 그 공감 반응의 기초는 두뇌의 세포 단계에서 즉각적으로 벌어진다.

거울 신경은 1990년대 초 이탈리아의 팔마 대학 연구원에 의해 우연히 발견되었다. 세계적으로 저명한 신경생리학자 쟈코모 리졸라티Giacomo Rizzolatti 교수가 이끄는 연구팀은 뇌에서 운동 신경계의 활동과 의도를 제어하는 영역인 전운동피질을 연구하고 있었다. 마카크 원숭이의 전운동피질에 단일 신경 미소전극을 삽입해서 인 비보*in vivo*로 전기적 활동을 모니터하는 실험으로, 원숭이가 물건을 잡기 위해 움직일 때마다 기계에서 신호음이 울렸다.

어느 날 리졸라티 팀의 연구원들이 원숭이에게 땅콩을 먹이고 있었다(동물 실험에서 널리 받아들여지는 접근법이다). 그러다가 그들은 원숭이에게 줄 땅콩을 집어들 때마다 원숭이 뇌의 신경이 활성화된다는 사실을 불현듯 깨달았다. 원숭이는 미동도 없이 서 있었는데도 기계에서는 원숭이가 땅콩을 직접 집어드는 것처럼 신호음이 울렸다. 연구원이 땅콩을 자기 입으로 가져갈 때도 같은 일이 벌어졌다. 원숭이의 뇌신경은 자기가 관찰하는 상대방의 행동을 '미러링', 즉 거울처럼 모방해서 마치 자기가 땅콩을 먹는 것과 같은 반응을 하고 있었다.

흥미로운 점은 이 신경들이 타인의 행동만 모방하는 것이 아니라 그 행동을 하게 만드는 의도와 동기까지 '감지'하고 '이해'하는 것 같다는 사실이었다. 예를 들어 연구원이 땅콩을 집어서 입 근처로만 가져가는 데에 그칠 때는 거울 신경이 반응하지 않았다. 연구원이 땅콩을 먹겠다는 의도로 집어들었을 때만 원숭이 뇌의 거울 신경이 자극되고 행동에 들어갔다. 나중에 리졸라티 교수와 그의 연구팀은 이 우연한 발견을 확인하고 또 확장하기 위해 일련의 엄격한 추가 실험을 진행했다. 시간이 더 흐르고 나는 거울 신경에 관해 리졸라티 교수와 협력해서 연구할 기회뿐 아니라 이 분야의 선구자인 리졸라티 교수를 EEG 기계에 연결해서 그의 두뇌 활동을 직접 모니터할 수 있는 믿기 어려운 행운을 누렸다.

내가 커리어를 쌓기 시작할 무렵인 2007년, 권위 있는 신경과 전문의이자 신경과학자인 스콧 그래프턴 박사의 지도 아래 EEG 실험실을 운영하게 되었다. 원래 다트머스 대학교에 있던 실험실을 캘리포니아 주립대학 산타바바라 캠퍼스로 옮긴 직후 리졸라티 교수가 방문했다. 우리는 이 위대한 과학자의 머리 꼭대기에 스펀지처럼 생긴 128개의 작은 전극을 붙인 다음 리졸라티가 컴퓨터 화면을 바라보는 동안 그의 뇌 안에서 일어나는 전기적 활동을 기록했다. 컴퓨터 화면에는 사람들이 커피잔이나 물컵 등 단순한 물건들을 집어들거나, 잔을 든 팔을 들어올려 음료를 마시거나 마시지 않거나 하는 다양한 의도로 행동하는 장면이 상영되었다.

결과는 놀라웠다. 우리는 인간의 거울 신경계가 다른 사람의 의도를 눈 깜짝할 사이에 무의식적으로 이해할 수 있다는 사실을 최초로 발견했다. EEG를 통해 리졸라티가 비인간 영장류에서 발견한 효과를 인간에까지 확장 가능하다는 사실을 우리 실험실에서 밝혀낸 것이다. 우리는 더 많은 사람을 상대로 한 다수의 동일한 실험에서도 모두 같은 결과를 얻었고, 동료 심사 저널에 논문을 발표했다.

리졸라티가 거울 신경계를 발견한 후 전 세계적으로 관련 연구가 엄청나게 많이 진행됐다. 거울 신경은 언어 능력부터 자폐증까지 연관되지 않는 분야가 없었다. 나는 사랑하는 사람들이 서로를 깊이 이해하고 상대방의 행동을 예측할 수 있는 것도 거울 신경계와 부분적으로 관련이 있지 않을까 궁금했다. 이 의문에 대한 답을 찾기 위해 사랑에 빠진 연인들이 아니라 테니스 경기를 벌이는 두 사람을 연구하기 시작했다. 언뜻 보면 직관에 어긋나는 연구였다.

사람들 사이의 낭만적 관계는 예측 불가능한 단계를 거치는 데 반해 테니스 경기는 실험을 위해 여러 조건을 통제하는 것이 훨씬 용이하다. 좋은 낭만적 관계에 있는 사람과 마찬가지로 테니스를 잘 치는 사람도 상대의 의도를 능숙하게 읽을 수 있어야 한다. 테니스 팬들은 모두 아는 사실이지만, 세레나 윌리엄스나 오사카 나오미, 로저 페더러 같은 선수들이 하는 서브는 시속 225킬로미터를 돌파하기도 한다. 그 속도면 공이 상대방의 라켓에 가닿는 데 0.4초도 걸리지 않는다. 테니스 선수들은 그렇게 빠른 속도로 날아오는 공을 어떻게 한 게임당 몇백 번씩 받아내는 것일까?

수천 시간을 코트에서 훈련하며 축적한 경험을 바탕으로 패턴을 인식해서 상대방의 골반이나 손목이 움직이는 각도를 보고 저기가 아니라 여기로 공이 올 것이라 예측하는 것일까? 아니면 중요한 순간에 선수들이 상대방의 입장이 되어 볼 수 있게 만드는 무엇인가가 있는 것일까? 2013년 US 오픈 경기에서 존 매켄로는 이렇게 말했다. "테니스 코트에서 피하고 싶은 것이 있다면 바로 예측 가능한 사람이 되는 것이다." 그럼에도 불구하고 프로 테니스 선수가 조금이라도 경쟁력을 가지려면 한 경기당 상대방의 행동을 수천 번 예측해야 한다. 그렇게 하는 것을 가능케 하는 특별한 힘은 무엇일까?

그 수수께끼를 풀기 위해 나는 노련한 테니스 선수들을 fMRI 기계로 촬영하면서 선수들에게 서브를 넣을 때 라켓에 공이 닿는 순간 화면을 정지한 동영상들을 보여 줬다. 나도 테니스를 치기 때문에 아마추어에 비해 경험 많은 선수들이 공이 어디로 갈지를 놀라울 정도로 정확하게 예측하는 것은 그다지 놀랍지 않았다. 하지만 내가 놀란 부분은 동영상임에도 불구하고 서브 장면을 보는 실험 참가자들의 거울 신경계가 마치 직접 서브를 하는 것처럼 활성화되었다는 사실이었다.

다음 단계로 나는 동일한 테니스 선수 집단에게 다른 종류의 동영상을 보여 줬다. 처음과 마찬가지로 두 번째 동영상에도 테니스 선수들이 서브하는 동작이 담겨 있었다. 하지만 중요한 차이점이 있었다. 두 번째 영상 속 선수들은 서브를 하기 위해 공중으로 공을 던져 올린 후까지 공을 어느 방향으로 보낼지 몰랐다. 공이 공중에 뜬 직후 근처에 서 있던 연구원이 코트의 중앙으로 공을 보낼지 서비스 박스의 모서리 쪽으로 공을 보낼지 지시사항을 외쳤다.

이는 서브를 넣는 사람의 보디랭귀지에 공을 어디로 보낼지에 대한 의미 있는 단서가 들어갈 수가 없다는 것을 의미했다. 리졸라티 교수의 실험실에서 땅콩을 먹을 의도가 전혀 없이 땅콩을 손에 쥐고만 있는 연구원에 비유할 수 있다. 이 경우 실험 참가자들의 거울 신경계는 전혀 활성화되지 않았다. 이것은 거울 신경이 상대방의 행동에서 의도를 감지한다는 걸 뜻했다.

거울 신경계가 이 엘리트 테니스 선수들이 상대가 서브한 공이 어디로 떨어질지를 예측할 수 있게 해주는 잠재의식적 메커니즘인 것은 맞지만 아주 탄탄하지는 않은 장치였다. 실험 참가자가 생각을 너무 많이 하거나, 오래 재본다거나, 반사적으로 했던 판단을 해석하려 들기 시작하면 정확도가 테니스 초보자 수준으로 떨어졌다.

따라서 테니스 선수가 경기에서 이기려면 자신의 하드웨어, 즉 생물학적 판단인 직관을 믿어야 한다. 다시 말해 선수들은 상대방을 이해할 수 있도록 회로가 짜여진 뇌를 가지고 있는 것이다. 나는 사랑에 빠진 행복한 커플들에게도 이 원칙을 적용할 수 있을 것 같았다. 관계에 문제가 생기는 때는 많은 경우 상대방의 마음을 읽고 공감하는 타고난 능력에 이성이 개입하는 때이기 때문이다.

새로운 연결

상하이에서의 학회가 끝나고 며칠 후 나는 제네바의 실험실로 돌아와 있었다. 몹시 추운 1월의 어느 오후였다. 호수 주변의 플라타너스 나무들 위로 눈이 쌓이고, 실험실 동료들은 아직 휴가 중이거나 전면 근무를 시작하지 않은 상태여서 연구 자체가 동면에 들어간 느낌이었다. 나는 신청해 둔 연구지원금 응답 이메일을 기다리고 있었다. 2011년 새해가 밝았지만 그 전해와 별다를 게 없었고, 나는 만 37세가 되기 직전이었다. 이런저런 생각에 오싹한 느낌이 들었던 기억이 난다.

나는 새 메일 쓰기 페이지를 열었다. 존에게 메일을 쓰고 싶었지만 어떤 투로 시작을 해야 할지 마음을 정할 수가 없었다.

'친애하는 카치오포 교수님,'

안 되지, 너무 딱딱해.

'잘 지내셨어요?'

꼭 추파를 던지는 것 같잖아.

'절 기억하세요?'

너무 절박해 보여.

나는 한숨을 쉬고 그냥 '안녕하세요, 존'이라고 썼다. 일단 시작하고 나니 말이 술술 나왔다.

'이상하게 들릴지 모르지만 상하이에서 마지막 날 밤에 찍은 사진 기억하세요? 그날 저녁에 대해 계속 생각하고 있었어요. 그 사진을 아직 가지고 있으면 보내 주실 수 있으실지요…'

말줄임표에 들어간 점 세 개에 천 마디 말이 담겨 있었다.

상하이에서의 그 만남이 내게 의미가 있었다는 사실이 점점 더 명확해지면서 나는 그도 나와 같게 느꼈을지 궁금했다. 어쩌면 그는 원래 누구와도 그렇게 금세 마음이 통하는 사람일 수도 있고, 내가 느꼈던 끌림, 내게는 매우 드문 그 느낌이 그에게는 흔한 감정이어서 나도 이미 수많은 동료들 중의 하나로 잊혔을지도 몰랐다.

한 시간쯤 지난 후 존이 사진이 담긴 메일을 보내 왔다. 그는 시카고의 한 극장에서 소포클레스 연극 공연 전에 강연이 예정되어 있는데 신경과학과 연극을 어떻게 연결시킬지 궁리 중이라는 소식도 전해 왔다. 그 연극 내용을 이미 알고 있던 나는 그가 할 수 있는 말 몇 문장을 써서 바로 답장을 보냈다.

그가 금방 회신했다. "스테파니, 그야말로 재색을 겸

비하셨군요."

좋아, 이 정도면 그도 나에게 마음이 있는 것이었다. 이메일이 계속 오갔고, 얼마 가지 않아 우리는 전화로, 스카이프로 밤낮을 가리지 않고 이야기를 했다. 마치 상하이에서의 그 대화가 한 번도 끊이지 않고 계속되는 느낌이었다. 우리는 공통적으로 가지고 있는 삶의 목표와 평범한 하루 일과에 관해, 그리고 최근에 중요한 돌파구가 된 연구나 꼭 읽어 봐야 할 저널 논문들에 관해 대화했다.

글자 그대로 우리 둘 사이를 망망대해가 가로막고 있었기 때문에 두 번째 데이트를 할 방법이 묘연했다. 하지만 참석할 수 있는 학회는 언제나 많았다. 다음 학회는 네덜란드의 위트레흐트Utrecht에서 열릴 예정이었다. 나는 일주일 일정으로 그곳으로 날아갔고, 존과 나는 잠시 시간을 내 암스테르담으로 가서 운하 옆을 오래 거닐었다. 박물관에 가려고 탄 택시 안에서 우리의 손이 우연히 잠깐 스쳤고, 그 순간부터 우리는 둘이 있을 때면 내내 잡은 손을 놓지 않았다.

칠레에서 열린 다음번 학회가 끝난 후 우리는 작은 비행기를 타고 파타고니아의 우수아이아로 날아갔다. 세상에서 가장 남쪽에 있는 도시로 가면서 우리는 서로를 따라 세상 끝까지 가고 있다고 농담을 했다. 그리고 이제 막 피어나기 시작한 우리의 로맨스는 당분간은 동료 아무에게도 말하지 않고 두 사람만의 비밀로 간직하기로 했다. 우리는 학회 중에 몰래 빠져나와 낭만적인 저녁 식사를 했고, 아침이 밝으면 언제나 너무 빨리 다가오고야 마는 탑승 안내 방송을 두려워하면서 공항 라운지에서 아쉬운 작별 인사를 나누었다.

관계를 연구하는 두 명의 신경과학자가 벌이는 장거리 연애에는 독특한 점이 많았다. 우리는 처음 연애를 시작한 커플이 거치는 매 단계에 숨어 있는 의미와 의도를 이해했고, 각 행동이 각자에게 생물학적·심리학적으로 끼치는 효과에 대해서도 잘 알고 있었다. 눈이 마주치면 각자의 거울 신경계가 활성화된다는 것을 알았고, 포옹을 하면 옥시토신이 분비되며, 우리가 서로 얼마나 비슷한지를 이야기할 때면 사실상 자아와 타인 사이의 교집합을 측정하고 있는 것, 다시 말해 건강한 관계의 척도가 되는 커플로서의 동심일체 정도를 재고 있는 것이라는 사실도 이미 알고 있었다. 그럼에도 불구하고 그 어떤 것도 서로를 발견했다는 흥분감에 찬물을 끼얹지도, 어색한 느낌을 주지도, 상대방의 시선을 의식하도록 만들지도 않았다.

몇 달 후, 나는 엄마에게 전화해 존에 관해 이야기했다. 엄마는 내가 특별한 사람을 만나기를 너무도 오랫동안 기다려 왔고, 나는 그 생각이 어림도 없다고 일축하는 데 너무도 긴 시간을 들여 왔다. 나는 과학에 헌신하고 싶었기 때문에 사랑이 없는 삶을 스스로 선택했다고 생각했다. 그러나 존을 만나자마자 나는 나 자신에게 사랑할 능력이 있을 뿐 아니라 사랑할 필요가 있다는 사실을 깨달았다. 내 연구 대상에게서 늘 발견하지만 나 자신에게는 적용할 생각조차 하지 않았던 그 필요성 말이다. 엄마가 전화를 받자마자 내 안에 숨어 있던 진심들이 쏟아져 나왔다. 내가 사랑할 사람을 찾지 않으려 한 이유는 그 사람을 위해 나를 변화시켜야 하지 않을까 하는 모종의 불안감 때문이었다는 사실을 그제야 깨달았다. "엄마," 목소리가 갈라져 나왔다. "드디어 나 그대로를 사랑해 주는 사람을 찾았어요."

6.
뇌가 오른쪽으로 스와이프할 때

우리는 사랑보다 더한 사랑으로 사랑했다.

— 애드거 앨런 포

나는 존의 정신과 사랑에 빠졌다. 하지만 그에게 육체적으로 끌린다는 사실도 부인할 수 없었다. 지적인 눈과 활짝 피어나는 미소, 그가 몸을 움직이는 방식, 건강하고 좋은 체격을 유지하고 있다는 사실에 끌리지 않을 수가 없었다. 나는 만일 존의 내면이 지금과 같은데 외모가 지금보다 덜 매력적이었더라도 우리가 서로에게 끌렸을까 궁금했다. 안정적인 낭만적 관계를 형성하는 데 육체적인 매력이 어떤 역할을 할까? 커플 사이에 육체적 끌림이 없는 상태에서도 뇌에서 사랑의 네트워크를 활성화시키는 열정적인 관계가 만들어지는 것이 가능할까? 육체적 끌림 없는 낭만적 감정이 존재할까?

시인, 음악가, 철학자들도 태곳적부터 본질적으로 이와 똑같은 질문을 해왔지만 명확한 답은 여전히 오리무중이다. 혼란은 주로 우리가 사랑을 어떻게 정의하는지에서부터 시작한다. 육체적으로 너무도 유혹적인 사람에게 치열하고 열정적인 사랑을 느껴 본 경험이 있다면 자기가 느끼는 감정을 파헤치고 분석하는 것이 쉽지 않다는 사실을 알 것이다. 그에 반해 깊은 우정을 나누는 단짝 친구를 가져 본 사람이라면 육체적인 관계를 맺지 않고도 누군가에게 '빠지는 것'이 가능하다는 걸 이해할 것이다. 누군가에게 지적으로 심취해서 집착적으로 그 사람을 떠올리고, 문자가 오면 흥분감을 느끼지만 육체적으로 가까워지고 싶다는 생각은 애초부터 끼어들 자리도 없는 관계도 있을 수 있다. 이 현상은 아주 소수—최근 연구에 따르면 전체 인구의 약 1퍼센트—의 사람들이 경험하는 것으로 관찰되며, 이 관계는 무성애적이면서도 매우 친밀하다.

1960년대에 심리학자 도로시 테노프Dorothy Tennov는 500명을 상대로 낭만적 관계를 맺고 싶은 대상에 대한 선호도를 조사했다. 여성의 53퍼센트, 남성의 79퍼센트가 '사랑의 감정을 전혀 느끼지 않고도' 상대방에게 끌린 적이 있다고 응답했다. 그리고 여성의 과반수(61퍼센트)와 상당수의 남성(35퍼센트)이 육체적 욕망을 전혀 느끼지 않는 상대와도 사랑에 빠질 수 있다고 응답했다.

현대를 사는 우리에게 이 수치는 뜻밖일 수도 있다. 요즘 사람들은 사랑 없는 욕망이 존재할 수 있다는 사실을 굳이 연구를 통한 증거로 확인할 필요가 없다고 생각할 정도로 당연시한다. 그러나 욕망이 없는 사랑의 가능성은? 플라토닉한 사랑은 진정한 사랑일까?

이런 질문 자체가 황당하다고 생각할 사람들이 많겠지만, 2009년 미국 은퇴자 협회AARP가 미국 성인 2,000명 이상을 포함한 대표 표본을 대상으로 사랑과 관계에 대한 태도를 조사한 결과, 18세 이상 응답자 중 76퍼센트가 '적극적인 또는 활발한' 육체적 연결점이 없어도 진정한 사랑이 존재할 수 있다고 답했다. 흥미롭게도 그렇다고 답한 여성의 숫자와 남성의 숫자가 80퍼센트 대 71퍼센트로 그다지 큰 차이를 보이지 않았다. 역사적으로도 이런 식의 관계가 가능하다는 사례를 많이 찾아볼 수 있다.

가령 버지니아 울프와 레너드 울프의 관계만 해도 그렇다. 두 사람은 육체적 관계만 빼면 모든 면에서 여느 연인과 다름없었다. 버지니아 울프에게 낭만적 행복이란 '사랑, 자녀, 모험, 육체적 친밀함, 일' 모든 것이었다. 레너드는 그중 대부분을 버지니아에게 줄 수 있었다. 그는 헌신적인 동반자이자 친구이자 협업자이자 안내자였고, 버지니아가 예술적·감정적 위기에 처했을 때 굳건한 지지자가 되어 주었다. 그러나 그는 버지니아의 성적 파트너는 아니었다. 버지니아는 여성을 선호했다. 구애 기간에 주고받은 편지에서 버지니아는 이미 그 사실을 고백했다. "당신과 반쯤 사랑에 빠진 상태에서 이제는 늘 함께하기를 간절히 원하는 상태로 발전했어요. 당신이 나에 관한 모든 것, 극단적인 내 야성과 냉담함까지도 알기를 바라게 되었지요. 당신과 결혼하면 모든 것을 가질 수 있을 것이라 가끔 생각해요. 그러다가 성적인 문제가 우리 사이를 비집고 들어오는 것 아닐까 하는 우려를 하게 되지요. 일전에 잔인할 정도로 직접적으로 말했지만 나는 육체적으로는 당신에게 전혀 끌리지 않으니까요."

　　두 사람은 그럼에도 불구하고 결혼을 했고, 30여 년에 걸쳐 레너드는 모든 면에서 최선을 다해 아내를 지원했다. 버지니아는 59세가 되던 해 자살로 생을 마감하면서 유서를 남겼다. "레너드, 당신은 내게 상상할 수 있는 가장 큰 행복을 주었어요. … 우리 두 사람보다 더 행복한 커플은 없을 거예요." 이것이 낭만적 사랑이 아니면 무엇일까? 그럼에도… 울프 부부에게 뭔가 빠진 것이 있다는 느낌을 부정할 수 있는 사람이 얼마나 있을까? 대부분의 낭만적 관계를 오래 지속하고 행복하게 유지하는 데 필요한 요소가 빠졌다는 느낌 말이다.

　　이 문제는 우리를 '사랑이란 무엇인가'라는 골치 아픈 문제로 다시 돌아가게 만든다. 낭만적 사랑을 깊은 애정과 애착을 가진 넓고 다양한 관계로 규정하면, 물론 육체적 관계를 원하지 않고도 상대를 사랑하는 것이 충분히 가능하다. 그러나 사랑을 특유의 신경생물학적 청사진에 기초한 감정이라 정의한다면, 욕망은 사랑하는 관계의 부수적 요소가 아니라 필수적 재료라는 사실이 명확해진다. 앞으로 살펴보겠지만 이 욕망은 꼭 성적일 필요는 없지만 육체적이어야 한다. 정신뿐 아니라 몸도 개입해야 한다는 의미이다.

사랑의 행위

욕망과 사랑이 합쳐지면 육체적 경험에서 사랑을 나누는 것으로 발전한다. 보통 전자는 몸에 치중하고, 개인적이며, 자신의 생물학적 욕망과 필요를 충족시키고, 미래보다 현재를 중요시하는 행위로 받아들여진다. 후자는 몸보다는 마음이나 정신과 영혼에 치중하고, 개인보다는 관계에, 나보다는 우리를 중요시하는 행위이다. 사랑을 나누는 커플은 의도적으로 융합하고, 말로 표현할 수 없는 메시지를 몸과 마음을 통해 소통하고 함께 공유하고 서로에게 다시 맞추고 차이를 극복하면서 모든 커플이 추구하는 물 흐르듯 자연스럽고 조화로운 관계와 연대를 구현한다.

하지만 신경생물학적 차원에서 사랑과 욕망의 구분

은 들여다보면 볼수록 그 경계가 모호해진다. 예를 들어 육체적으로 엄청나게 끌리는 사람을 생각해 보자. 자신이 느끼는 감정이 단지 육체적인 것에 불과하다고 믿을지 모르지만 (실제로든 상상으로든) 몸이 닿고 입을 맞출 때마다 뇌는 문제를 복잡하게 만든다. 우리가 경험하는 쾌감의 원인이 되는 신경화학물질은 도파민에서 옥시토신에 이르기까지, 사랑에 빠졌을 때 몸 전체에 넘쳐 나는 바로 그 물질이다. 바로 이런 이유에서 '가끔 육체적인 관계도 갖는 친구' 정도로 생각했던 사람에게 점점 더 애착을 갖게 되는 경우가 생긴다.

육체적 욕망은 파트너와 정서적 유대를 형성하는 데만 도움이 되는 것이 아니다. 거기에 더해 우리가 가진 몸의 중요성을 느끼게 하고, 문학 연구가 조지프 캠벨Joseph Campbell이 '살아 있음의 황홀함'이라고 부른 느낌을 이해할 수 있게 한다. 캠벨은 그 황홀감이야말로 모호한 '의미'를 넘어서서 우리가 삶에서 실제로 찾고자 하는 것이라고 믿었다. 그는 "온전히 육체적인 차원에서 하는 경험이 우리 자신의 가장 내밀한 존재, 그리고 실존적 현실과 공명하도록 하는 것"이 목표라고 말했다.

우리는 무슨 일이 벌어지고 있는지 의식하기도 전에 욕망을 느끼고 거기에 반응한다. 날씨가 맑은 날 파트너와 손을 잡고 공원에서 산책을 하고 있다고 가정해 보자. 아름다운 여성이 달리기를 하며 지나가자 남성의 눈길이 자석처럼 그 사람을 따라간다. 많은 경우 파트너가 짜증 난다는 표정으로 그 사실을 지적하기 전까지는 남자는 자신이 그 여성을 바라보고 있는지도 모르기 일쑤이다.

"뭐라고?!" 남자는 의아한 표정으로 묻는다.

우리는 자신의 눈길과 관심이 자동적으로, 그리고 무의식적이고 본능적으로 흥미 있는 사람에게 쏠린다는 사실을 거의 깨닫지 못한다. 참가자가 정확히 어디를 보고 있는지를 식별하는 시선 추적 연구를 통해 우리 연구팀은 남성과 여성 모두 육체적으로 매력을 느끼는 사람의 사진을 보았을 때 시선이 본능적으로 그 사람의 몸으로 (옷을 입고 있을 때조차) 향한다는 사실을 알아냈다. 그러나 나중에 사랑에 빠질 수도 있겠다는 생각이 들었다고 밝힌 대상에 대해서는 몸이 아닌 얼굴에 시선이 머물렀다. 그리고 그런 생각이 강하게 들수록 시선은 눈에 집중됐다. 우리 팀은 이전 연구를 통해 커플이 사랑하고 있다는 가장 신뢰할 수 있는 표지가 시선을 마주치는 것이라는 사실을 이미 알고 있었다. 거기에 더해 시선 추적 연구에서는 욕망보다 사랑을 생각할 때는 상대방의 (몸에 비해) 얼굴에 더 시선을 집중한다는 결과를 얻었다.

어쩌면 '첫눈에 반한다'는 말은 이런 현상에서 비롯된 것일까? 내가 상하이에서 존을 만났을 때 그의 얼굴에서 눈을 떼지 못했던 것처럼 누군가의 얼굴에 시선이 쏠린다는 사실은 그 사람이 특별한 상대라는 신호라고 할 수 있다. 사랑하는 관계에서 눈을 마주치는 것이 중요하다는 사실은 2020년 예일 대학교 의과대학 연구팀이 발표한 연구 결과를 통해 간접적으로 또 한 번 증명이 됐다. 예일 의대 팀은 실시간으로 직접 눈을 마주치면 뇌에서 사랑의 네트워크를 형성하는 핵심 부위인 각회의 활동이 활발해진다는 사실을 발견했다. 이 연구에서는 30명의 건강한 성인(15쌍)을 테이블을 가운데 두고 마주 앉도록 했다. 각각 자신의 파트너를 총 90초 동안 바라보는 동안 15초 단위로 눈과 얼굴의 다른 부위를 번갈아 보도록 했다. 전반적으로 볼 때 파트너끼리 눈과 눈을 마주칠 때 사랑에서 중요한 역할을 하는 신경 회로의 활동이 증가한다는 결과를 얻었다.

사랑과 욕망의 분리

1969년 용감한 사회심리학자 여성 두 명이 사랑과 욕망을 둘러싼 수수께끼를 연구할 길을 닦은 획기적인 책을 발표했다. 위스콘신 대학의 엘렌 베르샤이트Ellen Berscheid와 하와이 대학의 일레인 햇필드가 《대인 매력Interpersonal Attraction》을 출간한 것이다. 그 후 두 사람은 수십 년에 걸쳐 엄격한 기술 및 실험적 연구를 통해 대인관계 심리학과 그것이 세계 각지에서 문화적으로 어떻게 진화했는지에 관해 현재 우리가 알고 있는 지식의 기초를 다졌다. 햇필드와 베르샤이트는 사랑과 욕망을 별개로 경험할 수도, 함께 경험할 수도 있다고 보았다. 두 사람은 육체적 끌림이 파트너를 사랑하는 것보다는 파트너와 사랑에 빠지는 경험과 더 긴밀한 연관성이 있다고 설명한다.

욕망과 사랑의 과학 분야의 또 다른 권위자는 러트거스대 생물인류학 교수이자 자기계발서 저자 헬렌 피셔 Helen Fisher이다. 서베이 데이터와 fMRI 연구를 통한 그녀의 정밀한 연구는 욕망과 사랑을 서로 다른 두뇌 시스템을 작동시키는 확연히 다른 현상으로 봐야 한다는 획기적인 이론으로 이어졌다.

그녀가 말하는 첫 번째 두뇌 시스템에서 욕망은 두뇌의 원시적 영역과 관련이 있는데, 여러 명의 파트너를 원하고 획득하고 싶어 하는 동기를 제공하는 '성적 충동'의 지배를 받는다. 두 번째 두뇌 시스템은 사랑을 관장하는 영역으로, 짝짓기 에너지를 한 번에 한 사람에게 집중시켜 몸과 마음이 열광과 심취의 상태에 사로잡히게 만든다. 이는 중독성 있는 약물을 섭취하는 경험에 비견할 만하다. 세 번째 두뇌 시스템은 애착에 관한 영역으로 '상대에 대한 책임감과 소속감, 그리고 깊은 곳에서 우러나오는 차분함을 느끼는 상태'를 만들어 내고 오랜 기간에 걸쳐 그 사람을 '참아내도록' 한다. 절친한 친구, 동반자, 동료, 팀원들과 형성하는 유대 관계와 비슷하다.

몇 년 전 존과 함께 과학자 회의에 참석하러 가던 중 복도에서 헬렌 피셔와 마주친 적이 있다. 사랑의 과학에 대한 우리의 공통된 관심을 고려할 때 마침내 실제로 그녀를 만나게 되어 무척 반가웠다. 우리의 배경과 훈련 과정은 다르지만 헬렌과 나는 이 두뇌 시스템들이 굉장히 복잡하고 복합적인 방식으로 돌아간다는 사실, 특히 열정적인 사랑에 빠졌을 때 더욱 그렇다는 점에 의견을 같이했다.

열정적인 사랑과 욕망은 상호 의존적이며 통합된 두뇌 네트워크 하나에 의존한다는 연구가 신경과학계에서 계속 나오고 있다. 이 네트워크는 모든 영장류가 지닌 기본적인 짝짓기 욕구나 갈망뿐 아니라 인간에게만 있는 독특한 두뇌 영역에서 발생하는 복합적인 인지적 에너지를 활용한다. 두뇌를 더 자세히 들여다보면 흔히 적대적 혹은 라이벌 관계로 간주되는 열정적인 사랑과 욕망이 실제로는 협력 관계에 있을지도 모른다는 것을 알 수 있다. 두 감정은 연결선상에 있으며, 그 두 감정이 언제 어떻게 협력하는지를 이해하면 우리가 더 나은 파트너가 되는 데 도움이 될 수도 있을 것이다.

열정적인 사랑과 욕망은 그 감정을 느끼는 상대방과의 유대감을 더 강하게 만든다. 열정적인 사랑의 정도를 측정하는 테스트에서 높은 점수를 보인 29명의 젊은 여성들의 뇌를 스캔한 후 일련의 질문을 했을 때, 파트너와 정서적으로 더 가깝다고 응답한 여성일수록 파트너와의 육체적 관계에 더 만족한다는 사실을 발견했다. 이 여성들은 뇌섬엽insula이라 부르는 영역이 훨씬 활발해져 있었다. 나는 그 이유가 궁금했다.

뇌섬엽은 한때 '라일의 섬'이라는 정취 있는 이름으로 불리던 영역으로, 200년 전 이를 발견한 독일의 해부학자 요한 크리스티안 라일Johann Christian Reil의 이름을 딴 것이다. 대뇌피질 깊숙한 곳, 측두엽과 전두엽이 갈라진 틈에 자리 잡은 뇌섬엽은 자기 인식에 핵심적인 역할을 하고 통증이나 중독, 음악, 음식에서 얻는 쾌감 등 다양한 자극에 반응한다. 그것이 샌드위치든, 밀크셰이크이든, 마사지이든 우리가 무엇을 간절히 원하는지를 이해하는 데 도움을 준다.

신경과학자들은 뇌섬엽이 이토록 다양한 경험에 의해 활성화되는 이유는 이 부위가 면역 체계 제어 및 항상성 유지 등의 기능 말고도 몸이 경험하는 것의 의미를 이해하고 거기에 가치를 부여하는 중요한 역할을 하기 때문이라는 가설을 세웠다. 하지만 내가 이 분야에서 발표된 20건의 기존 연구 결과(총 429명의 참가자 대상)를 면밀히 조사해서 심층적 통계 분석을 한 결과 욕망은 뇌섬엽 전체를 활성화시키는 게 아니라 이 부위 뒤편에 자리 잡은 고립된 특정 부위—후부 뇌섬엽—만을 활성화시키는 데 그친다는 것을 알 수 있었다. 그에 반해 사랑의 감정은 뇌섬엽의 앞부분을 자극했다. 이야기가 점점 복잡하고 재미

있어지고 있었다.

이 '앞부분 대 뒷부분' 패턴은 우리 뇌의 전반적인 활동 패턴과 궤를 같이한다. 뒷부분은 대체로 즉각적이고 구체적인 감각과 느낌, 반응을 관장하고, 앞부분은 상대적으로 추상적인 사고나 내적 지각, 다시 말해 우리가 느끼는 것에 대해 어떻게 생각하는지와 더 관련이 있다.

별도의 영상 연구에서 사랑과 욕망에 대해 이와 비슷한 시소식 반응을 보이는 또 하나의 영역을 찾았다. 피질 하부에서 보상 경험을 처리하는 역할을 하는 선상체가 그것이었다. 선상체의 복측, 다시 말해 아래쪽은 관능적인 손길이나 음식, 약물처럼 본능적인 쾌락에 반응하는 영역인데 욕망에 의해 강력하게 활성화되었다. 그러나 그런 경험의 기대 보상 가치를 처리하는 선상체의 위쪽은 사랑에 의해 더 활성화되는 양상을 보였다.

사랑과 욕망이 같은 두뇌 영역의 상호 보완적인 부분을 자극한다는 사실을 밝힌 과학 논문이 계속 쏟아져 나오고 있었다. 이는 이 두 감정이 반대되는 힘이 아니라 하나가 다른 하나로 발전할 가능성이 있다는 가정을 강화해 주는 증거였다. 사랑은 근본적으로 보상을 추구하는 본능적 감각인 욕망이 추상적으로 형상화된 것이다. 욕망이 포도를 으깨 만든 즙이라면 사랑은 그 즙에 시간과 정성을 들여 만들어 낸 묘약이라고 할 수 있다.

손바닥도 마주쳐야 소리가 난다

신경과학자들은 자신의 이론을 시험하기 위해, 연구 중인 특정 뇌 부위에 병이나 뇌졸중 혹은 사고 등으로 손상을 입은 사람을 관찰하는 방법을 사용하기도 한다. 많은 경우 한 사람의 사례에 기초하지만 이런 식의 신경과학적 사례 연구는 두뇌 기능과 행동 사이의 인과 관계—상관 관계가 아니라— 를 관찰할 수 있는 소중한 기회를 제공한다.

나는 신경과학자로서의 커리어를 시작한 이후 내내 사례 연구를 통해 내 연구의 돌파구를 찾아왔다. 2013년에는 사랑을 할 때 뇌섬엽이 하는 역할을 더 잘 이해하기 위해 이 부위에 병변이 있는 환자를 찾고 있다고 신경과학계 지인들을 통해 수소문했다. 그 과정에서 치료 중인 환자 중 한 명이 내가 풀고자 하는 미스터리의 열쇠를 쥐고 있을 수도 있다고 생각한 부에노스 아이레스의 인지신경과학 협회의 파쿤도 마네스Facundo Manes 박사와 블라스 코우토Blas Couto 박사에게서 연락이 왔다.

그 환자를 편의상 RX라고 부르겠다. RX는 48세의 이성애자 남성으로, 최근 경험한 경미한 뇌졸중 말고는 대체로 건강했다. 뇌졸중으로 손상된 부위는 바로 뇌섬엽 앞쪽 부분이었다. 이전에 실시한 사랑에 관한 fMRI의 메타 분석 결과가 옳다면 뇌섬엽 앞쪽 부분이 손상되면 이론적으로 RX가 누군가와 사랑하는 관계를 형성하고 유지하는 능력에 지장이 있어야 했다.

RX는 전형적인 뇌졸중 증세 때문에 신경과 의사를 찾았지만 다행히도 두통, 안면마비, 언어 장애 등의 증상은 일시적으로만 나타나고 이내 사라졌다. 우리 연구팀이 그를 만난 즈음에는 우울해하지도, 많이 불안해하지도 않는 상태였다. 그의 지적 능력은 전반적으로 뇌졸중의 영향을 받지 않았을 뿐 아니라 사회적 지능 또한 완전히 보존된 듯 보였다. 실험 결과 그는 기본 감정을 쉽게 인식했고 타인의 고통에 공감하는 데에도 무리가 없었다.

우리 연구팀은 뇌졸중으로 인해 RX가 사랑을 하는 데 지장을 줄 수 있는 모종의 잠재의식적 결함이 있는지를 밝히기 위해 특별한 실험을 고안했다. RX와 비슷한 연령과 인구학적 특성을 지닌 7명의 건강한 남성을 모집해서 비교집단도 만들었다. 우리는 RX와 비교집단에게 데이팅앱의 프로파일처럼 보이는 옷을 잘 차려입은 매력적인 여성들의 사진을 여러 장 보여 줬다. 실험 참여자에게는 각 여성에 대해 그저 욕망을 느끼는지 아니면 사랑에 빠지는 것을 상상할 수 있었는지 응답하도록 했다.

RX가 사랑에 빠지는 상상을 할 수 있다고 말한 여성의 수는 비교집단과 크게 다르지 않았다. 그러나 흥미롭게도 RX가 그런 선택을 하는 데 걸린 시간은 비교집단에 비해 훨씬 길었다. 그러나 육체적 관계에 대한 욕구를 느끼는 상대를 선택하는 데는 비교집단과 속도가 같았다.

RX는 사랑을 느끼는 능력이 줄어들었다는 것을 전혀 느끼지 못하지만 혹시 그의 아내는 변화를 느끼지 않았을까? 이런 추측을 하는 이유는 RX가 뇌졸중을 겪은 후 아내와 헤어졌기 때문이다. 모든 관계가 무너질 때와 마찬가지로 그들이 이혼한 이유도 복합적이었다. 하지만 손상된 뇌섬엽, 사랑 네트워크의 주축이 되는 그 부위의 병변이 그의 결혼을 파경으로 치닫게 한 일부 원인이 되지 않았을까 하는 생각을 쉽게 지울 수 없었다.

실험실의 교훈

사랑과 욕망의 근원이 되는 뇌의 정확한 영역과 작동 방식을 밝히기 위한 신경과학자들의 연구가 계속되고 있긴 하지만 이런 연구 결과들을 우리의 삶에 어떻게 적용할 수 있을까? 대부분의 나라에서 많은 사람들이(78~99퍼센트) '한 명의 반려자와 충실한 결혼 생활을 하는 것'을 낭만적 관계의 이상적인 모습으로 생각한다고 응답했다. 불행하게도 긴 시간 동안 관계를 유지하는 커플들 대부분이 어느 시점이 되면 육체적 친밀감을 나누는 데 문제를 겪는다. 시간이 흐르면 연인들은 애초에 서로를 끌어당겼던 열정을 쉽게 잃어 버린다. 나이가 들면서 육체적 친밀도가 떨어지는 경우가 많고, 특히 자녀가 생기면 현저히 떨어진다는 연구도 많이 나와 있다. 이 분야의 기능장애도 놀라울 정도로 흔한 문제이다. 미국 여성의 43퍼센트, 남성의 31퍼센트가 결혼 생활 중 육체적 관계를 가지는 데 크고 작은 어려움을 겪는다고 응답했다. 미국인의 3분의 1이 육체적 욕망이 완전히 혹은 부분적으로 결여된 경험을 한다. 이런 문제들은 이별의 위험을 크게 증가시키는 것으로 알려졌다.

장기적 관계에서 이런 문제가 매우 흔한데도 불구하고 커플들이 스스로에게 기대하는 기준은 위험할 정도로 높다. 과반수 이상의 커플들이 육체적 친밀함이 관계에 '매우 중요하다'고 평가한다. 그리고 사회학자 시니카 엘리어트Sinikka Elliott와 데브라 엄버슨Debra Umbersen에 따르면 우리는 건강한 성생활을 '행복한 결혼 생활'의 척도로 보는 문화 속에 살고 있다. 다시 말해 낭만적 관계를 맺고 있는 사람들의 대부분이 욕망이 없는 사랑은 완전하지 않다고 여긴다는 의미이다. 거기에 더해 신경과학 분야의 연구 결과도 이를 뒷받침한다. 사랑 네트워크의 핵심 부위인 뇌 섬엽이 심오한 정서적·인지적 유대뿐 아니라 열정적인 육체적 유대까지 있을 때 온전히 활성화된다는 것이 밝혀졌기 때문이다.

하지만 나는 성적 행위가 아닌 다른 활동으로 후부 뇌 섬엽을 활성화시켜 육체적 유대감의 부재를 보상하는 방법이 있을지 알고 싶었다. 첨단 기술로 두뇌 깊은 곳을 자극하는 실험 같은 것을 이야기하는 것이 아니다. 아직까지 그런 기술은 실험실 사용으로 국한되어 있다. 그보다 나는 단순한 행동으로 두뇌를 속이는 방법을 생각해 봤다. 후부 뇌섬엽이 욕망뿐 아니라 음식에 의해서도 자극이 된다는 것을 기억할 것이다. 뇌에서 이 부분은 맛을 인식하고 느끼고 알아보고 기억하는 일을 관장한다. 따라서 파트너와 육체적으로 유대감을 갖는 데 어려움을 겪는다면 주방에서 이를 보충히는 방법은 어떨까? 새로운 요리법을 만들어 낸다든지, 함께 요리를 하거나 맛있는 음식을 같이 먹을 때, 그것이 설령 비건 버거나 샐러드라 할지라도 독특한 맛에 주의를 기울이고 함께하는 경험의 감각적인 면에 집중함으로써 뇌섬엽을 비롯한 뇌에서 마법 같은 일이 벌어지도록 해 보자.

후부 뇌섬엽은 미각뿐 아니라 다양한 감각적·육체적 경험을 감지하는 레이더이다. 파트너와 포옹하고, 애정 어린 손길로 어루만지고, 좋은 향기를 맡는 행동 모두 이 부위를 활성화시킬 수 있다. 그리고 스웨덴의 신경과학자 인디아 모리슨India Morrison이 밝혀냈듯, 후부 뇌섬엽이 두뇌 회로의 스트레스를 완충하는 위치에 자리 잡고 있다는 사실 자체로도 그런 기분 좋은 감각은 자신과 파트너를 차분하고 침착하게 만들어 줄 것이다.

함께 산책을 하고, 달리기를 하고, 춤을 추는 것 또한 후부 뇌섬엽을 활성화시키는 행동 중 하나이다. 함께 춤을 추는 커플은 행복한 동반자 관계를 유지한다는 연구도 다수 있다. 이런 활동들은 뇌섬엽을 자극하는 기분 좋은 육체적 감각을 불러일으킬 뿐 아니라 스트레스를 감소시키고 관계의 만족도를 증가시키는 효과도 거둘 수 있다. 이 장에서 한 가지 기억할 만한 교훈은 사랑하는 파트너와의 유대감은 매우 심오한 것으로, 인지적·육체적 자극으로 더욱 깊어지게 만들 수 있다는 사실이다. 다행히도 뇌섬엽만큼은 좋은 자극을 가할 수 있는 방법이 매우 다양하다.

7.
우리에게는 언제나 파리가 있지

준비, 준비, 바보 같은 준비로
얼마나 자주 행복을 망가뜨려 버리는지!
—제인 오스틴

2011년 9월 28일 아침 눈을 뜬 나는 그날이 내 결혼식 날이 될 것이라고는 상상조차 못했다. 존은 파리에서 열리는 맥아더 재단 행사에 초대를 받았다. 다양한 분야에서 노화 연구에 기여할 만한 연구를 한 학자 열두 명을 초대한, 의료 및 심리학계의 세계적인 권위자들로 이루어진 국제 행사였다. 존은 노인들이 외로움의 위험에서 어떻게 스스로를 보호할 수 있는지를 포함한 주제로 강연할 예정이었다. 그즈음 존과 나는 몇 달 동안 장거리 연애를 지속해 오면서 일과 사랑 사이의 균형을 잡는 데 꽤 익숙해져 있었다.

나는 그 전날 오후 제네바에서 고속열차를 타고 파리에 도착했다. 기차가 쏜살같이 쥐라 산맥과 버건디 지방의 포도밭을 지나는 사이 노트북 컴퓨터로 일을 하려고 애를 썼지만 기대감으로 두근거리는 마음 때문에 집중을 할 수가 없었다. 존을 만나지 못하고 몇 주씩 떨어져 지내야 하는 일은 너무도 힘들었지만, 부재가 사랑을 더 키운다는 말도 틀린 말은 아니었다. 사실 그건 그냥 속담에 불과한 말이 아니라 과학적인 사실이기도 하다.

2013년의 한 흥미로운 연구에 따르면 장거리 연애를 하는 사람들은 문자나 전화, 영상 통화 등으로만 의사소통을 하지만 매일 함께 시간을 보내는 커플들에 비해 더 의미 있는 상호 관계를 맺는 경향이 있다고 한다. 그래서 역설적으로 장거리 연애를 하는 커플들 사이에 더 깊은 유대가 형성된다. 다양한 종의 사회적 동물들을 봐도 거리가 관계를 새롭게 하는 힘을 발휘하는 현상을 관찰할 수 있다. 코끼리들도 한동안 보지 못하다가 만나면 더 정교하고 섬세한 인사를 나눈다.

이는 부분적으로 사회적 두뇌가 본능적으로 새로운 것을 선호하기 때문이다. 멀리 있으면 파트너를 당연시하는 마음을 가질 수가 없다. 거리 때문에 만나지 못하는 동안 우리는 파트너의 여러 부분 중 가장 그리운 면을 반복해서 생각한다. 이별은 늘 달콤한 슬픔을 안겨 주고, 다시 만날 때는 너무 좋아 심장이 아플 지경이 된다.

존은 방법론의 미세한 차이며 다양한 치료와 도움의 가치를 두고 동료들과 하루종일 토론을 벌였다. 그러나 사랑의 도시 파리에 석양이 깔릴 무렵, 그는 나와 센강변에서 산책을 하기 위해 동료들에게 양해를 구하고 학회장에서 빠져나왔다. 존과 나는 서로를 보자마자 뛰다시피 걸음을 재촉해서 서로에게 안겼다.

우리는 예약을 하지 못했지만 말을 잘 해서 센강변에 있는 몇백 년 전통의 레스토랑에 테이블을 얻을 수 있었다. '뚜르 다르장Tour d'Argent'이라는 낭만적인 식당이었다. 우리는 노트르담 성당 뒤편이 보이는 작은 테이블에 앉았다. 레이스처럼 섬세한 성당 외벽이 황금빛 노을에 물들었다. 스리피스 수트를 차려입은 거만한 표정의 웨이터는 존이 다들 선택하는 테이스팅 메뉴를 사양하자 깜짝 놀란 표정을 지었다. 하지만 수많은 코스에 따라 계속 음식이 서빙되는 테이스팅 메뉴는 우리 대화를 방해할 것이 뻔하기 때문에 내린 결정이었다. 존은 누른 오리 요리pressed duck와 샴페인 두 잔을 주문했다. "오늘의 주인공은 셰프가 아니라 우리 두 사람이라서요." 그가 말했다.

다음날 나는 호텔방에서 연구 논문을 쓰고 있었다. 이미 그날은 내게 특별한 날이었다. 9월 28일은 메메 할머니의 생신이었기 때문에 그리운 할머니가 공식적으로 내 약혼자가 된 존을 만날 수 있었다면 얼마나 좋을까 하는 아쉬움에 휩싸여 있었다. 할머니가 존이 옛날 신사처럼 한쪽 무릎을 꿇고 청혼했다는 이야기를 들으셨다면 무척이나 좋아하셨을 텐데. 그리고 내가 승낙을 하자 우리 아빠에게 전화를 해서 '허락을 받겠다'고 고집을 부린 부분도 칭찬해 마지않으셨을 것이다. 부모님은 기쁨의 눈물을 흘리셨다. 부모님이 나를 사랑하고 아낀 것처럼 존도 나를 사랑하고 아낄 것이라고 확신하셨기 때문이다.

우리는 약혼한 것이 너무 행복해서 결혼식을 계획하는 사소한 일 따위는 생각도 하지 않았다. 언젠가는 결혼식을 올리겠지만 당장은 할 일이 너무 많았다.

그날, 존은 다른 학회 참석자들을 만나기 위해 호텔을 일찍 나섰다. 긴 오전 스케줄을 마치고 쉬는 시간에 그는 친구인 스탠포드 대학 심리학과의 로라 카스텐슨 교수와 이야기를 나눴다. 두 사람은 한 달 전 시카고 공항에서 마주쳤었다. 존은 그때도 유럽에서 열린 학회 참석차 (그리고 나와의 데이트를 위해) 비행기를 기다리던 중이었는데 눈보라가 심하게 불어닥쳐서 비행기가 지연되고 있었다.

"좋게 생각해요." 로라가 말했다. "항공편이 취소되면 강연을 하지 않아도 되잖아요."

존은 짐짓 심각한 표정으로 말했다. "그보다는 거기서 누굴 만나기로 했거든요. 굉장히 중요한 사람."

존은 로라에게 나에 관해 털어놨다. 상하이에서의 우연한 만남 이후 어떻게 사랑에 빠졌는지, 지금 그 비행기를 타고 유럽으로 날아가기를 자신이 얼마나 절박하게 갈망하는지 모두. 로라는 존이 겪었던 두 번의 이혼과 그 후유증에 대해 자세히 알고 있었고, 그가 나에 관해 이야기할 때 마치 이것이 사랑을 할 수 있는 마지막 기회라도 되는 듯한 태도를 보인다는 인상을 받았다. 존은 이번에는 실수하고 싶지 않다고 말했다.

파리에서 존을 만난 로라는 궁금해하며 물었다. "스테파니랑은 어떻게 되어 가고 있어요?"

존은 겸연쩍게 웃으며 대답했다. "결혼하기로 했어요."

"우와, 존, 진짜 빠르다! 축하해요. 정말 기쁜 일이네요. 결혼식은 언제 올릴 예정이에요?"

그는 잠시 혼란스러운 표정을 지었다.

"아, 전통적인 결혼식을 하게 될지는 모르겠어요. 스테파니나 저나 너무 바쁘거든요. 점심시간에 시카고 시청에 가서 그냥 혼인 서약이랑 신고를 한 번에 해치울지도 몰라요."

"지금이라도 내가 결혼식 주례를 봐 줄 수도 있어요."

로라는 박사학위 지도를 하는 학생 한 명의 결혼을 돕기 위해 혼례를 집행할 수 있는 성직자 자격을 인터넷으로 막 따낸 참이었다. 하지만 그 제안은 완전히 농담이었다. "눈곱만큼도 심각하게 한 말이 아니었어요." 로라가 나중에 내게 말했다. 하지만 존은 아주 진지했다.

"그러니까, 오늘 말이에요? 사실 스테파니가 지금 파리에 와 있어요… 못할 것 없지요!"

그는 전화를 꺼내 들고 내게 보낼 문자를 입력하기 시작했다. '오늘 일 끝나고 결혼식 올리는 거 어때요?'

"존, 잠깐만요. 지금 뭐하는 거예요?" 로라가 말했다. "진심이에요? 결혼은 잘 계획해서 해야 하는 일이에요." 존은 아무 말도 들리지 않는 듯했다. 오후 학회 일정이 다시 시작되려 했다. 로라는 고개를 저으며 조용히 내뱉었다. "존, 여자를 몰라도 너무 모르는군요…"

그는 장난스럽게 웃어 보였다. "로라, 당신이 스테파니를 모르는 거예요."

'오늘 일 끝나고 결혼식 올리는 거 어때요?'

솔직히 말하면 화면에 뜬 그 문자를 보고 깜짝 놀라긴 했다. 하지만 답장을 하는 데에는 2초도 걸리지 않았다. "좋아요!"

그런 다음 나는 화이트 드레스를 찾기 위해 호텔 방을 뛰쳐나갔다.

전두엽 모른 체하기

존은 나를 깜짝 놀라게 함으로써 순식간에 우리의 결

혼식이 실제로 어떻게 진행됐는지와 상관없이 그 경험을 특별하고 유일무이한 것으로 만드는 데 성공했다. 물론 그렇게 즉흥적인 결혼식을 모두가 좋아할 리는 없겠지만 예상치 못한 이벤트가 사랑하는 관계에 어떤 역할을 하는지, 즉흥적인 결정을 할 여지를 남겨 두는 것이 관계에 어떤 도움이 될지 등을 한 번쯤 생각해 보는 것도 좋을 것이다.

우리가 하는 사회적 경험, 특히 낭만적 경험에서는 기대감이 차지하는 부분이 매우 크다. 많은 이들이 자신이 결혼할 상대를 만나기 훨씬 전부터 마음속에 어떤 이미지를 품고 있다. 그리고 우리는 이를 보통 취향 혹은 이상형이라고 부른다. 마음속에 완벽한 첫 데이트는 어때야 한다고 정해 놓은 각본이 있을 수도 있다. 호숫가 산책, 숲속 하이킹, 분위기 좋은 레스토랑에서의 식사 등등. 서로에 대한 사랑을 만천하에 공표할 뿐 아니라 자신의 좋은 취향과 사회적 관계망을 과시할 수 있는 절호의 기회인 결혼식이야말로 어떤 모습으로 어떻게 진행되는 것이 좋을지에 대한 꽤 확실한 생각들이 있을 것이다. 어쩌면 그보다 더 중요한 것은 꼭 피하고 싶은 결혼식의 모습에 대한 확신일수도 있다.

그런 기대가 진정한 행복을 향한 길로 우리를 인도할 수만 있다면 아무 문제가 없다. 그러나 많은 경우 그런 계획들은 마음에 덫이 되어 절대 닿을 수 없는 종류의 행복을 향해 헛된 노력을 하도록 하거나, 설령 도달해도 실제로는 행복하지 않은 목표를 설정하게 만들 때가 많다.

이 사실을 증명하는 연구를 하나만 예로 들어 보자. 예일대 심리학과의 롭 B. 러틀리지Robb B. Rutledge 교수 연구팀은 실험 참가자들이 소액의 돈을 딸 수 있는 의사결정 게임을 하기 전에 미리 자기가 벌 것이라 기대하는 액수를 정하도록 했다. 그 결과 참가자가 결국 딴 돈의 액수는 그들의 행복감에 영향을 미치지 않은 것으로 나타났다. 그보다는 처음 품었던 기대와 결과 사이의 차이가 행복감의 정도와 관련이 깊었다. 돈을 따리라는 기대가 전혀 없었던 사람은 아주 적은 돈이라도 얻게 되면 행복해했다.

기대에 관한 이 공식을 사랑하는 관계에 적용해 보면, 사랑을 할 때 보상에 대한 기대가 없을수록 행복감을 느낄 확률은 높아진다고 할 수 있겠다. 이는 관계에 대해 현실적인 기대를 갖는 것이 만족도를 높인다는 수많은 연구 결과와 궤를 같이한다. 그러나 기대치를 조정해야 한다는 것이 꼭 기대치를 낮춰야 한다는 의미는 아니다. 그보다는 내가 진정으로 원하거나 필요로 하는 것이 무엇인지, 나에게 없어도 될 것이 무엇인지 제대로 이해하지 못한 채 사회적 압박으로 품은 기대는 내려놓아야 한다는 의미이다.

기대를 내려놓을 때 중요한 것은 그 과정이 희생이 아니라 관대한 마음 혹은 관계에 대한 신뢰감을 바탕으로 이루어져야 한다는 사실이다. 그렇지 않으면 파트너를 위해 나에게 중요한 것을 포기한다고 느낄 확률이 높고, 결국은 억울함과 적의로 발전해 큰 문제를 일으킬 수 있다. 네덜란드의 흥미로운 연구에 따르면 커플들은 파트너가 자기를 위해 희생할 때 크게 고마워하지만, 그런 희생을 기대하기 시작하면 감사하는 마음도 적어질 뿐 아니라 상대의 희생을 이전만큼 긍정적으로 보지 않는다고 한다. 이 연구 결과는 내가 오래도록 주장해 온 '기대하는 마음이 감사하는 마음을 죽인다'는 이론을 뒷받침해 준다.

파트너가 도움을 주고 지지해 주며 희생해 줄 것을 어느 정도 기대하는 마음은 누구에게나 있는 자연스러운 성향이다. 그러나 우리의 두뇌는 놀랍게도 이런 성향을 조절하는 신경과학적 회로로 연결되어 있고, 그래야 할 것 같은 상황이 되면 의도적으로 파트너에 대한 기대를 덜 하고, 받은 것보다 더 주도록 진화했다. 파트너와 로맨틱한 저녁 식사를 할 계획이었지만, 파트너가 하루 종일 쉴 새 없이 줌 회의를 한 끝에 거의 뇌사 지경에 이를 정도로 피곤해 한다면 자신에게 무엇이 중요한지 물어야 한다. 그날 저녁 시간이 어떻게 전개되어야 할지에 대한 기대가 빼곡히 적힌 각본을 고수할 것인지, 파트너와 자신을 위해 그 기대를 내려놓을 것인지 말이다. 일찍 잠자리에 들어 따뜻한 이불 속에서 서로의 품에 안겨 포근한 밤을 보내거나 뒷마당에 편하게 앉아 별을 바라보며 시간을 보내는 것이 처음의 복잡한 계획보다 더 낭만적일 수도 있다.

기대는 커플 간의 관계를 복잡하게 만드는 데서 그치

지 않고 누군가와 처음 인연을 맺는 단계부터 방해 요소로 작동할 수 있다. 그야말로 천생연분인 상대를 만났는데 머릿속으로 그려 온 결혼 상대와 다르게 생겨서 알아보지 못했다면? 혹은 그 반대의 경우도 있을 수 있다. 조건만 보면 꿈에 그리던 파트너의 자격을 모두 갖춰서 완벽한 상대라는 생각에 사로잡혀 건강하지 못하거나 가학적인 관계에서 벗어나지 못한다면? 어떤 사람들은 완벽한 파트너를 찾기 위해 비상한 노력을 기울이기도 한다. 린다 울프라는 인도 여성이 그 한 예이다. 그녀는 23차례 결혼을 해서 기네스북에 올랐지만 자신에게 맞는 최고의 상대를 만나는데는 실패했다. 2009년 세상을 떠나기 직전까지도 그녀는 24번째 남편감이 나타나 평생의 꿈을 이루어 줄 것이라는 희망을 버리지 못했다.

이러한 꿈, 희망, 기대, 그리고 우리가 미래를 그리며 쓴 각본들은 모두 우리 마음속에서 반복적으로 맴돌면서 (부분적으로) 전전두피질에서 관리된다. 많은 신경과학자들은 수십 년 동안 신비로운 영역으로 간주되던 전전두피질이 우리를 가장 인간답게 만드는 곳이라고 여긴다. 대뇌피질 바로 앞에 자리한 전전두피질에는 진화적으로 가장 최근에 발달한 하드웨어가 들어 있다. 크기가 크고, 주변의 두뇌 영역과 매우 다양하고 폭넓게 연결되어 있어서 광범위한 정신 기능에 큰 역할을 하는데, 의사결정, 언어, 작업 기억, 주의력, 규칙 학습, 계획, 감정 조절 등이 그 몇 가지 예이다.

앞에서 나는 이 부위가 우리에게 무엇을 해야 하고, 무엇을 하지 말아야 할지를 알려 주는 두뇌의 '부모'라고 묘사했다. 전전두피질에서 벌어지는 현상은 프로이트가 '초자아'라고 명명한 개념에 가장 가깝다. 옳은 것과 그른 것을 구분하고, 충동을 제어하거나 억누르고, 암담한 상황에서도 긍정적인 면을 찾게 하며, 장기적으로 유리하거나 개인의 이득을 초월하는 대의에 도움이 될 경우 어려운 결정을 내리고 섣부른 욕구 충족을 늦출 수 있게 하는 역할을 한다.

인간의 전전두피질은 25세가 될 때까지 완전히 성숙하지 않는다는 사실은 잘 알려져 있지 않다. 나중에 돌아보면 이해할 수 없는 무모한 행동들을 18살에는 하는 이유가 바로 이 때문일 수도 있다. 맥주통 위에서 물구나무를 선 채 맥주를 들이킨다든지 혀에 피어싱을 한다든지 하는 행동을 10년 후라면 절대 하지 않았을 사람이 많을 것이다. 실용적이고 책임감 있는 성인이 되기 위해 전전두피질이 필요하기는 하지만, 가끔은 어린 시절의 자기 모습을 되찾고 싶고, 자기가 한 행동을 너무 미리 염려하지 않고 미래보다 현재에 좀 더 집중하고 싶을 때가 있다. 나는 프랑스의 시인 샤를 보들레르Charles Baudelaire가 내린 천재의 정의를 자주 떠올리곤 한다. 그는 천재란 '임의로 어린 시절을 소환할 수 있는 사람'이라고 말했다.

너무도 마음에 드는 말이자 맞는 말이다. 순간에 집중해서 현재를 충분히 즐길 때는 어린아이처럼 기쁨이 넘치는 호기심과 경외감으로 세상을 바라보게 된다. 그렇다고 해서 충동적으로 행동해도 된다는 의미는 아니다. 전전두피질을 완전히 차단하는 것은 누구에게도 바람직하지 않다. 그렇게 하는 것은 큰 실수일뿐더러 재난을 가져올 수도 있다.

전전두피질의 스위치를 꺼 버리면 우리는 대부분 충동에 따라 행동하게 될 것이다. 감정의 고삐를 놓쳐서 감정 조절 능력을 상실하게 되고, 심리적 고통을 감당하는 것도 어려워지며, 미래를 위해 계획했던 일들을 수행하지도 못하게 될 것이다. 새로운 것을 발견하고 배우고 싶어 눈을 반짝이는 아이처럼 세상을 보는 대신 전전두피질의 앞부분(안와전두피질이라고 부르는 영역)에 병변, 종양이 생겼거나 이 영역에 영향을 미치는 질병에 걸린 환자처럼 행동하게 될 것이다. 이들은 충동을 억제하는 능력이 부족하고 개인적·직업적 책임을 완수하는 데 어려움을 겪으며, 사회 생활을 하면서 온갖 종류의 실수와 무례를 범하는 증상을 보인다.

전두골 장애 환자의 성격 변화를 잘 보여 주는 유명한 사례가 있다. 1848년, 미국 뉴햄프셔 지방에서 철도 작업원으로 일하던 25세의 피니어스 게이지Phineas Gage는 폭파 작업을 하던 중 쇠막대기가 머리의 왼쪽 부분을 관통하는 끔찍한 부상을 입었다. 기적적으로 목숨은 건졌지만 그는 완전히 다른 사람이 되고 말았다. 그의 안와전두피질 왼쪽이 완전히 파괴되었고, 그와 함께 상식적인 예절도 모두 사라져 버렸다고 게이지를 치료한 의사 존 마틴 할로우John Martyn Harlow는 후에 쓴 논문에서 밝혔다. 게이지는 근면하고 예의 바르며 '계획한 일들을 매우 정열적이고 끈기 있게 실천하던' 사람에서 '난감할 정도로 고집이 세고 불손하며' 변덕스러운 사람으로 변했다. 그의 변화는 너무도 극적이어서 그의 친구들은 그가 '더는 게이지가 아니'라고 여길 지경이었다.

더 최근에 발표된 사례 연구를 보면 전전두피질이 우리의 사회성에 얼마나 핵심적인 영향을 미치는지 알 수 있다. 프랑스 신경과 의사 프랑소아 레르미트François Lhermitte는 1980년대에 전두엽에 커다란 종양이 있는 환자를 치료했다. 그 환자는 레르미트를 정처 없이 따라다니면서 그가 들고 있는 물건들을 이유 없이 낚아채 가고, 그의 행동을 계속 흉내 내면서도 자신이 이상한 행동을 하고 있다는 것을 전혀 인식하지 못했다. 이와 비슷한 사례로 미국의 신경과 의사이자 신경과학자인 봅 나이트Bob Knight 박사는 전전두피질에 손상을 입은 환자들에게 다음과 같은 이야기를 읽어 주고 무례한 실수를 알아차리는지 관찰했다.

앤은 지네트에게 결혼 선물로 크리스털 그릇을 받았

다. 하지만 성대히 열린 결혼식에 참석한 사람들이 가져온 선물이 너무 많아 누가 무엇을 가져왔는지도 기억하기가 힘들 정도였다. 약 1년이 흐르고 지네트는 앤의 집에 저녁 초대를 받았다. 지네트가 실수로 크리스털 그릇에 포도주 병을 떨어뜨렸고, 그릇은 산산조각이 났다.

"미안해, 그릇이 깨져 버렸네." 지네트가 말했다.

"괜찮아," 앤이 말했다. "누가 결혼 선물로 줬는데 어차피 좋아하지도 않는 그릇이었어."

사람들은 대부분 이 어색한 상황을 너무도 분명히 알아차린다. 그러나 전전두피질에 손상을 입은 나이트 박사의 환자들은 앤이 무감각하게 내뱉은 말이 실례라는 것을 전혀 알아차리지 못했다.

사람들이 사회성을 발휘하는 데 전전두피질이 매우 중요한 역할을 하기는 하지만 우리는 가끔 그 영역의 영향을 과도하게 받기도 한다. 전전두피질의 변화는 지나친 반추나 부정적 사고의 반복, 자기 중심적 사고, 심지어 강박신경장애 등과도 관련이 있다는 연구들이 나와 있다. 이 영역이 과도하게 질주하면 바람직하지 못한 상황이 야기된다. 융통성이 없어지고, 중요하지 않은 세부 사항에 집착을 보이고 걱정이 되서 거의 아플 지경이 되며, 같은 생각을 머릿속에서 끊임없이 반복하고 반복하고 또 반복한다. 그럴 때면 우리는 미리 계획한 각본에서 벗어나지 않고 어떤 일이 벌어질지 미리 예측하고 완벽한 계획을 세우는 데 너무 많은 에너지를 낭비한다.

전전두피질의 주도로 지나치게 생각에 몰두하면 창의성을 발휘하는 데 장애물이 된다. 신경과학자들은 전전두엽의 일부를 마비시켜 이 영역의 영향력을 줄이면(경두개자기자극법transcranial magnetic stimulation이라고 하는 비침습성 기술을 사용한다) 인지 능력이 향상돼서 문제나 퍼즐 해결 능력이 향상되고, 틀에서 벗어난 독창적인 사고를 더 잘하는 경향을 보인다는 연구 결과를 발표하고 있다. 하지만 훈련을 통해서도 이와 비슷한 결과를 얻을 수 있다. 직장에서 봉착한 문제를 창의적인 방법으로 해결하는 일이 될 수도 있고, 과학 학회를 즉석 결혼 파티로 만드는 일이 될 수도 있다. 전전두피질이 적절하게 제어될 때 우리는 더 창의적일 뿐 아니라 기분도 더 좋아진다. 연구에 따르면 너무 심한 반추를 하지 않을수록 삶의 전반적인 만족감과 행복감에 대한 주관적 점수가 높아진다.

그렇다면 균형 잡힌 전전두피질의 활동을 어떻게 유지할 수 있는지가 관건이다. 이 영역의 유용한 측면, 다시 말해 계획하고, 절약하고, 건강하지 못하거나 해로운 성향을 제어하는 기능을 십분 활용하면서도 우리 삶을 너무 강하게 장악해서 심한 반추나 불안 등의 문제를 일으키는 상황을 피하려면 어떻게 해야 할까? 다시 말해 어떻게 하면 미리 짜인 각본에서 벗어날 수 있을까? 다른 사람이 모두 누리는 좋은 기회를 놓칠까 봐 안절부절하는 포모 증후군FOMO, Fear Of Missing Out을 거부하고, 기회를 내려놓는 데서 오는 즐거움을 느낄 줄 아는 조모 증후군JOMO, Joy Of Missing Out을 선택할 수 있는 방법이 있을까?

부정적인 생각에 치우치는 경향을 고치기 위해 가장 널리 쓰이는 방법은 명상과 마음챙김 훈련이다. 최근 몇 년 사이에 이 방법들의 효용성이 과학적으로 입증되고 있다. 미국인 신경과학자 리처드 데이비슨Richard Davidson과 프랑스인 불교 승려 마티유 리카르Matthieu Ricard는 명상과 마음챙김에 관한 우리 사회의 태도에 변화를 불러일으킨 대표적인 사람들이다. 데이비슨은 마음과 몸 사이의 상호작용에 관한 대가이자 전전두피질의 고삐를 적절히 조절하는 분야의 권위자이고, 리카르는 고독에서 경이로움을 찾고 자기 성찰에서 힘을 발견하는 방면의 대가이다. 두 사람은 달라이 라마와 우정을 나누면서 협력했다. 데이비슨과 리카르는 데이비슨이 소속된 위스콘신 대학 메디슨 캠퍼스에 있는 실험실을 비롯한 전 세계 실험실에서 진행한 일련의 엄격한 실험에서 EEG와 fMRI를 사용해서 티벳 불교 승려들과 명상을 수행하는 사람들의 두뇌를 연구했다. 그 결과 고도의 수련을 한 사람들(평생에 걸쳐 평균 9,000시간 이상)은 부정적 사고 과정을 제어하고 모든 감정을 비판 없이 수용하며, 전전두피질을 비롯한 다양한 두

뇌 영역이 활성화되는 것을 조절하는 능력이 있는 것으로 드러났다. 데이비슨 교수는 전전두피질이 "감정을 조절하기 위한 열쇠가 되는 영역이라는 사실에는 의심의 여지가 없다. 이 영역은 생각과 감정이 모두 만나는 곳이다"라고 명쾌하게 설명한다.

하지만 오랜 시간에 걸쳐 훈련한 저명한 승려들만 이러한 혜택을 누릴 수 있는 것은 아니다. 1999년, 데이비슨과 그의 동료들은 바이오테크 기업의 CEO에게 한 가지 제안을 했다. 직원들에게 마음챙김 명상을 가르친 후, 그것이 몸과 마음의 건강에 어떤 영향을 미치는지 평가해 보겠다는 것이었다. 48명의 직원이 무비판적 순간 인지 훈련에 참여했다. 마음챙김에 근거한 스트레스 완화, 줄여서 MBSR Mindfulness-Based Stress Reduction로 알려진 기법이었다. 참가자들은 두 달간 매주 2시간 반씩 훈련에 참여했다. 연구팀은 훈련 기간 전후로 이들의 뇌파를 (전전두피질에 초점을 맞춰서) 측정했다. 8주가 지난 후 나타난 결과는 반론의 여지가 없었다. 비교집단에 비해 MBSR 훈련을 한 참가자들은 불안 증상이 12퍼센트 감소하고, 전전두피질의 활성화 부위가 오른쪽에서 왼쪽으로 이동했다. 흥미롭게도 뇌의 우반구에 있는 전전두피질은 부정적 감정을 처리하는 경향이 있고 좌반구 전전두피질은 긍정적 감정에 특화되어 있다. 마음챙김 훈련이 효과가 있음을 시사하는 결과였다.

요즘은 수많은 앱과 행동 치료법이 소개되어 이를 통해 반추를 너무 많이 하는 사람들도 명상가가 될 수 있고 몸과 마음의 건강뿐 아니라 두뇌 기능에 대한 새로운 통찰력을 가지는 데 도움을 받을 수 있다. 훈련을 거듭하다 보면 충동을 억제하고 부정적인 과거나 미래의 사건들에 강박적으로 주의를 기울이지 않을 수 있는 방법을 배워서 전전두피질을 좀 더 평화로운 영역으로 만들 수 있을 것이다. 명상과 마음챙김 기법을 따르는 사람들은 현재의 순간에 집중함으로써 필요하지도 않고 원치도 않는 부정적인 생각을 글자 그대로 마음에서 지우고, 그 자리를 더 긍정적이고 건설적인 생각으로 채울 수 있다는 것을 깨닫는다.

마지막으로 자연환경 또한 과도하게 심사숙고하는 성향을 억제하고 전전두피질의 활동을 제어하는 데 강력한 효과를 발휘하는 것으로 나타났다. 예를 들어 2015년에 발표된 스탠포드 대학 연구 결과에 따르면 자연 속에서 90분 동안 산책을 한 참가자들은 전전두피질에서 과도한 반추를 하도록 만드는 영역의 신경 활동이 줄어드는 반응을 보였다. 자연에 몰입하거나 의도적으로 마음가짐을 변화시킴으로써 당신은 그때까지 계획하고 상상했던 것보다 훨씬 더 풍부하고 깊고 의미 있는 경험으로 향하는 문을 열어젖힐 수 있게 된다.

냉엄한 진실

상하이에서 처음 이야기를 나눈 그날 밤 이후 존과 나는 점점 더 깊이 사랑에 빠져들었지만 얼마 못 가 너무나 많은 생각들이 우리 사이에 끼어들었다. 우리 두 사람을 가르는 커다란 생물학적 요인이 하나 있었다. 바로 나이였다. 존은 60세, 나는 37세였다. 존은 자기보다 훨씬 어린 여자와 결혼하는 것이 좋은 생각인지 걱정했다. 그가 남의 시선을 걱정하는 것은 아니었다. 존에게는 '적절한 관계'에 대한 각본에 따라 남을 평가하는 사람들의 의견은 별로 중요하지 않았다. 자신의 안위를 걱정하는 것도 전혀 아니었다. 그가 걱정하는 것은 바로 나였다.

그에게 무슨 일이라도 생기면 나는 혼자가 될 것이다. 존의 관점에서 그보다 더 나쁜 것은 내가 외로워질 것이라는 사실이었다. 외로움이 건강한 두뇌에 어떤 해를 끼칠 수 있는지를 세상에서 가장 잘 이해하는 사람이 바로 존이었다. 우리가 결혼을 하면 아마도 내가 60번째 생일을 맞을 즈음에는 존은 이 세상 사람이 아닐 확률이 높다.

"언제부터 이렇게 어둠의 마왕이 됐어요?" 내가 물었다.

그는 미소를 지었지만 이내 눈빛이 사뭇 심각해졌다. 우리는 어디였는지 정확히 기억도 나지 않는 독일의 어느 도시에 있는 작은 식당에 앉아 있었다. 망망대해를 사이에 둔 장거리 연애가 늘 화려한 제트족jet set(여행을 많이 다니는 부자들-옮긴이)처럼 느껴지지 않을 때도 있었다. 가끔 너무도 지치고 피곤했다. 파리에서의 일이 있기 몇 달 전이었다. 존은 나를 보러 비행기 두 번, 기차 한 번을 타고 왔지만 우리가 같이 보낼 수 있는 시간은 단 하루 저녁뿐이었다. 시작은 너무나 행복하고 아름다웠다. 우리는 이방의 도시를 정처 없이 걸으며 마르지 않는 샘물 같은 대화를 즐겼다. 특별한 계획이 없는 낭만적이고 즉흥적인 데이트였다. 하지만 저녁 식사를 위해 자리에 앉으면서부터 화제는 그때 그 순간이라는 현재에서 떨쳐 낼 수 없는 위협의 색채를 띤 미래로 바뀌었다.

"우리는 서로 사랑하고 있긴 하지만 아직 약속한 사이는 아니에요." 존이 말했다. "아직 발을 담근 건 아니죠. 연구를 했으니 배우자가 떠난 뒤에 남겨진 사람들이 견뎌야 하는 외로움이 뭔지 난 잘 알아요. 그런 외로움 속에서 당신이 수십 년을 살아야 할지도 모른다니⋯ 당신을 그런 처지로 만들 수는 없어요."

나는 고집이 세다. 그에게 그런 말은 하지 말라고 했다. 나이 같은 사소한 문제가 우리 사랑을 좌지우지하게 둘 수 없다고 말했다. 게다가 존은 엄청나게 건강했다. 나와 함께면 너무도 행복해했고, 나도 그와 함께면 더할 나위 없이 행복하기만 했다. 우리 두 사람은 잘 맞는 한 쌍이었다. 서로에게 눈 깜짝할 사이에 휘말려 버린 후라 어떤 외부적인 요인이 우리 사랑을 제약한다는 것이 내게는 너무나도 부자연스러운 침해처럼 느껴졌다. 돌이켜 보면, 그와 나의 나이뿐 아니라 각자의 전문 분야 또한 이러한 입장 차이에 영향을 주었다는 생각을 떨칠 수가 없다. 나는 기쁜 사랑의 위력을 주장했고, 그는 파괴적인 외로움의 위력을 주장했다.

우리는 일주일 동안 시간을 갖기로 했다. 전화도 스카이프도 하지 않고, 감정적 거리를 유지하기로 결정한 것이다. 나는 친구와 함께 프랑스 남부에서 동굴 탐사를 했고, 그는 페루로 휴가를 떠났다. 우리는 둘 다 서로가 너무 그리워 숨도 쉴 수 없다는 사실을 잊으려 애쓰면서 즐거운 시늉을 하며 여행했다. 일주일이 지나고, 그가 자기 왼손 사진을 찍어서 내게 보냈다. 왼손 약지에 은반지를 끼고 있는 사진이었다. "난 당신 거예요"라는 메시지와 함께.

결혼 훼방꾼들

"자켓을 입고 결혼을 해도 되는 건가?" 나는 이 세상에 단 하나뿐일 나의 특별한 화이트 드레스를 찾아 파리 리브고쉬 지역의 부티크숍들을 이잡듯 뒤지면서 혼잣말을 했다. 내가 그러고 있는 동안 존이 초대받은 학회 참석자 전원이 우리 결혼식 관계자로 변신하고 있었다. 너무 갑작스러운 일이라 장소를 대여할 수가 없었기 때문에 묵고 있던 호텔 근처에 있는 뤽상부르 공원 한켠에서 게릴라식으로 식을 올리기로 했다. 존은 컬럼비아 대학 공중보건 의학 교수이자 거대 보험회사 애트나의 전 CEO인 잭 로우 박사에게 신부 입장 때 나와 함께 걸어 들어가는 신부 아버지 역할을 대신해 달라고 부탁했다.

"신부를 만난 적도 없는데요!" 잭이 말했다.

로라가 혼례를 집행하기로 했고, 펜실베이니아 주립대학 사회학과의 프랭크 퍼스틴버그가 아이패드로 무장을 하고 결혼식 사진사가 되어 주었다. 호텔 셰프는 단 몇 시간 전에 부탁했음에도 마술사처럼 웨딩케이크를 만들어 주었다. 참석한 사람들 중 경제학자 한 명은 우리가 제대로 계획해서 파리에서 결혼식을 올렸다면 비용이 얼마나 들었을지 계산조차 할 수 없다고 했다. "이렇게 해서 얼마나 돈을 많이 아꼈는지 아세요?" 솔직히 말해서 그 순간 돈 생각은 우리 머릿속에 들어올 틈이 없었다.

존과 사랑으로 하나가 되어 그 자리에 서서 주변을 둘러봤다. 그중 많은 수가 이제 막 만난 사람들이었다. 모든 이의 얼굴이 미소로 빛나고 있었다. 결혼식에 참석하게 될 것이라고 기대한 사람은 아무도 없었지만 각각 그 순간에 자신의 역할을 해냈고, 모두 특별한 무언가에 참여한다는 느낌으로 충만한 자리였다.

로라가 주례사를 끝마치고 혼인 서약을 하려던 때 어디선가 프랑스어로 "아통시옹*Attention*!" 하고 외치는 소리가 들렸다. 우리가 공원 사용 규칙을 위반했다는 사실을 알리러 온 경찰관들이었다. 잔디밭을 밟는 것은 엄격하게 금지였다. 내가 웨딩 부케를 손에 들고 존과 팔짱을 낀 채 어색하게 서 있는 동안 결혼식 참석자 중 프랑스어를 할 줄 아는 사람이 식을 마칠 수 있게 해달라고 경찰관들에게 사정을 했다.

"인간적으로 그러지 맙시다!" 지나가던 관광객이 외쳤다. "다른 곳도 아니고 파리인데!"

두 경찰관이 어떻게 할지 상의하는 시간이 영원 같았다. 심사숙고 끝에 경찰관들은 혼인 서약이 끝나면 해산하는 조건으로 식을 빨리 진행해도 된다고 허락해 주었다. 하지만 잔디밭에서는 즉시 나와야 했다. 그래서 정교한 군무를 추기라도 하듯 신랑, 신부, 주례, 하객들이 모두 완벽하게 한 몸이 되어 잔디밭 주변으로 둘러진 우아한 철제 울타리를 넘어 자갈이 깔린 길 쪽으로 나왔다.

그리고 우리는 혼인 서약을 했다.

2주 후, 우리는 존이 상상했던 대로 시카고 시내에 있는 시청에서 점심 시간을 틈타 공식적으로 혼인 신고를 했다. 즉흥적이었던 파리의 결혼식과 시카고에서의 공식 혼인 신고 모두 내 인생의 가장 행복한 추억으로 남아 있다. 하지만 고백하자면 내 마음 깊은 곳에서는 파리의 즉흥 결혼식 날이 우리가 부부가 된 첫날처럼 느껴진다.

8.
함께하면 더 나아진다

함께라면 많은 것을 이룰 수 있다.

—헬렌 켈러

루벤 톨레도는 하바나, 이사벨은 시에라 마에스트라 출신이지만 두 사람은 뉴저지의 고등학교에서 만났다. 쿠바 이민 가정의 자녀였던 두 사람은 함께 예술을 할 꿈을 꿨다. 루벤은 이사벨의 비단 같은 검은 머리와 석고상 같은 피부를 처음 보는 순간 사랑에 빠졌다. 그러나 사근사근하고 유쾌하지만 약간 얼띠고 가느다란 콧수염에 원대한 꿈을 꾸는 루벤에게 이사벨이 친구 이상의 감정을 느끼기까지는 거의 10년이 걸렸다. 그 사이 두 사람은 뉴욕과 서로의 창의성을 함께 탐험하면서 상대가 새로운 방향으로 나아갈 수 있도록 격려하고 지원했다. 루벤은 그림을 잘 그렸고 이사벨은 바느질의 명수였으며, 두 사람 모두 춤을 잘 췄다. 디스코가 유행하던 1970년대 말 그들은 스튜디오 54(70년대 전설의 뉴욕 디스코 클럽-옮긴이)와 앤디 워홀 팩토리 사이를 오가며 친구들을 사귀었고, 그 친구들은 얼마 가지 않아 피오루치나 패트리샤 필드 같은 멋진 부티크숍에서 두 사람이 만든 옷을 팔기 시작했다.

루벤과 이사벨의 패션 사업이 성장하면서 두 사람을 둘러싼 신비로움도 커져 갔다. 이사벨은 루벤의 도움을 받아 가볍게 날아 오르는 연 같은 드레스들과 약간 언밸런스한 워크웨어를 디자인했고, 창의력이 풍부한 뉴욕의 젊은 여성들은 그 옷들을 제2의 피부처럼 좋아했다. 이사벨의 커리어가 절정에 달한 것은 2009년 미셸 오바마가 그의 옷—울레이스로 만든 반짝이는 금빛 갑옷 같은 원피스와 코트—을 남편의 대통령 취임식에 입고 갈 옷으로 선택한 순간이었다.

예술가 친구 한 명은 이사벨이 옷감이라면 루벤은 바늘이어서 두 사람이 그렇게 단단히 맺어진 관계가 아니었으면 그토록 아름다운 작품들을 만들어 낼 수 없었을 것이라고 말했다. 아내에 대한 루벤의 관심은 끝이 없는 듯했다. 아내의 초상화를 만 번은 그린 것 같다고 말한 적도 있다. 두 사람은 의사소통의 많은 부분이 말을 통하지 않고 이루어진다고 자주 암시했다. 이사벨이 마네킹에 옷감을 드리우고 종이에 몇 마디를 적어 놓으면 마술처럼 그 옆에 스케치가 나타나곤 했다. 두 사람을 잇는 그 신비로운 끈은 설명할 길이 없어서, 루벤과 이사벨은 은유를 사용해서 그것을 묘사할 때가 많았다. 이사벨은 남편을 자신의 수도 꼭지라고 불렀다. 아이디어가 그냥 쏟아져 나오기 때문이었다. 자신은 루벤이 그렇게 쏟아 낸 아이디어를 거르고, 선택하고, 채집하고, 개념을 부여하고, 느낌을 실현하는 사람이라고 묘사했다. 그녀는 자서전을 남편에게 헌정하면서 이렇게 고백했다. "내가 통제할 수는 없지만 가장 따뜻한 나의 일부, 루벤에게 이 책을 바칩니다. 루벤, 영원한 내 사랑."

유방암으로 2019년 59세를 일기로 숨을 거둔 후 열린 추도식은 그가 루벤과 나눈 사랑을 기념하는 장이 되었다. 흐느끼는 친구들로 가득 찬 추도식에서 루벤은 아내에게 보내는 이별의 글을 읽었다. "우리가 얼마나 서로 잘 맞았는지 누구보다도 당신이 제일 잘 알겠지요. 어디에도 맞지 않는 퍼즐 조각 두 개가 딱 들어맞아 마술처럼 영원히 하나가 되었습니다… 나는 세상의 모든 사물과 모든 사람을 잊을 수 없는 당신의 눈을 통해 봅니다." 두 사람의 사랑은 더는 두 사람만의 것이 아니라 모두가 공유하는 감정이었다. 그들을 아는 모든 사람들에게 감동을 주는 사랑의 기념비였다.

사랑의 특혜

    톨레도 부부는 사랑으로 인해 단지 두 사람의 합보다 더 큰 무엇인가가 되는 듯한 느낌을 갖게 되는 수많은 예 중 하나에 불과하다. 또 다른 강력한 예는 과학계의 파워 커플 마리 퀴리와 피에르 퀴리이다. 두 사람은 젊고 가난한 화학과 학생이었을 때 파리 소르본느 대학의 실험실에서 처음 만났다. 마치 전자쌍을 나눠 가져 뗄 수 없는 결합을 한 공유결합 화합물처럼, 퀴리 부부는 충실하고 풍성한 삶을 함께 쌓아 올렸고, 피에르의 말을 빌리자면 함께 키워 가는 '과학자로서의 꿈'에 홀린 듯 살았다.

    마리와 피에르 두 사람 모두 상대가 없었으면 그토록 많은 성취를 이루어 낼 수 없었을 것이라는 점을 잘 알고 있었다. 1906년, 비극적인 마차 사고로 피에르가 세상을 떠난 후 마리는 두 사람의 열정을 혼자서라도 계속 추구해 나가는 것 말고는 앞으로 한발짝도 나아갈 수가 없다고 느꼈다. 그녀는 1911년 두 번째 노벨상을 수상했고, 죽을 때까지 재혼하지 않았다.

    내가 특별하다 생각한 것은 파트너와 같은 분야에서 일하거나 같은 종류의 열정을 공유하지 않아도 톨레도 부부나 퀴리 부부처럼 공생적인 관계에서 오는 지적인 혜택을 모두 누릴 수 있다는 점이다. 완전히 다른 일을 하는 커플들조차도 파트너 덕분에 더 빨리 사고하고, 더 창의적이 되는 등 사랑이 뭔가 더 나은 자신을 만들어 준다고 고백한다. 내 연구에 따르면 이 현상은 느낌에 그치지 않는다. 사랑하는 파트너가 있는 사람들은 그런 식의 열정적 유대 관계를 맺고 있지 않은 사람들에게서는 찾을 수 없는 다양한 인지적 혜택을 누린다는 사실을 측정할 수 있었다.

'러브 머신' 실험을 통해 우리는 이미 사랑하는 사람을 생각하는 것만으로도 (심지어 잠재의식에서 생각하는 것만으로도) 읽는 속도가 향상된다는 것을 확인했다. 다른 많은 연구에서도 사랑은 예상치 못한 면에서 정신 능력의 향상에 도움이 된다는 사실이 증명되었다. 사랑은 창의력을 북돋고, 혁신으로 이어지는 브레인스토밍 과정이나 동기 부여적 자극을 촉진하며, 사랑 호르몬이라고 불리는 옥시토신이 창의적 활동을 향상시킨다는 증거가 속속 나오고 있다. 또한 사랑의 감정을 샘솟게 하면(예를 들어 실험 참가자들에게 사랑하는 사람과 한가하게 산책하는 것을 상상하라고 요청) 파트너와의 관계와 전혀 상관이 없는 지적 문제도 더 잘 처리했다. 이전의 연구에서도 사랑에 빠진 정도가 깊을수록 자신을 창의적인 사람이라 생각하는 정도가 더 강해진다는 사실이 밝혀졌다.

이런 연구들은 사랑의 아름다운 효과를 증명하는 좋은 연구들이다. 하지만 나는 사랑이 어떤 작용을 하는지, 그리고 사랑이 왜 사람을 한데 모으는지와 같은 사랑의 본질이나 진화 방식에 대해 좀 더 알고 싶었다. 특히 사랑으로 인해 우리가 사회 생활을 하는 데 도움이 되는 기술로, 심리학자들이 사회인지성이라고 부르는 능력이 향상되는 지에 관심이 있었다. 그것을 밝혀내면 사랑이 인간이라는 생물종을 번식시키고 자손에 대한 부모의 지원을 확보하는 기능 말고도 다른 역할을 하는지 이해하는 데 도움이 될 것이라 생각했다.

이 질문에 대한 답을 찾는 여정의 시작으로 나는 사람들이 사랑하는 파트너의 행동과 전혀 모르는 타인의 행동을 예측할 때 어떤 차이를 보이는지를 비교하는 일련의 실험을 수행했다. 이전에 진행했던 거울 신경계에 관한 연구에서 테니스 선수들은 경기에서 상대방이 서브를 넣은 공이 어디로 떨어질지 예측할 때 상대와의 심리적 연결을 이용한다는 사실을 밝혔다. 이제 나는 사랑하는 커플의 심리적 연결이 서로의 행동을 예측하는 데 도움이 되는지를 알고 싶었다.

예상대로 사람들은 전혀 모르는 이보다 사랑하는 사람의 의도를 훨씬 더 잘 읽어 냈다. 뿐만 아니라 사랑이 깊을수록 예측은 더 빠르고 정확해졌다. 이런 능력은 루벤과 이사벨, 우리 부모님 등이 입도 뻥긋하지 않고 의사소통을 하는 것이 어떻게 가능했는지를 부분적으로나마 이해할수 있게 해 준다. 존과 나도 마찬가지였다.

하지만 나는 이런 현상이 정말로 사랑 덕분인지, 아니면 그냥 단순히 누군가를 아주 잘 안다는 익숙함 때문인지 궁금했다. 따지고 보면 사랑하는 관계를 유지하는 사람이라면 파트너가 같은 표정을 짓고 같은 행동을 하는 것을 수천 번 지켜봐 왔을 것이기 때문이다. 이런 축적된 경험으로 인해 사랑에 빠진 사람들이 그런 특혜를 누릴 수 있었던 게 아닐까? 그 질문에 대한 답을 찾기 위해 나는 연구에 참가한 사람에게 전혀 모르는 사람의 행동을 수십 번 보여 주고 익숙해지도록 했다. 하지만 그런 노출은 상대가 무슨 행동을 할지 예측하는 능력에 영향을 미치지 못했다. 즉, 사랑에 빠진 사람들이 누리는 특혜는 익숙함이 아니라 사랑 덕분이었다는 것이 증명되었다.

여기까지 알고 나자 사랑이 주는 인지적 혜택과 동일한 효과를 다른 사회적 관계에서도 거둘 수 있을까 하는 의문이 꼬리를 물었다. 사랑은 서로 사랑하는 두 사람 사이의 상호 작용만을 돕는 것일까, 아니면 다른 사람의 감정과 의도를 이해하는 과정, 즉 심리학자들이 '정신화men-talizing'라고 부르는 능력도 향상시킬 수 있을까?

옥스퍼드 대학의 로빈 던바와 라파엘 블로다르스키Rafael Wlodarski 연구팀은 연구 참가자들에게 사랑하는 사람을 떠올리게 하면 그냥 친한 친구를 떠올리게 하는 것보다 처음 보는 사람의 정신 상태를 평가하는 데 있어서 더 탁월한 능력을 보인다는 결과를 얻은 매우 흥미로운 실험을 했다.

재미있는 점은 이전 연구에서는 여성들이 타인의 감

정을 더 잘 읽고 공감도 더 잘한다는 결과를 보여 주었지만 옥스퍼드 대학 연구팀의 실험에서는 사랑하는 파트너를 머릿속에 떠올린 상태에서는 남성들이 여성들을 훨씬 능가했고, 특히 부정적 감정을 감지하고 평가하는 데 뛰어난 능력을 보였다. 진화론적 맥락에서 이러한 민감성은 우리의 조상이 파트너를 보호하고, 관계에 대한 외부적 위협을 감지하는 데 도움이 되었을지 모른다.

적절한 접근법

사랑에 빠진 커플들은 상대를 자신의 소울메이트, 즉 영혼의 동반자 또는 '더 나은 자신의 반쪽'이라고 부르곤 한다. '나' 대신 '우리'라는 대명사를 많이 쓰고, 매우 가까이 서서 무의식적으로 팔짱을 끼거나 손을 잡는다. 마치 하나의 단위가 되는 것이 세상에서 가장 자연스러운 일인 것처럼. 깊고 열정적으로 사랑에 빠진 커플에게는 다른 사회적 관계에서 일반적으로 통용되는 주고받는 관계가 성립되지 않는다. 파트너의 성취를 자신의 것인 양 함께 경험하고, 파트너의 실패와 상실을 자신에게 벌어진 일처럼 느낀다. 관계에 궁극적으로 보탬이 된다면 그 혜택이 파트너에게만 돌아가는 것일지라도 소중한 것을 포기하거나 불편을 감수하는 것을 전혀 마다하지 않는다.

이것은 공감력 이상의 감정이다. 심리학자들은 이 현상을 자기 확장이라고 부른다. 부부 사회심리학자인 아서 아론Arthur Aron과 일레인 아론Elaine Aron이 개발한 자기 확장 이론은, 서로 맞물린 두 개의 인간 본성을 기본으로 가정한다. 첫째, 사람들은 자신을 확장하고자 하는 본능적 욕구가 있어서 호기심이 생기면 알아보고, 능력을 연마하며, 새로운 기회를 탐험하는 방법으로 이 욕구를 충족하려 한다. 둘째, 이 욕구를 충족하는 가장 대표적인 방법은 낭만적 관계를 통해 자아의 개념(나)을 타인을 포함시키는 (우리) 것으로 확장하는 것이다.

자기 확장은 타인의 정체성을 자기 것인 양 경험할 수 있는 기회가 된다. 저명한 심리학자 바버라 프레드릭슨은 사랑을 통해 이를 경험한 커플들은 "자신과 자신이 아닌 것, 자기 몸 안과 밖의 경계가 느슨해지고 투과성이 높아진다"고 말한다. 그녀는 이 과정을 "자신보다 훨씬 더 큰 무언가의 일부가 된 느낌을 주는 초월적 경험"이라고 묘사한다. 알버트 아인슈타인은 첫 번째 부인인 세르비아 출신 수학자 밀레바 마리치Mileva Maric와의 관계에서 비슷한 경험을 했다. 그의 자아감은 아내의 자아감과 너무도 단단히 얽혀 있어서, 무슨 이유에서든 함께할 수 없는 상황이 되면 아인슈타인은 자아감의 혼란을 겪는 듯했다. "당신과 함께 있지 않을 때는 내가 완전하지 않은 느낌이 들어요." 그는 아내에게 그렇게 편지를 썼다. "앉아 있을 때는 걷고 싶고, 걸으러 나가면 집에 가고 싶소. 쉴 때는 일하고 싶어지고, 연구를 할 때는 차분히 집중할 수가 없어요. 그러다 잠자리에 들면 만족스럽게 보내지 못한 하루를 후회하곤 해요."

자기 확장 충동은 사람들이 자신이 가졌으면 하는 특성들, 다시 말해 '이상적인 자아'를 이루는 특성을 가진 잠재적 파트너에게 특히 끌리는 현상을 설명할 수 있다. 이런 형태의 사고, 다시 밀해 A(관세)가 B(자아)를 대변 혹은 묘사하는 것은 본질적으로 은유적이다. 그리고 은유는 각회라 부르는 사랑 네트워크의 인지 영역이 담당하는 기능이다.

기억하겠지만 각회는 '사랑의 네트워크'를 이루는 뇌 영역 중 드물게 피질 부분에 자리하고 있다. 감정을 담당하는 피질 하부의 원시적인 뇌 영역보다 훨씬 더 위쪽에 위치해 있다는 의미이다. 귀 바로 뒤쪽 두정엽에 있는 작은 삼각형 모양의 각회는 나뿐 아니라 다른 신경과학자들도 큰 관심을 보이는 부위지만 여전히 그 기능이 잘 알려지지 않아 수수께끼 같은 영역이다. 이 부위가 기쁨이나 놀람 등 다른 긍정적인 감정에는 전혀 반응하지 않는 데 반해 사랑에는 이토록 강한 반응을 보인다는 사실은 매우 흥미롭다.

각회에 손상을 입은 환자들은 단어를 사용하고 이해하거나 기초적인 셈을 하는 능력이 상실된 경우가 많다.

한편 내가 스위스에서 일할 때 진행했던 실험 참가자들을 포함한 일부 환자들은 전기로 이 부위를 자극하자 유체 이탈을 경험했다고 보고했다. 우리는 이미 각회가 고등 유인원과 인간에게만 있다는 사실을 알고 있는데, 이는 진화적으로 더 최근에 생긴 두뇌 영역임을 의미한다. 이에 더해 일부 사람들에게서는 창의적인 사고를 할 때나 예상치 못한 연상을 할 때, 혹은 새로운 방식으로 문제 해결을 시도할 때 각회가 활성화되었다.

나는 연구를 통해 사랑에 빠진 사람이 자신과 파트너의 자아가 겹치는 부분이 더 크다고 생각하면 할수록 각회가 더 많이 활성화된다는 것을 발견했다. 이 영역이 우리가 은유적 개념을 이해하고 활용하는 것을 도울 뿐 아니라 언어의 다른 면(공간 주의, 숫자, 자아상과 같은 자전적 데이터 처리에 더해서)에도 영향을 미친다는 사실 또한 매우 흥미로운 연구로 이어질 수 있는 잠재력을 지니고 있다. 따라서 사랑에 빠진 사람들은 열정적인 사랑에서 '벗어난' 상태이거나 파트너와 친구 같은 관계를 유지하고 있다고 답한 비교집단에 비해 읽기 테스트나 창의력 혹은 정신화 기술을 측정하는 작업을 훨씬 더 빨리 수행해 낸다. 이들의 뇌를 스캔하면 각회 부분이 크리스마스 트리에 불이 들어오듯 온통 활성화되어 있다는 사실이 이런 차이를 설명할 수 있는 단서가 될 수 있을 것이다. 바로 이것이 사랑의 네트워크의 숨겨진 동력원이 아닐까?

집으로 돌아오는 느낌

사실 나는 자기 확장 개념이나 사랑으로 인해 고양되는 정신 능력을 이해하는 데 fMRI를 분석하는 등의 과학적 연구를 할 필요도 없었다. 그냥 나와 존의 관계를 들여다보면 모든 답을 거기에서 찾을 수 있었기 때문이다. 우리는 가히 인지적 탈바꿈이라 해도 과언이 아닌 경험을 했다. 자신이 누구인지에 대한 개념이 엄청나게 확장되어 상대까지 포함하기 시작하는 경험, 아론 부부가 예측한 바로 그 현상이었다.

존을 만나기 전까지 나는 한 번도 사랑에 빠져 본 적이 없었고, 진지하게 만나는 남자친구조차 없었기 때문에 존과 함께 살기 시작하면 얼마나 이상한 느낌일지 궁금했다. 그러나 정작 현실에서 제일 이상한 현상은 함께 사는 것이 얼마나 자연스럽게 느껴졌는가 하는 것이었다. 37년을 혼자 지내다가 갑자기 누군가와 날마다 한 침대에서 자야 하는 데도 적응 기간이 전혀 필요하지 않았다. 내가 다른 사람의 삶에 끼어든 것처럼 느껴지기는커녕 집으로 돌아온 느낌이었다.

내가 들어오기 전에 존은 옷장을 꼼꼼히 정리하고 서랍도 한두 개 비웠다. 아마도 그 정도면 내 옷을 넣기에 충분할 것이라 생각했나 보다. 실제로 그는 내 가방에 든 신발의 수도 과소평가했다. 결국 나는 공간을 최대한으로 활용하고 들어가지 않는 옷은 모두 기부했다. 나는 행복해지기 위해 다른 어느 것도 필요하지 않았다. 내게는 존이 있었다.

사랑하는 관계에서도 파트너 간에 '건강한' 거리가 중요하다고 여기는 사람들이 많다. 이들은 직장인으로서의 자아와 가정에서의 자아를 독립적으로 유지하는 것도 중요하다고 생각한다. 눈을 뜨고 있는 모든 시간을 파트너와 함께 보내면 서로에게 금방 싫증이 날 것이라 걱정한다. 하지만 우리는 만나기 전까지 너무도 오랜 시간을 따로 보냈기 때문에 단 1분도 함께 있을 수 있는 시간을 낭비하고 싶지 않았다. 함께 있고자 하는 우리의 갈증은 절대 가시지 않을 것 같았다. 우리는 함께 빨래를 하고, 함께 장을 보고, 함께 양치를 했다.

그리고 물론 일도 함께 했다. 나는 존이 일하는 시카고 대학으로 이직해서 두뇌 역학 실험실 실장이자 동 대학의 프리츠커 의대 심리학과의 행동신경과학 부교수로 일하기 시작했다. 존과 나는 믿을 수 없을 정도로 밀착된 생활 루틴을 만들어 함께 논문을 쓰고, 같은 대학원생들을 지도하고, 사무실도 함께 썼다(사무실 문에는 '카치오포 교수 부부'라는 명패가 붙었다). 심지어 책상까지 함께 썼다. 우리가 함께 입양해서 바쵸(이탈리아어로 '키스'라는 뜻이다)라고 이름을 붙인 차이니즈 샤페이 종 강아지는 일하는 우리의 발밑에서 털을 부비며 누워 있는 것을 좋아했다.

우리는 둘 다 서로를 만나기 이전에도 과학자로서 굉장히 활발하게 활동하고 있었다. 하지만 이제 우리는 함께 일함으로써 더 신속하게 새로운 연결고리를 찾고, 더 나은 아이디어를 더 빨리 떠올릴 수 있다는 사실을 깨달았다. 이전 어느 때보다 더 강하게 동기부여를 받았고, 새로운 협업과 새 연구 패러다임에 열린 마음으로 임했다. 우리 둘은 치열할 정도로 가까운 관계 속에서 왕성하게 성장해 나가고 있었지만 동료들은 그 사실을 잘 이해하지 못했다. 나는 가끔 다른 교수들의 눈초리에 등골이 서늘해지곤 했다. 나와 존의 나이 차이와 내가 존과 사무실을 함께 쓰기를 원했다는 점, 내가 그의 성을 따라 내 성을 바꿨다는 사실 모두가 그들의 마음에 들지 않는 듯했다.

내가 존의 성을 선택하기 전에 스테파니 오르티그 Stephanie Ortigue라는 이름으로 발표한 논문이 50편 이상 되었지만 나는 카치오포라는 존의 이름이 너무 좋았고, 내가 늘 각별하게 느끼는 우리 이탈리아 쪽 가족을 떠오르게 한다는 장점까지 있었다. 거기에 더해 구태의연하게 들릴지 모르지만 그의 성을 선택하는 것이 낭만적이라고 생각했다. 남편의 성을 따는 것이 내게는 젠더 정치와 아무 상관이 없었다. 존이 여성이고, 우리가 동성 연애 관계라 했더라도 나는 배우자의 성을 사용하길 원했을 것이다. 사람들은 그렇게 하는 것이 내 커리어에 해가 될 것이고, 다른 여성 학자들에게도 나쁜 본보기가 될 것이라고 충고했다. 이해할 수가 없었다. 왜 내가 어떤 이름을 선택하는지가 내 연구를 보는 눈에 영향을 주는 것일까? 바로 그때 나는 고통스러운 진실을 마주했다. 나보다 더 많이 사랑을 경험해 본 사람들은 모두 이미 알고 있을 그 진실은, 바로 사랑이 두 사람 간의 관계일지라도 그 관계에서 중요한 것은 두 사람의 의견만은 아니라는 것이었다.

랩 미팅에서 내가 내놓은 새로운 실험에 관한 아이디어들이 새 동료들에게 갈기갈기 찢어발겨지는 일이 거듭되자 존과 나는 비밀 실험을 하나 진행하기로 했다. 다음 미팅에서 존이 내 연구 아이디어를 자기 것인 양 내놓기로 한 것이다. 내 실험 제안은 바로 무시해 버리던 그 동료들이 존이 제안하자 침이 마르도록 찬양하는 것을 지켜보며 나는 충격에 빠진 채 앉아 있었다.

"이 제안이 마음에 든다니 다행이군요." 존이 말했다. "그런데 실은 칭찬을 받을 사람은 스테파니예요. 원래 이 아이디어를 낸 사람이 스테파니이니까요."

언제부턴가 우리는 다른 사람이 어떻게 생각하는지 신경 쓰지 않기로 했다. 우리는 다른 사람들이 우리 사랑 이야기의 각본을 쓰고, 우리를 모욕하고, 우리의 관계를 사적인 영역에만 국한시키려고 압력을 행사하는 것을 용납하지 않겠다고 결심했다. 어떤 식으로 사랑을 해야 하는지에 대해 자기 생각만 맞다고 생각하는 사람들이 너무도 많다. '사랑을 하면 바보가 된다'는 옛말만 해도 그렇다. 그

말은 이미 열정적인 사랑에 빠진 사람은 늘 멍한 상태로 자기 생각만 한다는 걸 내비치고 있다. 그러나 일련의 연구를 통해 알 수 있듯이 그것은 전혀 사실이 아니다. 사랑은 혼자일 때보다 훨씬 더 머리를 더 날카롭게 가다듬고, 사회성을 향상시키며, 혼자서는 꿈도 꾸지 못할 수준의 창의성을 발휘하는 것을 가능하게 해 준다.

9.
아플 때나 건강할 때나

용기를 내 한번 더 사랑을 믿고 언제나 다시 한번 믿으라.
─마야 안젤루

언젠가 서재로 햇빛이 쏟아져 들어와 마치 휴양지에 와 있는 듯했던 날을 기억한다. 창밖의 풍경이 미시간 호수가 아니라 프랑스 코트다쥐르(프랑스 남동부와 이탈리아 북서부의 지중해 연안 지역─옮긴이)인 것 같았다. 2015년 이었다. 우리는 존이 오랫동안 살던 시카고의 가로수가 우 거진 오래된 동네의 작고 아늑한 집에서 링컨 파크 맞은 편의 널찍한 새 아파트로 이사했다. 그 아파트는 건물 입 구에 금색 기둥이 서 있고, 프랑스 건축가 루시앙 라그랑

주Lucien Lagrange가 디자인한 세련된 로비가 있는, 꿈속에 나올 법한 집이었다. 파리를 조금 연상시켰고 아파트 건물이라기보다는 호텔 같았다. 친절하고 사려 깊은 도어맨과 보안 요원들이 있어서 안전하고 보호받는 느낌을 주는 곳이었다. 한가했던 어느 일요일, 존이 모델하우스를 보러 가자고 말해 나를 놀래켰고, 우리는 이 아파트를 거의 충동적으로 구입했다. 그 일은 우리가 함께하게 된 즉흥적이고 각본 없는 새로운 삶의 연상선처럼 느껴졌고 우리를 매혹한 그 아파트로 곧 이사했다.

존은 이미 삶에서 다른 사람들의 평가나 자신이 '학자다워 보일지'에 개의치 않는 단계에 들어서 있었다. 그때까지 대부분의 삶을 남을 위해 살아 온 존은 이제 온전히 자기 자신이길 원했다. 그는 파워풀하면서도 우아한 2인승 스포츠카를 사고 싶어 했는데, 함께 시승을 하러 간 곳에서 한 차에 바로 마음을 빼았겼다.

존을 모르는 사람들은 존이 그저 과시하고 싶어서, 남들과 달라 보이고 싶어서, 아니면 중년의 위기가 찾아와서 그 차를 골랐다고 생각했다. 하지만 존은 단순히 그 차를 좋아했을 뿐이었다. 차의 아름다움과 힘을 사랑했다. 그것이 그의 본 모습이었다. 둘이 함께 고속도로로 드라이브를 나가 스피드를 올리고(물론 제한 속도를 준수하며) 그 멋진 엔진의 굉음을 들을 때만큼 존이 행복해하며 활짝 웃는 얼굴은 보기 힘들었다.

게다가 존은 내가 그 차를 얼마나 좋아하는지도 알고 있었다.

결혼식을 올린 지 4년이 지났을 때였다. 행복하게 사랑하고, 열정적으로 사랑하고, 생산적으로 사랑한 4년이었다. 우리는 여전히 어느 때보다 열심히 일했다. 결국 우리 관계의 바탕은 과학이었다. 과학은 우리가 공유한 열정이었고, 모든 것을 빛나게 했다. 그러면서도 우리는 인생을 즐겼다. 존과 함께 진행한 연구 덕분에 강연에서 인기가 많아졌다. 기업의 CEO들이 전세기를 보내 여러 기업 행사에 우리를 초대했다. 존의 출판 기념 행사와 시상식 일정으로 달력이 가득 찼고, 백악관과 국립보건원에서 열리는 과학 행사에도 참석했다. 또 포춘Fortune 500대 기업과 나사NASA, 미국 질병통제예방센터CDC, 군부대에서 사랑과 외로움에 대해 컨설팅을 했다.

우리는 결혼 생활 초기에 너무 바빠 신혼여행을 갈 시간도 없었다. 그래서 대신 매일 작고 간단한 방법으로 결혼을 축하하기로 했다. 모닝커피로 축배를 들거나 요리나 스포츠 프로그램을 같이 보고 함께 테니스를 치는 것이었다. 여행을 가거나 레스토랑을 예약할 때 누가 특별한 날이냐고 물을 때마다 "신혼여행이에요!" 하고 답했다. 그러면 레스토랑의 웨이터나 기내 승무원들이 "축하합니다!" 하며 "언제 결혼하셨어요?"라고 묻곤 했다.

"4년 전이요."

우리의 농담에 모두가 웃었다. 지나치게 감상적으로 들릴지 모르겠지만 우리를 만났던 대부분의 사람들은 존과 나의 사랑 이야기에 감명을 받았을 것이라고 생각한다. 우리는 함께 연구했던 과학의 살아 있는 증거였고, 일상에서 신비롭고 놀라운 순간들을 만들어 가며 예측할 수 없는 날들을 살아가고 있었다. 존은 종종 내 키보드 위에 여러 버전으로 "사랑해요"라고 작은 메모를 남겨 나를 놀래키곤 했다. 나 역시 보답으로 아침에 일찍 일어나 욕실 거울에 포스트잇을 붙여 두었다. "내가 더 사랑해요."

존의 실패한 사랑들과 나의 오랜 고독, 그리고 고립의 위험성과 사회적 관계의 필요성에 대해 함께 한 연구. 이모든 것들이 우리 관계를 우리 자신보다 더 크게 느껴지게 만들었다. 어떤 사람들에게는 진정한 사랑을 생각할 때 그들의 머릿속에 나와 존이 떠오르기도 했을 것이다.

화창했던 그날도 평소와 다름없었다. 존과 나는 언제나 함께 있을 수 있도록 주문 제작한 서재 구석에 있는 '커플용' 책상에 나란히 앉아 있었다. 벽에 걸린 '파리는 언제나 옳다'고 적힌 포스터 액자는 즉흥적이었던 우리의 파리 결혼식을 떠오르게 했다. 바쵸는 언제나처럼 존의 발치에 웅크리고 있었다.

특별한 일정은 없던 날이었다. 각자 열두어 시간을 일하고 난 후에 운동을 하고 발코니에서 술을 한잔 하고 나서 존이 저녁을 만들면 함께 치울 생각이었다. 그다음엔 아마 통유리 창 앞 가죽 소파에 앉아 시카고 오헤어 공항의 착륙 신호를 기다리며 호수 위로 모여 드는 비행기들과 석양을 바라볼 것이었다.

이런 순간이면 나는 위대한 비행사이자 작가였던 앙투안 드 생텍쥐페리Antoine de Saint-Exupéry가 쓴 구절을 생각하곤 했다. "사랑은 서로를 바라보는 게 아니야. 같은 곳을 함께 바라보는 거지."

모든 사람이 꿈꾸는 삶은 아니겠지만 우리에게는 그랬다. 그리고 한순간 무너졌다. 별안간 존의 휴대전화가 울린 것이다. 존이 아무 말 없이 몇 분간 전화기를 들고 있어 이상하다고 생각했던 것이 기억난다. 그는 그냥 듣고 있었다. 그러고는 눈물이 가득 고인 눈으로 나를 보며 말했다. "미안해."

존은 도통 사라지지 않던 이상한 뺨의 통증을 치통이라고 생각했다. 그는 보통 사람들보다 고통의 역치가 훨씬 높았고 웬만하면 불평을 하지 않는 성격이었기 때문에 존이 이 통증이 얼마나 성가신지에 대해 몇 번이나 이야기하는 것을 보고는 나도 사뭇 걱정이 되었다. 1~2주 뒤 의사를 찾아갔더니 심각한 것은 아니라며 치과에 가 보라고 했다. 하지만 치과에서도 역시 왜 그런지 설명하지 못했고 통증은 여전히 사라지지 않은 채 더 심해졌다. 마침내 이비인후과에 가서 CT를 찍어 보기로 했다. "혹시 몰라서요." 의사가 말했다. 그는 뭔가 잘못되면 전화를 주겠다고 했고,

바로 그 전화였다.

처음 소식을 들었을 때는 굉장히 감정이 요동쳤다. 우리는 울면서 서로를 붙잡았다. 그러다 한 시간 안에 과학자로서 훈련된 자아가 치고 나왔다. 우리는 자료를 뒤지고, 존이 진단받은 희귀암(침샘암 4기였다)과 진단 후 1년간의 생존 가능성(말도 안 되게 낮다), 한 줄기 희망을 주는 새로 개발된 치료법에 대해 샅샅이 공부했다. 우리가 간 병원의 종양학과에서는 전문의를 찾아보라고 했다.

"어떻게 해야 할지 전혀 모르겠네요." 종양학과 의사가 말했다.

그의 정직함은 존경스러웠지만 우리의 걱정을 없애 주지는 못했다. 우리는 스트레스를 이겨 내고 다른 사람들과 사회로부터 도움을 받을 방법에 대한 자료로 가득한 바인더를 받아 집으로 돌아왔다. 존이 재미있다는 표정을 지었다.

"잘됐네, 심리학 숙제라니." 그가 말했다.

"우리 연구도 인용했으려나?"

우리는 웃음을 터뜨렸다. 그래도 그 상황에서도 웃을 수 있었다.

노력 끝에 시카고 대학 의료센터에서 훌륭한 의료팀을 만날 수 있었다. 암 연구에 있어 세계적으로 권위 있는 종양학자인 에베렛 복스Everett Vokes 박사가 존의 치료를 맡고, 훈장을 받은 미 군의관 외과의사 엘리자베스 블레어

Elizabeth Blair 박사가 수술을 집도하기로 했다. 악성 설암舌 癌(혀에 생기는 암-옮긴이) 진단을 받았던 시카고 출신 요 리사인 그랜트 애커츠Grant Achatz의 목숨과 미각을 구해 전 세계 헤드라인을 장식한 경력이 있는 팀이었다. 두 사 람이 우리 편이라는 이야기를 듣자 용기가 솟았다. 이 암 울한 진단을 받고도 열심히만 한다면, 우리의 지식과 마음 을 모아 지금까지 쌓아 온 모든 과학적 연결고리를 동원하 면 이 상황을 이겨 낼 수 있을 것이다.

블레어 박사는 존의 얼굴을 CT 촬영하고 나서 종양 이 너무 크고 암이 이미 몇몇 림프절에까지 전이된 것을 보고 놀라 손으로 입을 가렸다. 블레어 박사는 존의 암이 사라질 확률이나 또 자신이 제안하는 수술의 위험성에 대 해 설명하면서 사탕발림을 하지 않았다. 그녀는 자신이 동 료 과학자들과 대화 중이라는 사실을 분명히 알았다. "있 는 그대로예요, 어쩔 수 없는 현실입니다." 그녀는 최선을 다하겠다고 말했다.

우리는 수술 전날 바닷가에서 존 얼굴의 '비포' 사진을 찍었다. 수술의 여파가 어떨지 알 수가 없었다. 눈을 잃게 되려나? 얼굴이 마비될까? 존은 있을 수 있는 모든 경우에 대해 생각해 보려고 했다. 우리는 사회심리학자인 낸시 캔 터Nancy Cantor가 제안한 '방어적 비관주의'라는 대응기제를 적용해서 최선을 예상하면서도 최악에 대비했다.

수술 날이 되어 병원으로 가기 전 존은 아파트를 한

바퀴 돌며 집에 있는 전기 초들의 타이머를 만지작거렸다. 그는 다음 날 촛불이 켜지도록 타이머를 설정해 놓았다. 만에 하나 신이 허락하지 않아 수술에서 살아 돌아오지 못하게 되면 내가 혼자 집으로 돌아왔을 때 어둡지 않게 해 두려는 것이었다.

수술에는 8시간이 소요됐다. 수술이 잘 되었다는 소식을 전하기 위해 대기실로 온 블레어 박사는 지쳐 보였다. 박사는 존의 뺨을 들어 올리고 침샘에서 암조직을 잘라 내면서도 얼굴 신경과 근육을 메스로 건드리지 않고 교묘하게 피해 가는 데 성공해서 그의 시각과 얼굴 모양을 보존할 수 있었다고 설명했다. 그녀가 펜을 들어 자신감 있는 동작으로 대략적인 수술 절차를 그려 주는데, 그토록 끔찍하게 아름다운 것은 그때까지 본 적이 없었다. 존은 체액이 쌓이는 것을 막기 위해 절개 부위 근처에 배액관을 달고 눈을 보호하는 외알 안경을 끼고 퇴원했다. 꼭 공상 과학 영화에나 나올 법한 인조인간 같았는데 정작 존은 신경 쓰지 않았다. 그는 퇴원 첫 날 아파트 로비에서 남동생과 당구를 쳤고 누가 쳐다보면 그저 미소를 지었다.

존은 자신이 어떤 모습일지에 대해서는 거의 신경 쓰지 않았지만 감정을 표현하는 능력에 중요한 역할을 하는 얼굴 근육의 기능이 완전히 돌아오지 못할 가능성에 대해서는 불안해했다. 그는 근육의 전기적 활동을 기록하는 기술인 근전도 검사를 이용해 얼굴 표정을 분석하는 실험을 하곤 했기 때문에 얼굴 신경에 대해서는 자기 손바닥처럼 훤히 알고 있었다. 존은 회복하는 동안 매일 밤 침대에 앉아 신경 기능을 되찾기 위해 눈을 깜박이고 인상을 쓰고 미소를 짓는 연습을 했다.

"이제 돌아오는 것 같아." 존이 말했다.

몇 달 지나지 않아 존의 얼굴 근육들은 모두 제 기능을 찾았고, 거의 알아볼 수 없는 미세한 비대칭 말고는 수술로 인한 흔적을 찾을 수 없었다. 전에 찍은 바닷가 사진이랑 짝을 이루는 '애프터' 사진을 찍기까지 했다.

그랜트 애커츠 때와 마찬가지로 복스 박사는 '치료 3부작'이라고 불리는 프로그램을 통해 존의 생존 확률을 높이고자 했다. 첫 번째는 수술이었고, 그다음은 7주 연속 항암 치료와 방사선이라는 쌍두마차 치료법이었다. 이를 위해서는 당분간 병원에서 지내야 했다. 나는 커플 가운을 챙기고 병실에 가족 사진과 전기 촛불, 작은 협탁과 쿠션을 가져다 놓아 분위기를 아늑하게 꾸몄다. 우리가 사적으로 쓰는 공간은 틈날 때마다 매일 닦고 살균제를 뿌렸다. 면역력이 약해진 존을 보호하기 위한 나만의 방식이었다. 간호사들은 우리가 꾸민 병실을 좋아해 주었고 그중에서도 냄새가 좋다고 했다.

"샤넬이에요?" 내 프랑스어투를 듣고는 누군가 물었다.

"아니요." 나는 웃으며 말했다. "리솔Lysol(미국 청소 세제 브랜드-옮긴이)이에요."

대학 병원은 강의실에서 한 블럭밖에 떨어져 있지 않아서 나는 병원에 있다. 강의 시간이 되면 걸어서 출근하고, 끝나면 다시 존과 함께 있기 위해 병원으로 돌아왔다. 간호사들도 '면회 시간'이라는 개념이 나에게는 적용되지 않는다는 것을 알고 있었다. 우리는 그만큼 떨어질 수 없는 사이였다. 처음에는 존의 침대 옆에 있는 의자에서 잠을 잤지만 나중에는 병원에서 존의 침대 옆에 내 매트리스를 놓아 주었다. 얼마 지나지 않아 나는 존의 침대에서 함께 자기 시작했다. 새벽 4시에 들르는 당직 간호사는 "누가 환자예요?" 하고 묻곤 했다. 농담이긴 했지만 아주 동떨어진 이야기는 아니었다. 우리 둘은 그렇게 지냈다.

존은 거동이 괜찮을 때면 항암치료를 받는 중에 지팡이와 간호사를 대동하고 내 강의실에 와서 앉아 있었다. 수업에 참여할 정도로 몸 상태가 호전되진 않았지만 강의실에 울려 퍼지는 신경과학 강의는 존을 즐겁게 했고, 그가 교실에 앉아 있는 것만으로도 학생들에게 울림이 되었다. 그는 할 수 있을 때는 가끔 강단에 서기도 했다.

치료 3부작이 진행되던 중, 한 번은 존이 암 진단을 받기 전에 예정되어 있던 강의를 그대로 진행하겠다고 고집을 부렸다. 그때까지 동료들 중 항암치료를 시작한 후에 존을 만난 사람은 아무도 없었다. 존을 본 동료들은 그의 수척한 얼굴과 비쩍 마른 몸을 보고 깜짝 놀랐지만, 존은 농담을 던지며 강의를 해냈고 복스 박사도 강의에 와 주었다. 나는 복스 박사가 신경과학에 관심이 있어서 왔다고 생각했는데 나중에야 존이 강의를 마치지 못할까 봐 걱정되어 왔다는 것을 알았다. 존은 극심한 통증을 겪고 있었지만 겉으로만 봐서는 전혀 그래 보이지 않았다.

나중에 왜 굳이 강의를 강행했느냐고 물어보았다. "왜 그렇게까지 했어? 기운을 좀 아끼지 그랬어?" 나는 존이 친구들과 학생들을 위해 그렇게 한 줄 알았다. 그가 여전히 건재한다는 것을 보여 주고 싶어서, 다시 일어난 자신의 모습을 보고 사람들이 무언가 느끼는 게 있었으면 해서, 그런 것도 가능한 일이라는 것을 알려 주고 싶어서 그랬다고 생각했다.

존은 조금 의아해하며 나에게 말했다.

"그런 게 아니야. 나는 당신을 위해 그렇게 한 거야."

나는 존의 가슴에 얼굴을 묻고 눈물을 훔쳤다. 나는 당신을 위해 그렇게 한 거야.

그 순간 나는 우리가 일을 향해 가졌던 열정과 소중한 상대를 향해 느끼는 사랑의 차이점을 이해했다. 이 두 가지 감정은 신경계의 기본적인 것을 공유하며 뇌의 비슷한 부분에 불을 밝힐 수는 있다. 하지만 내가 만일 단지 일과 사랑에 빠진 싱글의 고독한 신경과학자로서 존에게 내려진 것과 같은 지독한 진단을 마주했더라면, 그 모든 고통을 마주했더라면 지금처럼 강인하게 사랑하는 내 일을 보호할 수 없었을 것이다. 누구를 위해 싸울 수 있을까? 가혹하게 들릴지 몰라도 현실적인 이야기이기도 하다. 하지만 존을 위해서라면 나는 무엇이든 할 수 있을 것 같았다. 지구 끝까지라도 갈 것이었고, 인간이 견딜 수 있는 모든 고통을 견뎌 낼 것이었으며 내 목숨도 내놓을 수 있었다. 이를 통해 나는 일을 향한 열정이나 우리의 정체성에 중요한 부분이 되는 어떤 것을 추구하는 것이 사랑과 어떻게 다른지 확실히 알게 되었다. 전자가 우리의 정체성을 표현하고, 모종의 목적 의식을 줄 수는 있지만 그렇다고 해서 이 정도의 고난 앞에서 계속 싸울 힘을 주기에는 역부족일 수 있다.

인간의 정체성이란 그 사람이 하는 일로만 결정될 수 없으며 생존을 위해서는 다른 사람을 사랑해야 한다는 것을 너무 늦기 전에 깨달았다.

사랑이라는 묘약

존이 이 지독한 치료를 이어가는 동안 우리의 사랑이 그를 지키는 데 도움이 되는지 궁금했던 적이 몇 번 있다. 큰 의미 없는, 그저 갈망일 뿐인 그런 생각이 아니었다. 사회신경과학이나 그 밖에 다른 분야의 여러 연구에서 사랑이 인간을 더욱 강인하게 만든다는 사실이 계속 증명되어 왔다. 지금까지 논의했던 대로 감정적·인지적 측면에서는 물론이고 신체적으로도 그렇다.

한번 생각해 보자. 만족스럽고 건강한 장기적인 연애 관계에 있는 사람들은 싱글인 사람들보다 수면의 질이 좋다. 면역력이 더 강하고 무엇인가에 중독되는 경우도 덜하다. 뇌졸중이 재발하는 경우도 더 적고, 게다가 (암을 포함한) 일부 질병으로부터의 생존율이 더 높기까지 하다. 이러한 생존율 증가는 부분적으로 아플 때 누군가 돌봐줄 사람이 있다는 단순한 사실에 기인한다. 예를 들어, 파트너가 있을 경우 상대방의 피부에 생긴 수상한 점을 주의 깊게 봄으로써 조기에 피부암을 발견한다는 연구 결과도 있다.

하지만 지켜보는 눈이 두 개 더 있다는 사실만으로는 파트너가 있는 사람들이 고위험 수술 이후 생존율이 더 높다는 사실을 설명하기 어렵다. 2012년에 진행된 한 연구에서는 관상동맥우회술Coronary artery bypass grafting을 받은 성인 225명을 관찰했는데, 놀랍게도 수술 후 15년이 경과한 시점에 생존한 기혼 환자가 같은 수술을 받은 미혼 환자보다 2.5배 더 많았다. 그리고 이것은 단지 일상에 누군가 한 사람이 더 존재하기 때문이 아니었다. 결혼 생활에 '매우 만족한다'고 답한 환자의 경우 더 높은 생존율을 보였는데, 이 경우 미혼 환자보다 3.2배 더 높았다.

과학자들은 실험을 통해 이 놀라운 통계 뒤에 숨은 원인을 이해하기 시작했다. 연구자들은 피실험 커플들에게 관계에서의 문제점에 대해 논의하도록 한 후 각 커플의 활력징후Vital signs를 측정했고, 이를 통해 관계의 질과 만족도가 높을수록 활력징후 역시 좋다는 명백한 증거를 찾을 수 있었다. 그리고 심혈관계가 부부싸움 같은 스트레스 요인에 더 자주 반응할수록 죽상동맥경화증에 더욱 취약해지며, 이러한 생물학적 과정으로 인해 여러 가지 심장 질환을 일으킬 수 있다. 이는 낭만적 사랑이 건강에 미치는 이점에 대한 여러 연구와 일치하는 결과이다. 1970년대 후반, 1만 명의 성인 남성을 대상으로 한 실험에서는 파트너에게 사랑과 지지를 받는다고 느낄 경우 고위험 요소가 있는 경우에조차 가슴 통증(또는 협심증)을 느낄 가능성이 감소한다고 밝혔다.

사랑은 스트레스를 진정시키는 효과가 있을 뿐 아니라 실제로 치료에도 도움이 된다. 임상심리학자이자 오하이오 주립대학 의과대학 교수인 제니스 키콜트 글레이저Janice Kiecolt Glaser는 한 실험에서 커플들의 팔에 작은 물집이 생기는 상처를 낸 후 한 그룹에게는 애정 어린 지지를 보내는 대화를 나누게 하고, 또 다른 그룹에게는 최근에 있었던 싸움을 반복할 것을 요청했다. 그 결과 글레이저 교수 연구팀은 친절하고 애정 어린 태도로 대했던 커플이 싸움을 한 커플보다 60퍼센트가량 더 빠르게 상처가 치유되었다는 것을 알게 되었다. 같은 연구팀이 진행한 또 다른 실험에서도 파트너와 더 긍정적인 상호 작용을 한다고 보고했던—앞의 실험에서 상처의 회복 속도가 빨랐던— 커플의 자연적 혈중 옥시토신 수치가 더 높다는 사실이 밝혀졌다. 이 발견은 옥시토신과 면역 체계의 강력한 연관성을 보여 주며, 우리 모두가 직감적으로 알고 있는 사랑의 치유력을 간접적으로 증명한다. 전신 염증(미생물 감염이나 선천적 면역계 이상으로 전신에 염증 반응이 활성화되는 것-옮긴이)이 암과 심혈관계 질환의 위험 증가와 관련이 있을 수 있다는 최근의 연구 자료를 볼 때 염증을 예방하거나 줄이는 것은 건강 문제에 있어 매우 중요하다.

건강한 낭만적 관계가 해로운 질병에 걸릴 위험을 줄이고 치유를 촉진한다는 증거가 나와 있을 뿐 아니라, 파트너와 접촉하거나 심지어 그저 같은 방에 있기만 해도 실제로 고통을 덜 느낀다는 연구 결과도 있다. 그렇기에 나는 존이 치료를 받는 동안 그의 곁을 잠시도 떠날 수가 없었고, 내가 그런 결정을 할 수 있는 직업을 가졌고 시스템의 지원을 받는다는 점에 매우 감사했다. 상대가 고통을 겪고 있을 때 함께한다는 것은 단지 심리적 진통제 역할뿐 아니라, 봉착한 의학적 문제에 실제로 생물학적 차이를 만들 수 있다. 사랑의 네트워크가 작동하면 뇌의 보상센터를 활성화시켜서 옥시토신을 비롯한 여러 호르몬과 신경화학물질, 자연 마취제를 다량 분출해 신체의 치유를 돕고 통증을 이겨 내도록 한다.

사랑이 가진 진통 효과를 활성화시키는 가장 강력한

방법은 신체 접촉이다. 버지니아 대학의 신경과학자 제임스 콘James Coan은 한 실험에서 건강한 연애 관계에 있는 참가자들에게 가벼운 전기 충격을 가해 보았는데 파트너의 손을 잡고 있던 사람들이 통증을 훨씬 적게 느낀다는 점을 발견했다. 이는 실험의 참가자가 직접 보고한 고통의 지각知覺 정도에서만 그렇게 나타난 것이 아니고 fMRI 스캔에서도 시상하부와 같이 위협을 감지하는 뇌 영역에서 신경 활동이 적게 감지되었다.

흥미로운 점은 문제가 있는 관계에서는 이러한 보호 효과가 아예 나타나지 않았다는 것이다. 만족스럽지 않은 관계에 있는 여성의 경우 파트너의 손을 잡고 있을 때도 완전히 혼자일 때와 같은 크기의 고통을 경험했다. 이러한 결과는 우호적인 사회적 관계가 신체 내부 장기의 기능을 건강하게 조절하는 자율신경계의 스트레스 반응을 감소시킨다는 이론들과도 맞닿아 있다.

이러한 연구 결과들은 비단 사랑의 잠재적 치유력만 보여 주는 것이 아니라 모든 관계의 질과 만족도의 중요성 역시 시사한다. 서류를 작성할 때 '기혼' 란에 표시하는 것이나 매일 밤 누군가와 한 침대를 쓴다는 사실 자체는 뇌와 몸에 아무런 작용을 하지 않으며, 한다 해도 미세하다. 사랑이 건강에 미치는 이점을 얻는 데 결정적인 것은 우리가 파트너와 맺고 있는 관계의 성격이다.

뇌의 'SOS' 신호

사랑이 신체의 건강에 발휘하는 진정한 힘은 무언가를 만들어 내는 것보다는 어떤 일이 일어나지 않게 예방한다는 데 있다. 사랑의 가장 중요한 역할 중 하나는 만성적인 외로움으로 인해 마음이 황폐해지는 것으로부터 지켜주는 일이다. 존이 선구적인 연구를 통해 발견했던 몸과 마음에 위협적인 사회적 박탈감의 상태를 뜻한다.

외로움에 대해 우선 알아야 할 것은, 외로움이 고통스럽기는 하지만 사실 알람과 같은 역할을 해 생존에 유리하도록 설계되어 있다는 점이다. 인간의 뇌는 혐오 신호aversive signals라는 생물학적 메커니즘에 반응하도록 진화했다. 이 중 일부는 매일 같이 경험하는 일들이다. 예를 들어 혈당이 낮아지면 배고프다는 느낌이 들어 무언가를 먹고 싶게 만든다. 목마르다는 느낌은 탈수 상태가 오기 전에 물을 찾게 만든다. 통증 역시 이러한 혐오 신호의 일종으로 조직이 손상되는 것을 피하게 도와주고 신체를 잘 돌보도록 독려하는 것이다.

존은 외로움 역시 이러한 생물학적 경보 시스템의 일부로 작용한다는 것을 알아냈다. 차이가 있다면 외로움은 물리적 신체보다는 사회적 신체에 가해지는 위협과 손상에 대해 경고한다는 점이다. 외로움을 느끼면 다른 사람과 관계를 맺고자 노력하게 된다. '당신은 사회적으로 위험한 상태이다. 지금 그룹의 가장자리로 밀려나 있으니 보호와 소속, 지지와 사랑이 필요하다'라고 뇌가 말하는 방식이다.

외로움의 고통으로 인해 결국에는 의미 있는 사회적 관계를 찾거나 어긋난 관계를 개선하고자 하게 된다고 해도, 역설적이게도 외로움은 즉각적으로 사회적 위협을 지나치게 경계하도록 만든다. 존과 나는 이것을 '외로움의 패러독스'라고 불렀다. 부족에서 쫓겨나 홀로 겁먹은 채 정글을 배회하는 초기 인류의 소상을 떠올려 보자. 그가 누구를 믿을 수 있을까? 무리로 돌아갈 방법은 어떻게 찾을 수 있을까? 정확히 어디에 위험이 도사리고 있는가? 불리한 환경에서 집으로 돌아갈 방법을 찾아야 하는 상황에서는 이러한 과도한 사회적 경계 태세가 생존에 매우 도움이 된다. 하지만 자기 아파트에 혼자 있으면서 전화기를 들여다보며 매일 밤 이런 느낌이라면 어떨까? 원래는 생명의 은인이던 외로움이 삶의 파괴자로 바뀌는 순간이다.

초파리부터 인류에 이르기까지 사회적 종에게 있어 사회적 고립은 수명을 단축시킨다. 과거 과학자들은 사회로부터 고립된 사람들의 건강이 대체로 좋지 않은 이유는 그들이 건강에 위협이 되거나 해로운 행동을 하는 경향이 있기 때문이라고 생각했다. 하지만 외로움 그 자체가—외로운 사람들이 하는 행동에 문제가 있는 것이 아니라—뇌의 화학 작용을 변화시키고 연속적으로 생물학적 지뢰를 터뜨려 건강을 해친다는 근거가 계속해서 나오고 있다.

300만 명 이상의 참여자를 평균 7년간 추적 조사한 70개의 연구에 대한 메타분석(동일한 주제에 대해 이루어진 여러 연구 결과를 종합·요약하기 위해 개별 연구의 결과를 수집해 통계적으로 재분석하는 방법-옮긴이) 결과, 외로움이 조기 사망 확률을 25~30퍼센트 증가시키는 것으로 나타났다. 이는 비만과 거의 같은 수준이다. 그러나 비만과 달리, 외로움이 어떻게 사람을 죽음에 이르게 하며 그로부터 스스로를 지키기 위해 어떻게 해야 하는지에 대해서는 거의 알려져 있지 않다.

외로운 사람들의 특징들을 살펴보면 사실 외롭지 않은 사람들과 크게 다르지 않으며, 겉으로 보기에는 차이가 없다. 외롭지 않은 사람과 평균 몸무게가 비슷하거나 덜 나간다. 키도 비슷하고 외롭지 않은 사람들 못지않게 매력적이며 좋은 교육을 받았다. 가장 놀라운 부분은 외로운 사람들 역시 그렇지 않은 사람들과 비슷한 만큼의 시간을 타인과 함께 보내며 사회 생활을 영위하는 데 있어 마찬가지로 능숙한 모습을 보인다는 것이다. 다시 말해, 관계 혹은 관계의 부재에 대해 스스로 느끼는 방식을 제외하고는 결코 외로운 사람들에게 문제가 없다.

존은 외로움은 고립의 주관적 척도라고 언제나 강조했다. 결혼을 하고도 외로울 수 있고, 파티에서도—가까운 친구가 수백 명이라고 해도—외로움을 느낄 수 있다(그리고 SNS 역시 일종의 파티나 마찬가지로, 거기서도 쉽게 외로워질 수 있다). 거꾸로 말하면 싱글이고 친구가 없어도, 심지어 우주 공간을 혼자 부유하는 수도자여도 외로움을 느끼지 않을 수도 있다. 외로움은 주로 사람들이 관계에 만족하지 못하고 사회적 연결고리에 대한 기대치와 자신이 처한 현실이 상응하지 못할 때 발생한다. 유대감을 갖고 다른 사람과 함께하기를 바라며 나를 이해하고 나와 함께해 줄 사람을 갈망하지만 어디에서도 찾을 수 없다.

바로 외로움의 행성에 발을 들여놓은 것이다. 이곳은 위험하지만 많은 사람들이 살고 있으며 인구도 점점 늘어나고 있다. 시기에 관계 없이 항상 미국 인구의 20퍼센트 정도—6,000만 명—가 너무 외로워서 삶이 불행하다고 여긴다고 보고된다. 이들은 심리적 고통뿐 아니라 신체적 위험에도 노출되어 있다. 만성적인 외로움은 노화를 촉진하고, 각종 스트레스 호르몬을 분출하여 수면 시간을 단축시키고 수면의 질도 떨어뜨린다. 이는 심장 건강에 악영향을 미치고 뇌졸중 위험을 증가시키며 알츠하이머병의 발병과도 연관이 있다. 실제로 면역 체계 세포의 DNA 전사(DNA를 원본으로 RNA를 만드는 과정-옮긴이)가 외로움으로 인해 변화하기도 하며 백신의 효과를 무력화시키기도 한다.

이러한 여러 건강상의 위험요소가 발생하는 것은 신체가 장기간에 걸친 건강보다는 단기간의 보존을 우선하는 생존 전략을 취하도록 진화했기 때문이다. 만성적 외로움은 사회적 뇌가 보내는 경고 체계가 제대로 작동하지 않는 상태이다. 외롭다는 것은 주 7일 하루 24시간 내내 알람이 울리고 있는 것이나 마찬가지이다. 가족이나 친구가 찾아와도 이 성가신 알람은 머릿속에서 떠나지 않고 계속 울려 대며, 도움을 주려는 사람들이 사실은 나를 해치려고 한다는, 있지도 않은 위험에 대해 경고한다. 이런 상태가 되면 친구가 "괜찮아?" 정도의 단순한 질문을 할 때조차 지금 내가 괜찮지 않다고 말하는 것인가 의심하게 된다.

이 알람이 울리면 있을 수 있는 사회적 위험에 경계 태세를 갖추게 될 뿐 아니라 보안 조치를 취하게 된다. 뇌의 주요 위협 감지 기관인 편도체가 활성화되어 뇌의 보안 카메라—시각과 주의를 관장하는 영역—가 작동한다.

지나친 보안 체계하에서는 약간의 연기만으로도 '불이야!' 하고 경고하는 신호로 여기게 되어 뇌는 불필요하게 스프링클러를 작동시킨다. 다시 말하면 신경내분비계를 긴장 상태로 조정하고 투쟁-도피 반응(갑작스러운 자극에 맞서 싸울 것인지 도망칠 것인지를 결정하는 본능적 반응-옮긴이)을 유발한다. 혈관이 확장되고 골수 조직으로 에너지가 넘쳐 들어가며 스트레스 호르몬인 코르티솔 수치가 치솟는다. 이 모든 염증성 활동은 위기 상황에서 도움이 되도록 고안된 것이지만 이 상태가 장시간 유지되면 오히려 나쁜 결과를 불러온다. 이 때문에 외로운 사람들은 혈압이 더 높고 바이러스에 대한 면역력은 낮으며 안좋은 수면 습관을 가지고 있다. 또한 더 우울한 경향이 있으며 충동적으로 행동할 확률도 높다.

외로움을 다루는 것이 쉽지 않은 이유는 외로움이 어느 정도는 자체적으로 강화되고, 심지어 자기 충족적 예언이 될 때도 있기 때문이다. 외롭다고 생각하면 할수록 더욱 외로워진다. 자기 스스로 마음이라는 공간을 세상에서 가장 외로운 곳으로 만들 수도 있다. 내가 진행한 실험에서는 외로운 사람들은 그렇지 않은 사람들보다 훨씬 빠르게 부정적 의미를 담은 사회적 단어('적대적'이라거나 '달갑지 않은' 같은)를 캐치한다는 것을 발견했다.

사회적 위험요소에 대해 지나치게 날이 선 채로 경계하다 보면 위험요소가 모든 곳에 도사리고 있다고 느끼게 된다. 새로운 단어를 배웠는데 바로 그날부터 갑자기 책이나 대화 속에서 그 단어가 튀어나온 경험이 있는가? 우연이 아니다. 그 단어는 내가 새로 배우기 전부터 원래 그렇게 자주 쓰이고 있던 단어였다. 단지 내가 그제야 주의를 기울이게 되었을 뿐이다. 외로움의 순환고리 역시 같은 원리이다. 외로워서 친구들을 적으로 보기 시작하면 그 생각을 증명할 단서를 발견하게 된다. 사람은 외로울 때 더 뾰족해지고 낙심하며 스스로에게 더욱 집중한다. 이는 친구를 만들거나 연애 상대를 찾기에 적당한 마음 상태와는 거리가 멀다.

우리는 외로울 때 누군가가 이상하게 보거나 어색한 말을 건네면 불쾌해하고 거절당하는 기분이 들며, 그 사람을 잠재적 친구에서 제외시킴으로써 거절로부터 '스스로를 보호하려' 하게 된다. 노인을 대상으로 10년에 걸쳐 실행한 종단 연구에서, 자기 중심성의 기준을 통제한 표본에서마저도 외로움으로 인해 자기 중심성의 정도가 증가하는 것으로 나타났다.

외로운 사람들은 자기 자신에게 집중하는 경향이 있을 뿐 아니라 사회적으로 현실 감각 역시 떨어진다. 동물이나 무생물을 의인화하곤 하며 반려동물에 인간의 특징을 적용하고 구름 속에서 얼굴을 찾아낸다. 톰 행크스가 무인도에 표류하는 역할을 맡았던 영화 〈캐스트 어웨이〉를 떠올려보자. 그는 난파한 배의 잔류물 사이에서 배구공을 찾아 동료로 삼고 윌슨이라고 이름 붙인다.

이런 일은 왜 일어나는 걸까? 외로움을 느끼고 사회적 연결고리가 끊어지면 균형을 잃은 두정엽과 연결된 뇌 영역이 과하게 자극받게 된다. 여기에는 얼굴과 몸에 대한 정보를 저장하고 해석하는 영역을 포함한다. 그 결과 다른 사람과 연결되고 싶은 갈망이 커져 마음속에서 말 그대로 사회적 신기루를 만들어 내게 된다.

외로운 마음들의 모임

항암치료를 받는 존의 손을 잡아 주고 좁은 병원 침

대에서 존과 함께 자며 나는 외로움에 대해, 그리고 사랑이 침묵 속에서 다가오는 살인마로부터 우리를 얼마나 지켜 주고 있는지에 대해 많이 생각해 보았다. 존은 엄청난 일을 겪고 있었다. 보이지 않는 적인 암과 이미 싸우고 있는데 외로움이라는 또 다른 보이지 않는 적과도 대적해야 했다면 어땠을까? 수술을 하고 항암치료를 받는 과정에서 존이 사회—나를 비롯한 가족과 친구들—의 지지를 받지 못했더라면 그가 그 과정을 이겨 낼 수 있었을지 솔직히 알 수 없는 일이다.

동시에 나는 건강한 관계를 맺지 않고 있는 사람들이 어떻게 사회적 고립으로 인한 여러 위험요소들을 피해 갈 수 있을지 궁금해졌다. 혼자인 사람들이나 파트너가 있지만 행복하지 않은 사람들이, 아니 사실 어떤 형태로든 외로움을 겪고 있는 사람들은 스스로를 지키는 길을 찾아낼 수 있을까?

있기는 하다. 하지만 외로움과 싸우기 위해서는 자신이 외롭다는 사실을 기꺼이 인정할 의지가 있어야 한다. 연애나 다른 사회 생활이 계속해서 불만족스럽거나 채워지지 않는 느낌이 지속된다면, 그리고 함께하는 사람이 없다는 느낌이 든다면 그냥 넘겨 버릴 문제가 아니다. 그 느낌은 위험하다.

자신의 외로운 마음에 속지 않는 것이 그다음 해야 할 일이다. 윌슨의 경우에서 볼 수 있듯이, 외로움은 사회적 고립으로 인한 느낌을 거스르도록 장난을 치고, 진짜로 필요한 사회적 관계를 피하거나 경계하도록 만들 수 있다. 그러므로 사회적 관계에 대한 기대치에 그 점을 감안해야 한다. 또한 외로울 때는 다른 사람을 너그럽게 믿어 주는 일이 쉽지 않다는 것도 알아야 한다. 사회적 관계에서 오는 이점을 과소평가하게 되기도 한다.

시카고 대학에서 동료였던 심리학자 니콜라스 에플리Nicholas Epley는 사람들이 낯선 사람과의 대화가 주는 의미와 즐거움을 과소평가하여 모르는 사람과는 이야기하지 않는다는 점을 발견했다. 그러니 외로운 사람들이 모든 종류의 사회적 상호 작용이 갖는 의미를 과소평가하는 경향이 있다는 것은 놀라운 일이 아니다.

존을 만나기 전까지 나는 한 번도 연애를 하지 않았다. 혼자이기를 선택한 것에 대해 가끔 비난받는 듯한 느낌을 받기도 하고, '사람을 만나는' 방법에 대해서 (좋은 의도였겠지만) 강요 섞인 조언을 들으면서도 진짜로 외롭다고 느낀 적은 없었던 것 같다. 어릴 때부터 누군가와 삶을 함께하리라는 기대 자체가 없었으므로 연애를 하지 않아도 나의 사회적 현실에 만족하며 살았다.

객관적으로 나는 혼자였지만 주관적으로는 딱히 고립된 느낌을 받지 못했다. 겉으로 어떻게 보이는지는 뇌에게는 중요한 문제가 아니다. 뇌에 좋은 것, 뇌가 필요로 하는 것은 누군가와 또는 무언가와의 깊은 상호 연결이다.

알고 지내는 사람이 몇 명인지, 그것이 사회적으로 어떻게 보일지와 같은 것은 중요치 않다. 신체적·심리적 안녕에 본질적으로 중요한 것은 사회적 관계의 질이다.

외로움을 이겨 내는 법

외로움을 예방하는 처방을 내리는 깃은 매우 어려운 일이다. 그럼에도 코로나19로 인해 강제적으로 사회적 고립을 피할 수 없었던 기간 동안 CNN의 산제이 굽타Sanjay Gupta 박사부터 시작해 이웃에 사는 여든 살 할머니, 프로 운동선수, 하이킹을 하다 마주친 모르는 사람까지, 모든 사람이 나에게 그 질문을 던졌다. 내 답변은 "GRACE"라는 다섯 글자로 요약된다.

G.R.A.C.E. 사랑의 네트워크가 작동하지 않고 모두가 외로움의 위험에 노출된 격리 기간에도 스스로의 사회적 신체를 돌보고 유지할 수 있는 방법들의 첫 글자를 따 만든 단어이다. G.R.A.C.E.란 감사Gratitude, 호혜Reciprocity, 이타심Altruism, 선택Choice, 즐거움Enjoyment으로, 하나씩 풀어 보면 다음과 같다.

감사. 외로운 사람들은 자신의 삶에서 일어나는 일들에 딱히 감사하는 마음을 갖지 않는다. 하지만 마치 추수 감사절 테이블에 앉았을 때처럼 억지로라도 감사한 것들을 떠올려보자. 가족이나 강아지가 될 수도 있고 건강, 날씨, 아니면 자기 자신(매일을 살아가고 있다는 점에 대해)을 떠올릴 수도 있을 것이다. 매일 진심으로 감사한 다섯 가지를 적어 보자. 연구에 따르면 이러한 간단한 활동이 주관적으로 느끼는 건강을 크게 증진시키고 외로움을 감소시킬 수 있다.

호혜. 외로운 사람에게 할 수 있는 최악의 행동은 도와주려고 하는 것이다. 주변에 외로운 사람이 있다면 도움을 주기보다는 도움을 요청하는 것이 좋다. 존중받고 누군가에게 의지가 되고 중요한 존재로 인정받는 것, 외로운 사람들은 이러한 사실로부터 스스로의 가치와 소속감을 느끼고 고립된 느낌을 줄일 수 있다. 심리학자 바버라 프레드릭슨은 조금씩이라도 다른 사람과 연결되는 '작은 순간들'을 구축해 나갈 것을 제안한다. 가족이든 동네 마트의 직원이든 상관없다. 자기 자신을 다른 사람과 조금씩 나누어 가는 기회를 통해 점점 기분이 나아지고 스트레스가 해소되기도 할 것이다.

이타심. 도서관이든 조깅 클럽이든 적십자든 어디서든 자원봉사를 해 보자. 자기 자신보다 큰 무언가의 일부가 되어 보길 권한다. 다른 사람을 돕고 내가 가진 지식을 공유하고 사명감을 느껴 보는 것이 중요하다. 이 모든 것은 사랑하는 관계에 있을 때 경험하는 것과 유사한 자기 확장의 느낌을 제공한다. 하지만 한번에 너무 이것저것 하려 한다거나 산발적이거나 잠깐 하다 마는 것은 삼가도록 해야 한다. 어떤 이타적인 이유로 시간을 투자하기로 했든, 할애하기로 한 그 시간을 삶의 규칙적인 부분으로 만들어야 한다. 이를 실천한 사람들의 결과는 인상적이다. 예를 들어 사회학자 던 카Dawn Carr와 연구팀이 50세 이상의 성인 5,882명을 대상으로 진행한 연구에서는 주당 2시간 이상의 자원봉사가 남편을 잃은 여성들의 외로움을 결혼한 상태의 여성과 같은 수준으로 낮출 수 있는 것으로 나타났다.

선택. 외로운 상태에 놓인 것은 그렇게 생각되지는 않겠지만 결국 스스로의 결정이다. 누군가에게는 매우 우호적인 상황도 다른 누군가에게는 배타적이고 고립적으로 느껴질 수 있다. 모든 것은 받아들이는 사람의 마음에 달려 있다. 그러므로 자신이 외롭기를 바라는지 행복하기를 바라는지는 지금 당장—그렇다, 지금 당장이다—결정할 수 있다. 외로운 사람들을 치료하는 심리적 개입을 들여다보면, 당사자의 태도와 관점을 바꾸는 것이 사회적 접촉의 기회를 늘리는 것보다 외로움 지수에 더 큰 영향을 미치는 것으로 나타났다. 또한 스스로 자신의 사회 생활을 규정하는 방식이 실제 경험에도 영향을 미친다. 하버드 대학교에서 2020년에 진행한 연구에 따르면, 사람들을 대기실에 10분간 혼자 앉아 있게 하면 보통 지루해하거나 외로움을 느끼는데, 이때 '고독의 이점'에 대해 생각하게 하면 그 수치를 확연히 줄일 수 있었다.

즐거움. 이것이 아마도 예상할 수 있는 가장 확실한 조언이겠지만, 즐겁게 살도록 최대한 노력하고 삶을 즐기자. 즐거움이 건강과 삶의 만족을 가져다준다는 점은 과학적으로 증명됐다. 다행히도 세상에는 부정적인 일보다는 긍정적인 일이 더 자주 일어나곤 한다. 하지만 누구나 의식적으로 그 긍정적인 사건을 즐기려 하는 것(심리학에서는 이것을 긍정적 사건의 자본화라고 한다)은 아니다. 좋은 소식과 좋은 시간을 다른 사람들과 공유하는 것은 긍정적인 감정을 증가시키고 외로움을 줄이는 데 도움이 된다. 캘리포니아 대학교 산타바바라 캠퍼스 교수로 있는 사회심리학자 셸리 게이블Shelly L. Gable의 흥미로운 연구에 따르면, 가까운 관계에서 삶을 함께 즐기고 좋은 소식을 공유하는 시간을 나누는 커플일수록 더 행복하다고 한다.

10.
시간의 시험

오늘로 내일을 밝히라.
—엘리자베스 브라우닝

모든 역경에도 불구하고 존의 '치료 3부작'은 효과가
있었다. 최고의 의료진과 존의 투지, 그리고 사랑의 치유
력으로 존은 암을 이겨 냈다. 하지만 너무도 치열했던 싸
움에 존은 거의 죽을 뻔했다.

폭풍 같았던 첫 번째 항암 화학요법과 방사선 치료는
14주간 지속되었다. 한 주간 치료를 하고 다음 한 주는 쉬
었다. 화학물질과 광자선의 파도가 존의 몸을 휩쓸고 가면
그다음 주는 집에서 쉬며 예견된 추락을 기다렸다. 병원

에서 첫 주 치료를 받은 뒤 우리는 항암 치료제가 과다하게 투여되었다는 것을 알게 되었다. 나는 끊임없이 간호사에게 전화해 존이 겪는 극단적인 부작용—고열, 구토, 심한 구강 아구창—이 정상인지를 물었다. 존은 먹는 음식마다 모두 토해 냈다. 의사들은 존의 배에 위루관(영양물이나 음식물을 위장으로 보내기 위해 배벽을 뚫고 몸 바깥과 위장을 연결하는 관-옮긴이)을 삽입해 영양분을 직접 공급하자고 했다. 병에 걸리기 전에 존은 몸 상태가 아주 좋았는데—배도 전혀 나오지 않았고 근육도 단단했다—그 때문에 관을 삽입하기 위해 절개한 복부의 통증이 극심한 나머지 회복실에서 깨어난 존은 (마취를 했음에도) 비명을 지르기 시작했다. 존은 겁에 질렸고 정신이 혼미해졌다. 이런 정도의 고통을 초래하는 것은 총상뿐일 것이라 생각한 나머지 "오바마를 보호해야" 한다고 중얼거리기도 했다 (오바마는 당시 대통령이었을 뿐 아니라 시카고의 살아 있는 전설이기도 했다).

존이 정신을 차리고 우리는 존의 비밀 요원 판타지에 대해 이야기하며 크게 웃었다. 상황이 계속 악화되고 있었고 우리에게는 그런 카타르시스의 순간이 필요했다. 혈액 검사와 다른 여러 초음파 검사 결과는 치료가 존에게 효과가 없었음을 시사했다. 암이 이기고 있었다. 우리는 고통 앞에서 강해지려고 애썼지만 고통을 오래 견디다 보면 그런 것도 소용이 없어진다. 우리는 데이터에서 희망을 찾으려 했다. 두려웠지만 어쩔 수 없었다. 숫자와 델타, 추세선을 확인하고 싶었다. 이 상황이 지성과 끈기로 해결할 수 있는 문제 중 하나라도 되는 것인 양, 과학자의 태도로 접근하기를 원했다.

병원에 입원해 있는 동안 존은 의사들에게 처방을 바꾸도록 설득하기도 했다. 진통제로 처방되던 펜타닐 패치제를 더 효과적으로 사용하면 중독성이 강한 오피오이드(마약성 진통제의 한 종류-옮긴이)의 과다한 복용을 피할 수 있을 것이라고 생각했다. 존은 의사들을 설득해 자신이 생각한 방법대로 시도해 보기도 했지만, 용량을 줄인 바로 다음 날 존은 고통으로 몸을 뒤틀며 의사들을 다시 불렀다.

"결국… 제 가설이 틀렸나 보네요."

이성적으로는 나도 항암 치료제와 방사선 요법이 존에게 나쁜 영향을 끼치면서 안쪽에서부터 그를 시들게 하고 있다는 것을 알았다. 하지만 내 눈에 존은 환자가 아니었다. 내 눈에 그는 여전히 나의 남편이었고, 내가 사랑했던 눈을 가진 바로 그 사람이었다. 그리고 나는 존이 이 싸움에서 이길 것이라고 뼛속 깊이 확신했다. 나는 진심으로 존이 하기로 한 것은 무엇이든 할 수 있는 사람이라고 믿었다. 그랬기 때문에 고통과 불확실함이 몇 달간 이어지다 드디어 변화가 보이기 시작했을 때 어떤 면에서는 놀랍지 않았다. 암 표지자 수치가 좋아졌고 초음파 검사도 점점 깨끗하게 나왔다. 우리는 좋은 소식이 있을 때마다 "행복한 신혼여행을 위하여"라며 축배를 들었다. 14주가 지나자 존의 몸속에서 종양이 완전히 사라졌다. 존은 다시 자유의 몸이 되었다.

존은 다음 학기부터 원래 하던 강의를 다시 모두 맡았고 활력을 갖고 연구도 시작했다. 하지만 우리는 예전과는 조금 달랐다. 죽음의 망령이 집에 깃들었고 초대받지 않은 손님처럼 저녁 식사 테이블에 함께 앉았다. 존이 앓았던 암은 재발 위험이 매우 높았다. 존은 남들이 그냥 넘겨버리는 것들을 직면할 줄 알았고, 그런 자신을 자랑스러워했다. 그는 다시 삶에서 최고를 기대하되 최악을 준비해야 한다고 이야기했다. '추억 쌓기'가 존의 삶의 목표가 되었다. 그는 만일의 경우를 대비해 내가 붙잡을 수 있는 것들을 만들어 주려 했다. 우리는 처음 파리에서 결혼식을 올렸을 때 시간이 없어 준비하지 못했던 맞춤 턱시도와 손으로 수놓은 흰색 레이스 드레스를 입고 다시 혼인 서약을 했다. 존이 자란 작은 동네를 보기 위해 시카고에서부터 텍사스 서부까지 자동차 여행도 했다. 그 여행에는 두 가지 목적이 있었다. 하나는 나에게 고향을 보여 주어 내가 그의 모든 면을 이해하기를 바랐다. 그리고 또 하나는, 실제로도 그리고 비유적으로도 자신의 삶의 운전석에 다시 한번 앉아 보고 싶어 했다.

암을 앓고 난 후 존은 좀 더 선별적으로 시간을 쓰게 되었다. 직장에서는 자신의 연구가 미칠 영향에 집중했다.

대학원생들이나 박사후 연구원들은 더는 지도하지 않았고 아직 갈 길을 정하지 않은 학부생들에게 초점을 맞췄다. "대학원생의 멘토가 되면 누군가의 직업을 바꿀 수 있겠지." 존이 말했다. "학부생들의 멘토가 되어 주면 누군가의 인생을 바꿀 수 있어." 존은 젊었을 때 요가를 가르쳤기 때문에 늘 어렵지 않게 '순간'에 집중할 수 있었지만 항암 치료를 마친 이 몇 달간보다 더 집중하고 더 현재에 존재하는 모습을 보인 적은 없었다. 개인으로서의 삶과 직업인으로서의 삶 모두에서 존의 관심은 인간관계의 질에 맞추어졌다.

파리에서 우리 결혼식의 주례를 서 주었던 스탠포드 대학교 심리학자인 로라 카스텐슨에게 이는 그다지 놀라운 일이 아니었을 것이다. 카스텐슨은 사람들이 각기 다른 삶의 단계에서 삶의 질을 이해하는 방식에 대해 수년간 연구했는데, 사회정서적 선택 이론socio-emotional selectivity을 통해 사람들이 자신의 삶의 만족도를 이해하는 방식은 나이가 들거나 생명을 위협하는 질병에 직면하면서 달라지는 경향이 있다고 주장했다.

삶의 초기 단계에서의 사람들은 미래를 '광범위하고 제한이 없는' 것으로 인식하며 죽음에 대한 생각을 거의 하지 않는다. 아직 시간이 있다고 생각하므로 자신을 '수집 모드'로 맞추고 미래를 위해 돈이나 사회적 지위, 지식 같은 것들을 축적하려 한다. 하지만 나이가 들거나 건강에 위협을 느끼면 내적 계산 방식이 달라진다. 이제 '감정적 균형'을 찾고자 하며 중요하고 만족스러운 인간관계와 경험에 더 집중하고 미래보다는 현재에, 양보다는 질에 더 관심을 갖는다. 과거의 수집가는 이제 경험자가 된다.

이러한 변화를 겪고 나면 보통은 더 나은 삶을 살게 된다. 이는 많은 젊은 사람들이 노년에 대해 갖는 생각, 즉 노년은 병들고 약해지기 시작하는 지점이며 '끝'이 가까워져서 절망스럽고 우울할 것이라는 관점과 충돌하는 사실이다. 실상은 그와 완전히 반대이다. 나이 든 사람들은 더 행복할 뿐 아니라 기억 역시 긍정적 정보를 저장하는 방식으로 재설계된다. 로라가 진행한 실험에서는 다양한 연령대의 참가자들에게 긍정적, 부정적, 그리고 긍정도 부정도 아닌 중립적 이미지를 보여 주었다. 젊은 사람들은 자신의 감정 상태와 상관없이 이미지들을 기억하는 데 뛰어났다. 그런데 나이 든 사람들은 부정적이거나 중립적인 것보다 긍정적 이미지를 훨씬 많이 기억했다.

그리고 이러한 성향은 인간관계를 대할 때도 드러난다. 파트너와 함께 나이 들어갈수록 긍정적인 면에 집중하는 경향이 있으며, 상대방에게 더 관대해진다. 젊은 커플에게는 역설적으로 들리겠지만 파트너와 더 행복하게 살기 위한 방법 중 하나는 아마도 나이 든—또는 지혜로운—사람들처럼 생각하고 더 많은 것을 경험하며 삶에서 더 큰 만족을 찾도록 노력하는 것이다. 그렇게 함으로써 삶에서 긍정적인 면에 집중하고 부정적인 것들을 흘려보낼 수 있음을 발견하게 될 것이다.

시간과의 싸움

삶의 질곡에도 불구하고 모종의 생물학적 요인들로 인해 사랑이 살아남기도 하지만 한편 위태로워지기도 한다. 우리를 시간의 거대한 파도에 휩쓸리게 하는 그런 일들 말이다.

일반적으로 미래는 사랑하는 사람들에게 있어 두려운 공간이다. 슬프게도 아주 많은 커플이 시간이 흐르면서 헤어지기 때문이다. 한때 미국에서는 결혼한 커플의 절반이 이혼으로 끝난다고 말하곤 했다. 하지만 결혼하는 사람의 수 자체가 줄어든 데다 결혼 시기가 늘어지면서 이혼할 확률은 39퍼센트 전후로 떨어졌다. 이 역시 여전히 높기는 하다. 게다가 결혼하지 않은 커플이 헤어질 가능성은 훨씬 더 높다.

스탠포드 대학교 사회학자인 마이클 로젠펠드Michael Rosenfeld는 미혼의 동성 및 이성애자 커플이 헤어지는 비율을 추적해 왔다. 그 결과 나이가 젊은 커플의 경우 이성애자와 동성애자 커플 모두 첫해에 헤어질 확률이 70퍼센트가 넘는다는 것을 발견했다. 5년째가 되면 20퍼센트로 떨어지고, 그 지점으로부터 20년이 될 때까지는 헤어질 확률이 계속해서 감소한다. 그러다 20년이 넘어가면서는 동성 커플의 경우 5퍼센트, 이성 커플의 경우 10퍼센트 정도에서 머물렀다.

헤어지는 이유들은 물론 복잡하지만 보통은 크게 두 가지 문제로 귀착한다. 하나는 파트너와의 관계에서 친밀감이나 연결되어 있다는 느낌(이를 사회적 보상social reward 이라고 한다)을 받지 못해서이고, 다른 하나는 상대방에게 거절당하거나 거부당한다는(사회적 위협social threat) 느낌을 받기 때문이다. 이러한 이별의 주요 원인 두 가지 중에 심리학자들은 사회적 보상의 결핍이 관계의 지속에 더 결정적인 역할을 한다고 본다.

진심 어린 사랑의 맹세든 다정한 미소든 사랑하는 관계에는 뇌와 신체에 보상이 되는 여러 제스처가 존재한다. 그리고 사랑의 네트워크는 보상 속에서 번창한다. 식물에게 물이 필요하고 전기 자동차에… 전기가 필요한 것처럼, 사랑의 네트워크는 도파민을 필요로 한다. 도파민이 없는 관계는 내리막길일 뿐이다. 많은 이별을 뇌의 화학 작용으로 설명할 수 있는 것도 그런 이유에서이다. 앞 장에서 살펴보았듯, 사랑에 빠지면 뇌의 보상 체계가 도파민을 대량으로 분출해 더없이 행복한 상태가 된다. 하지만 아무리 열정적인 관계라고 하더라도 관계 초반의 강렬한 감정은 변하기 마련이다. 어떤 커플은 더 장기적이고 정서적 기반을 바탕으로 한 헌신적 관계로 발전하는 반면, 각자의 길을 가게 되는 커플도 있다.

'7년째의 권태기'에 대해 들어본 적이 있을 것이다. 하지만 과학적으로는 2년째의 슬럼프라는 개념이 더 신빙성이 있다. 많은 경우에 도파민에 취해 정신이 나간 뇌는 처음 2년 중 어느 지점에선가 바닥을 치게 된다.

또 다른 위험 구간은 4년 정도 됐을 때이다. 헬렌 피셔는 여러 문화권의 이혼율을 분석해 보며 이 지점에서 헤어짐이 급증한다는 점을 발견했다. 피셔는 이 시기는 어린 아이가 생존을 위해 가장 보살핌을 필요로 하는 시기와도 일치한다고 덧붙인다.

이것이 우리 몸속 어딘가에 깊숙이 뿌리 내린 유전적 성향 때문이든 아니면 도파민에 대한 갈망 때문이든 연애를 시작하고 몇 년이 지나면서 자연스럽게 찾아오는 '바닥을 치는' 현상은 매우 정상적이며, 이런 느낌을 관계에 문제가 생겼다는 조짐으로 받아들일 필요는 없다. 관계가 변화하고 있을 뿐이며, 진화로 봐도 무방하다. 하지만 이러한 '긍정적이고 강렬한 사랑'의 부재는 그 느낌에 익숙해진 사람들에겐 무엇인가 부족하게 느껴질 수 있다.

조지아 대학교의 심리학자 저스틴 라브너Justin Lavner와 연구팀은 결혼 후 첫 18개월에 도달한 338쌍의 커플을 추적 조사한 결과—커플의 나이나 결혼 전 동거 여부는 고려하지 않았다—대부분의 신혼부부가 이 짧은 기간 동안 기분이나 성격에 큰 변화를 겪는다는 점을 발견했다. 파트너의 생각에 동의하지 않는 일이 많아졌고 남편은 전보다 내성적이 되었으며 아내는 이해심이 적어졌다. 이런 현상의 이유는 물론 복잡하겠지만, 사랑에 처음 빠졌을 때의 상태에 오랫동안 머무를 수 없다는 것은 모든 커플이 넘어야 하는 장애물일 것이다. 만난 지 몇 년이 지나면 서로에게서 멀어지고자 하는 경향이 있다고 해도 일반적인 관계의 패턴이 반드시 모든 사람의 운명으로 이어지는 것은 아니라는 점을 기억해야 한다.

스스로에게 진실할 것

"본 모습에 충실하라"는 말을 들어본 적이 있는가? 사회에서 자주 건네는 조언 중에 이보다 더 자주 회자되면서도 무언가를 강요하지 않는 조언은 없는 것 같다. 누가 나에게 "있는 그대로 해"라고 말하면 나는 이렇게 답하곤 한다. "좋아, 그런데 본 모습 중 어떤 거?"

뇌에 관한 한 자아는 유동적인 것이다. 정해진 한 가지 자아란 존재하지 않으며, 사실 뇌의 각기 다른 영역은 자신이 누구인지에 관해 상충되는 정보를 제공하기도 한다. 뇌의 전전두피질PFC의 일부 영역은 자의식의 분류, 즉 우리의 성격적 특성을 저장해 스스로 관대하다거나 지적이라거나 키가 크다거나 얼굴이 잘 생겼다고 여기게 한다. 반면 각회와 두정엽의 일부 영역은 자아에 관해 좀 더 상징적이고 덜 피상적인 정보를 다룬다. 전전두피질은 서류상의 자신을 규정하고, 각회는 좀 더 세밀하게 스스로 느끼고 행동하고 경험하는 것을 바탕으로 깊숙한 곳의 자신을 끌어낸다—이는 '진정한 자아'라고도 하며 말로 설명하기 어려운 부분이다.

결국 내가 하려는 말은, 뇌의 관섬에서 보면 자아는 고정된 것이 아니라는 점이다. 자아는 역동적이고 끊임없이 진화하며 여러 요소들의 결합으로 이루어진다. 그리고 사랑하는 관계에는 두 개의 자아가 함께하므로 혼자일 때보다 두 배로 그러하다. 우리는 이 점을 너무 자주 잊는다. 사랑하며 오래도록 만족하고 행복하기 위해서는 나 자신은 물론 파트너 역시 계속해서 진화하고 있다는 사실을 잊어서는 안 된다. 그러므로 반백 년을 함께했다 하더라도 상대방을 '알아가는' 과정을 게을리해서는 안 된다는 것이다.

"본 모습에 충실하라"는 말은 괘념치 않아도 된다. 이는 고정되지 않은 목표이므로 대신 지금 이 순간 자신이 누구인지를 확실하게 인식해야 한다. 그러면 그 진실된 자아가 빛을 발할 것이고 사랑 역시 그로 인해 더욱 강건해질 것이다. 나와 존처럼.

암과의 전쟁과 결코 쉽지 않았던 그 이후의 휴전 상황을 겪으면서도 우리 사이는 조금도 닳지 않았다. 사실, 더 가까워졌다. 우리 관계를 새로운 상황에 맞추어 가면서도 굳건하게 유지할 수 있었던 것은, 모든 것이 변함없이 그대로인 척하거나 원래 해 오던 방식에 머무르지 않았기 때문이다. 우리는 과거 속에 살기를 거부했다. 대신 우리에게 도전하고, 우리를 변화시키고, 더 결속된 자아로 진화하도록 하는 현재 속에 살고 있었다. 존과 나는 모든 것에 대해 이야기를 나누었고 우리 자신을 상황에 맞게 재조정해 발을 딛고 있는 땅이 불안정했음에도 마침내 새로운 상황에 적응했다. 존이 어떤 상황에 있든 나는 그를 남편으로 대우했다. 나의 기쁨과 두려움을 공유했고 조언을 구했으며 도움을 요청했다.

그동안의 연구를 통해 우리는 둘 다 사회적 종의 진화에 있어 호혜와 상호 원조의 중요성을 잘 알고 있었다. 내가 존을 환자로만 대하고 연민에 빠졌다면 존은 우리 관계에서 존재의 이유를 잃어 버렸을 것이다. 그랬다면 끔찍하고도 혼란스러웠을 것이며 외로움이라는 감정에 속수무책으로 잠식당했을 것이다. 그러나 우리는 심리학에서 자기 노출self-disclosure이라고 하는 과정을 실천함으로써 관계를 더욱 단단히 다졌다. 그것은 좋을 때나 나쁠 때나 누구나 늘 지니고 있는 눈에 보이지 않는 진실—희망, 기쁨, 추억, 매일 같이 쌓았다가 또다시 쌓아 올리는 여러 가지 것들—을 공유함으로써 가능했다.

사랑은 선택

어지러울 만큼 다양한 현대의 낭만에 대해 논하기 가장 좋은 공간 중 하나는 2004년부터 매주 한 편씩 〈뉴욕타임스〉에 실리는 '현대인의 사랑Modern Love'이라는 칼럼이다. 매년 8,000편에 달하는 사연이 도착하는 덕분에 이 칼럼은 전체 지면에서도 가장 요지를 차지한다. 영광스럽게도 〈뉴욕타임스〉는 2017년 '현대인의 사랑' 특별 기념판에 나와 존의 이야기를 실었다.

우리는 처음에 어떻게 만났는지, 그리고 최근 죽음의 문턱에서 우리가 어떻게 더 가까워졌는지에 대해 이야기했고 내 연구를 요약하는 것으로 마무리했다. 사진 작가가 우리 사무실로 와서 실험실 가운을 입고 웃고 있는 나와 존의 사진을 찍었다. 신문이 발행됐을 때 우리는 동네에 있는 모든 신문 가판대에서 신문을 사서 유럽에 있는 가족들에게 보내 주었다. 친구들과 동료들에게서 수십 통의 메시지를 받았다. 우리의 사랑 이야기가 이제 공식적인 것처럼 느껴졌고 다른 사람들에게 울림을 줄 수 있기를 바랐다. 그 기사 덕분에 즐겁기는 했지만 그 영향력은 2년 전에 책으로 출판된 '현대인의 사랑' 에세이의 인기에 비할 바는 아니었다. 제목은 《사랑에 빠지고 싶다면, 이렇게 해보세요To Fall in Love with Anyone, Do This》이다.

이 에세이의 작가는 밴쿠버 출신의 글쓰기 강사 맨디

렌 케이트런Mandy Len Catron으로, 친한 친구와 함께 유명한 사회심리학 실험을 직접 재연해 본 이야기를 공유했다. 이 실험은 원래 1990년대에 아서 아론과 일레인 아론이 몇 명의 동료들과 함께 진행했던 실험이다. 서로 모르는 사이의 두 사람을 무작위로 선정해서 인간 본성의 특징을 이용해 서로 사랑에 빠지게 할 수 있는지에 대한 실험이었다. 비슷한 나이의 이성애자 남녀 한 명씩을 서로 다른 문을 통해 실험실로 들어가게 했다. 실험 참가자는 서로를 마주 보고 앉아 점차 사적인 내용으로 바뀌는 36가지 질문에 차례로 답을 했다.

다소 따분한 질문(누구와 저녁 식사를 함께하고 싶나요?)으로 시작해 빠른 속도로 질문의 수위를 높여 갔다(어떻게 죽을지에 대해 자기만 아는 예감이 있나요?). 곧 참가자들이 다양한 방식으로 서로에게 집중하도록 유도하는 질문들이 이어졌다. 각자 '우리'로 시작하면서 거짓이 아닌 문장 세 개를 만들어 보세요. 예를 들면 "우리는 지금 이 방에서 둘 다 ~한 것을 느낀다" 등입니다. 질문은 자기 노출을 이끌어 내도록 특별히 고안되었다. 아론 부부와 동료들은 이 실험이 신속하고 높은 확률로 낭만적 사랑을 형성하는 데 필수적인 종류의 친밀감을 만들어 낸다는 결론을 내렸을 뿐 아니라 매우 인상적인 일화를 접하게 됐다. 6개월이 지난 후 실험 참가자 두 명이 결혼을 했고 결혼식에 실험실 직원 전체를 초대한 것이다.

여느 훌륭한 과학자들과 마찬가지로 케이트런은 자신이 진행한 수정된 버전의 실험이 가진 한계를 지적했다. 실험실이 아닌 사람이 많은 술집에서 실험이 진행되었고 (술을 마시고 있었을 가능성도 있다) 파트너로 참여한 사람은 처음 보는 사람이 아닌 친구였다. 그럼에도 이 질문들을 따라가다 보니 전에는 느끼지 못했던 깊은 애정의 문이 두 사람 사이에 열리는 것을 느끼고는 놀랐다. 이 실험은 4분간 말없이 서로의 눈을 똑바로 바라보는 것으로 끝난다. 책에서 케이트런은 이것이 전에 했던 어떤 경험보다도, 심지어 밧줄 하나에 의지해 절벽에 매달렸던 일보다도 흥분되고 오싹한 일이었다고 적었다. 처음 2분간 그녀는 제대로 숨을 쉴 수도 없었다. 그러나 이내 긴장이 풀리고 덜 어색해지기 시작하다 마침내 그렇게 서로를 바라보는 것이 마땅한 일이라는 느낌이 들었다.

이 실험이 어떤 마법 같은 주문을 건 것은 아니었다. 하지만 케이트런은 이 실험이 행동을 통해 '신뢰와 친밀감을 쌓는 것'—사랑의 바탕이 되는 바로 그 느낌이다—이 가능하다는 것을 보여 주었다고 했다. 그리고 몇 주, 몇 달이 지난 후 케이트런과 그 친구는 실제로 사랑에 빠졌다. 에세이는 이렇게 마무리된다. "사랑은 우연히 찾아오지 않았다. 우리가 사랑에 빠지겠다고 선택한 것이었다."

사랑을 찾는 사람들, 그리고 현재의 관계가 만족스럽지 않은 사람들에게 이 선택이라는 개념이 갖는 의미는 강력하다. 만족스럽지 않다면 그것을 타개하기 위해 무언가를 할 수 있다는 뜻이다. 자기 자신을 상대방에게 열어 주면('자기 노출') 다음 두 가지 중 하나는 일어난다. 하나, 관계가 더 단단해진다. 둘, 그 관계를 지속해서는 안 된다는 것을 깨닫게 된다.

관계에서 자기 노출이 증가하면 관계에 대한 만족도도 높아진다는 연구 결과가 여럿 있다. 하지만 이는 양방향이다. 친밀감이 적다고 불평하는 커플은 자기 노출 역시 적은 경향이 있다. 그리고 자기 노출이 부족하면 앞서 이야기했던 질병이나 조기 사망과 같은 외로움으로 인한 위험에 취약할 수밖에 없다.

독일의 심리학자 마쿠스 문트Marcus Mund는 동료들과 함께 오랜 관계를 유지하고 있는 커플 약 500쌍을 대상으로 외로움이라는 감정에 대해 조사한 결과, 상대방과 물리적 연결 정도와 외로움 사이에는 관련이 없다는 것을 발견했다. 하지만 자기를 노출하지 않는 것과 외로움 사이에는 강한 상관 관계가 있었다. 관계에서 '진정한 자신'을 드러내지 않는다면 장기적인 고통의 가능성에 자기를 노출시키는 것일 수도 있다는 의미이다.

이별의 암호

사랑을 지키려고 아무리 노력해도 어떨 때는 사랑을 잃기도 한다. 도저히 맞출 수 없는 차이나 가족 간의 갈등, 떨어져 지내야 하는 상황, 서로 다른 우선순위, 신체적 친밀감의 부재 등 이별의 이유는 수없이 많다. 한때 사랑했던 사람으로부터 분리될 때 뇌에서는 어떤 일이 일어날까?

결코 보기 좋은 모습은 아니다. 원치 않는 이별을 하게 되면 보상 감각을 갈망하는 뇌의 일부 영역이 과도하게 활성화된다. 더는 옆에 없는 사람, 그리고 한때 사랑했던 사람과 연관되는 긍정적인 감정을 찾아 함께일 때보다 더 강렬히 사랑의 감정을 느낀다. 마음에 상처를 입거나 짝사랑을 하는 사람의 모습이 바로 이렇다.

보상 체계에 더해 반추와 관련된 전전두피질의 일부 영역 또한 활성화된다. 이 부분은 잃어 버린 상대방과 관계에 대해 무엇이 맞고 무엇이 잘못되었는지에 관해 끝없이 생각하도록 조정한다. 마지막으로 전측 대상회와 같이 고통에 반응하는 뇌 영역 역시 활성화된다. 사랑하는 사람과 헤어진 지 얼마 되지 않은 여성들을 대상으로 한 뇌 영상 연구에서, 헤어진 상대방을 떠올리자 가까운 사람의 죽음을 슬퍼할 때 촉발되는 뇌 영역과 같은 부분이 활성화된다는 점을 알 수 있었다. 뇌의 관점에서 보면 가슴 아픈 이별과 죽음에 큰 차이가 없는 것이다.

신경과학자들이 사랑과 이별을 할 때 뇌에서 일어나는 일들에 대해 더 정확히 알게 되면서, 슬픈 이별을 '이겨내는' 데 눈물을 닦을 휴지뿐 아니라 뇌파 검사 장치EEG도 필요해지는 미래도 머지않은 것 같다.

다재다능한 음악가이자 작가이기도 한 데사Dessa의 경우를 떠올려보자. 데사는 시와 소설, 에세이 등을 출판하고 인기 힙합그룹 둠트리Doomtree의 멤버로도 활동하며 누구나 부러워할 만한 예술적 성공을 거두었다. 하지만 사랑에 관해서는 그렇게 운이 좋지 않았다. 아무리 노력해도 이별을 극복할 수 없었다. 그 남자는 10년이 넘도록 데사의 삶에 들고나기를 반복하며 없어서는 안 될, 그리고 있어서도 안 될 사람이 되어 여러 좋고 나쁘고 혼란스러운 감정의 행렬―좌절과 후회, 질투, 욕망―을 선사한 사람이었다. 데사는 논리적으로 앞뒤를 재 본 뒤 결국 그 남자가 자신에게 좋은 사람이 아니라고 결론을 내렸다. 그럼에도 그로부터 완전히 자유로워질 수는 없었다. "마음의 상처만 입은 것이 아니었다. 헤어나올 수 없어 당황스러웠고… 어떻게 사랑을 내려놓는지 알 수 없었다."

그녀는 무언가 해야 한다고 생각했다. 사랑에 관한 최신 과학 연구에 대해 읽었고, 신경과학자들이 뇌 영상 기법을 이용해 뇌 안에서 사랑이라는 감정을 측정하고 그 위치를 알아낼 수 있다는 것을 알게 되었다. 데사는 그렇다면 과학을 이용해 이 감정들을 정확히 조준해 지나간 사람과의 '사랑에서 빠져나오도록' 뇌를 다시 훈련할 수 있을지 궁금했다.

　그녀는 트위터를 통해 미네소타 대학교 신경과학 교수인 셰릴 올만Cheryl Olman에게 연락해 fMRI로 뇌 영상을 찍어 보았다. 올만 박사는 데사에게 전 남자친구의 사진과 그와 닮은 모르는 사람(대조군)의 사진을 함께 보여 주었다. fMRI 영상을 비교한 결과 전 남자친구의 사진을 보았을 때 주요한 사랑의 '보상' 영역 몇 군데에(미상핵과 복측 피개영역 등) 불이 들어왔고, 고통의 감정을 주관하는 전측 대상회에도 불이 켜졌다. 올만 박사는 데사에게 그녀의 뇌 단면 사진을 보내 주었다. 그 사진은 전 남자친구를 향한 감정이 뇌에서 정확히 어디에 위치하는지를 보여 주고 있었다. 이 사진을 보며 데사는 지나간 사랑을 새로운 방식으로 들여다보기로 결심했다.

　이를 위해 데사는 EEG 바이오 피드백이라고도 알려진 뉴로피드백(현재의 뇌파 상태를 알려 주고 목표하는 뇌파 상태를 정한 뒤 이에 도달하도록 조절하는 방법을 익히는 기법-옮긴이) 기법으로 눈을 돌렸다. 간단히 말해 뉴로피드백이란 뇌파를 측정해 헤드밴드를 착용한 내담자에게 결과를 라이브로 보여 주어 특정 순간에 뇌에서 어떤 일이 일어나는지를 인지시키는 기법이다. 이렇게 함으로써 점차적으로 특정 상황에 대해 주의력 훈련과 감정 조절을 할 수 있도록 하는 것을 목표로 한다. 이 치료법은 소리나 시각적 표식 등의 다양한 출력 신호를 사용해 뇌를 재구성하거나 재훈련하는 데 도움을 준다.

아홉 번의 뉴로피드백 치료를 받은 후 데사는 자신의 감정 세계에서 전 애인이 작게 흐려지는 것처럼 느꼈고 그에게 덜 집착하게 된 것 같다고 했다. 그리고 차후에 올만 박사와 다시 진행한 fMRI 스캔에서는 전 남자친구의 사진을 보고 이전에는 과도하게 활성화되었던 뇌 영역이 잠잠해진 것을 확인할 수 있었다. 신경정신치료가 도움이 되었는지, 아니면 완전히 새로운 방식으로 자신의 마음에 대해 생각하고 이야기하는 연습을 하게 되었기 때문인지는 모르지만 데사는 몇 년 후 마침내 마음의 상처를 벗어나는 길을 발견해 냈다. 그리고 그 길은 뇌를 통한 길이었다.

11.
난파

> 나의 전부인 귀여운 당신,
> 그전에는 내가 어떻게 혼자 살 수 있었던 걸까요?
> 당신 없이는 자신감도, 일을 향한 열정도,
> 삶의 기쁨도 모두 사라져요.
> 당신이 없는 삶은 삶이 아니라는 말이에요.
> —알버트 아인슈타인

존과 나는 그보다 더 강할 수 없는 끈으로 이어져 있었다. 둘 사이에 대양이 있었음에도 우리는 사랑에 빠졌고 문화와 언어, 나이 차이를 극복했다. 4기 암을 마주하고도 함께 이겨 냈다. 사랑은 우리를 전보다 더 단단하고 현명하게 만들었으며 그것을 그냥 느끼는 네 그치지 않고 그 느낌을 사실로 증명할 방대한 데이터를 수집했다. 그러나 어느 순간부터 그 점에 너무 지나치게 빠져 있었던 것 같다. 사랑을 초능력처럼 생각하면서 열렬히 사랑하기만 한다면 무슨 일이 일어나도 살아남을 수 있다고 믿게 되었으니까. 과학자로서 그래서는 안 되었다.

존이 암 진단을 받은 후 2년간 죽을 뻔한 적이 셀 수 없을 지경이었다. 삶의 끝에 그렇게 가까이 다가가 보니 어떤 면에서는 두려움이 없어지기도 했다. 한 가지 분명한 사실은 이 경험으로 인해 어떻게 살아야 할지를 배우게 되었다는 점이었다. 존이 아프기 전에 그에게 매우 중요했던 것들—일, 운동, 가족과 친구들과 함께하기—은 절대적으로 필수적인 것이 되었고, 그보다 덜 중요했던 것들—흰머리, 날씨, 끝없는 교통체증, SNS의 좋아요 수—은 거의 아무런 의미가 없는 일이 되었다. 삶의 색깔이 달라졌고, 더욱 짙어졌다. 나뭇잎은 전에 없이 푸르렀다. 우리가 함께하는 시간이 영원하지 않을 것이라는 것을 알고 나니 더 달콤해졌다. 배움을 사랑하는 사람들답게, 그리고 무슨 일이 있든 그것이 좋든 나쁘든 눈을 크게 뜨고 직시하는 사람들답게 우리의 치열한 새 삶이 흥미로웠고, 때때로 숭고하게 느껴지기까지 했다. 우리는 많은 면에서 절벽 끝으로 내몰렸지만 그곳에서의 경치를 즐겼다. 아마도 무슨 일이 일어날지를 두려워하며 지내지 않았다는 것이 그 일이 마침내 일어나고야 말았을 때 내가 얼마나 준비가 되어 있지 않은 상태였는지를 설명하는 이유가 될 것 같다.

이 장을 쓰는 내내 힘겹다. 그 모든 일에 대해 생각하는 것 자체가 어떤 면에서는 그때를 다시 살아 내는 것 같아 힘이 든다. 이 글을 쓰면서도 모든 것을 종이에 글로 담아 두는 것이 괜찮을지, 그때로 다시 돌아가는 것이 괜찮을지 확신이 서지 않는다. 하지만 사랑을 잃는 것에 대해 이야기하지 않고는 내 이야기를 끝내는 것도, 또 사랑의 진정한 깊이를 찾아내는 것도 불가능하다.

그날 밤에 대해서는 기억나는 것이 많지 않다. 머리에 남은 장면의 조각들을 모아 볼 뿐이다. 그 당시 존의 상태가 점점 나아지고 있었기 때문에 그날 일어난 일은 나에게 날벼락이었다. 암이 재발해 폐로 퍼졌지만 존은 그에 맞서 싸웠다. 첫 번째 치료 3부작을 거친 직후 그는 몸이 너무 약해져서 옷장의 옷걸이를 들 수도 없을 지경이었지만 존은 억지로라도 매일 헬스장에 가서 조금씩 원래의 몸을 되찾아갔다. 중량 2.5킬로로 시작해 곧 5킬로를 들었고, 20킬로까지 늘렸다. 2017년 가을 즈음에는 빅토리 랩(사이클링이나 육상 등의 스포츠에서 우승자가 경주 후에 트랙을 한 바퀴 더 도는 것-옮긴이)을 할 수 있을 정도였다. 식욕이 돌아왔고 다시 연구를 하고 싶어 했으며 더할 나위 없이 좋아 보였다. 이 시기에 존을 만난 사람들은 존이 아팠다는 사실도 몰랐다. 시카고 대학교에서 최고의 영예 중 하나인 피닉스 프라이즈the Phoenix Prize를 받았고, 그의 연구 덕분에 이제는 본격적인 의학적 감염병으로 받아들여지는 외로움의 위험성을 전 세계에 널리 알린 공로를 인정받아 미국 질병통제예방센터로부터 훈장도 받았다.

우리는 희망과 만족감을 느끼며 새해 건배를 했다. 하지만 2018년을 맞은 지 몇 주 되지 않아 존의 건강은 좋음에서 나쁨으로, 그리고 최악으로 변해 갔다. 암을 치료하며 생긴 여러 합병증 때문에 몇 주간 병원에 입원해야 했다. 어느 날 밤에는 모든 수치가 너무 낮아져 의료진들은 결국 그날이 왔다고 생각했고, 나에게 작별 인사를 하라고 했다. 그러나 다음 날 아침이 되자 기적적으로 바이탈 수치가 모두 정상으로 돌아왔고 2월에는 퇴원할 수 있었다. 우리는 집으로 돌아왔고 끈질기게 멈추지 않던 기침을 제외하면 존의 상태도 좋아졌다. 친구들과 이웃들이 살뜰하게 음식을 챙겨 주고 바쵸를 산책시켜 주어서 우리는 존의 회복과 새로운 상태에 적응하는 것에 집중하며 함께 시간을 보낼 수 있었다.

3월 5일, 병원에서 외래 진료가 있었다. 의사들은 존이 "또 한 번의 고비를 넘겼다"고 말했다. 우리는 그 순간을 만끽했다. 존이 친구들에게 전화해 얼굴에 환한 미소를 띄우고 기쁜 소식을 전하던 모습이 기억난다. 우리는 그날 밤 편안한 마음으로 잠에 들었다.

하지만 두 시간 후 존이 전에 없이 심하게 기침을 하

기 시작했다. 숨을 쉴 수도 없어 보였다. 그러다 끔찍한 찰나의 순간, 존은 무언가가 자기 안에서 무너지는 것을 느꼈다. 입에서 피를 토했고 존은 본능적으로 이것이 마지막이라는 것을 알아차렸다. 그는 나를 보며 "사랑한다"고 겨우 말한 후 의식을 잃었다.

나는 911에 전화했고 심폐소생술을 했다. 곧 구급대원들이 도착했고 몇 분간 심폐소생을 시도했지만 이내 멈추었다.

"제발요." 나는 그 자리에 있던 구급대원에게 애원했다. "제발 한 번만 더 해 주세요."

의학적으로 존이 살아날 가능성은 없었지만 그 대원은 나를 위해 한 번 더 심폐소생술을 해 주었다. 존이 이미 죽었다는 말을 믿을 수 없었다. 무릎을 꿇고 울면서 내가 한 번만 더 해 보게 해 달라고 빌었다. 구급대원들이 서로를 쳐다보았고 침묵 속에서 누군가 고개를 끄덕였다. 심폐소생술을 다시 해 보던 나는, 지금 무슨 일이 일어나는지, 아니 이미 일어났는지 알아차리고는 비명을 지르기 시작했다.

가지 말아요

나는 충격에 빠졌다. 구급대원들이 이제 존을 데려가겠다고 했을 때 그게 무슨 뜻인지 바로 이해할 수가 없었다. 곧 말뜻을 알아듣고는 나도 함께 가겠다고 했다. 나는 존과 떨어질 수 없었다. 모두가 함께 엘리베이터에 탔다. 존과 내가 몇천 번이나 함께 오르내렸던 30층에서 1층까지의 여정이 이제 마지막이 될 것이었다.

로비에 도착해 엘리베이터 문이 열리고 나는 들것에 실린 존을 따라갔다. 건물 보안 요원과 도어맨의 눈길이 느껴졌다. 구급대원들이 대기하고 있던 앰뷸런스로 존을 밀고 갔다. 처음으로 우리의 삶이, 나의 삶이 갑자기 바뀌었음을 깨달은 것은 바로 그 순간이었다. 이 느낌이 내 각회에 어떤 작용을 한 것이 분명했다. 일시적으로 몸과 영혼이 분리되는 듯했다. 마치 이 순간을 위에서 내려다보는 것 같았다. 일종의 방어기제로, 내가 견디고 있는 고통스러운 현실로부터 안전거리를 확보하기 위해 마음이 육체로부터 살짝 분리되는 현상이었다.

이웃과 친구들, 그 건물에서 우리를 돌봐 주던 사람들의 눈물 맺힌 눈에 현실이 굴절되어 비쳤다. 내 거울 신경을 통해 사람들의 고통과 비통한 한숨을 느낄 수 있었고 그 슬픔의 무게에 눌려 그 자리에 주저앉고 싶었다.

나는 존뿐만 아니라 그 사람들 때문에도 몹시 슬펐다. 나와 존은 '부부'였고, 언제나 함께였고, 언제나 웃고 있었는데 이제 더는 아니었다. 나에게 이들은 시카고의 유일한 가족이었다. 이웃에 사는 여자 몇 명이 병원 영안실로 함께 가 주었다. 앞으로의 절차를 이야기하는 동안 나는 거기 있었지만 동시에 그곳에 존재하지 않았다. 나는 어느 순간 자리에서 일어나 장의사에게 존을 다시 한번 봐야겠다고 말했다.

"좋은 생각은 아니에요." 장의사는 시신이 어떻게 변하기 시작하는지에 대해 설명해 주며 존이 더는 평소의 모습이 아닐 거라고 했다. 전혀 상관없었다. 나는 존 옆에 있어야만 했다. 내 남편 옆에 있어야만 했다. 사람들이 나를 존이 누워 있는 방으로 데려다주었고 나는 울면서 존에게 말을 걸었다. 장의사가 돌아와 이제 진짜 떠나야 한다고 말했을 때 나는 몸을 숙여 존에게 입을 맞추고, 사랑한다고 다시 한번 이야기했다.

뭔가 전부 잘못된 것 같았다. 그곳은 우리가 있어야 할 곳이 아니었다. 함께 집으로 돌아가야 할 것 같았다.

나와 존은 모든 것에 대해 대화를 나누었다. 그가 죽었을 때 내가 해야 할 일과 하지 말아야 할 일에 대해서도 물론 이야기했다. 친구들과 동료들, 그리고 언론에 전할 이야기도 정했다. 내 직장과 우리 집을 어떻게 할지에 대해서도 이야기했다. 하지만 장례 절차에 대해서는 이야기한 적이 없었다. 나는 '집에 가야 한다'는 생각에 사로잡혔다. 장례식에 대해 존과 미리 이야기를 나누었다면 우리 집에서, 우리가 함께 나눈 것들 사이에서 장례를 치르기로 했을 것이었다.

내가 자란 프랑스-이탈리아 가족 문화에서는 집에서

장례를 치르는 것이 미국인들이 생각하는 것만큼 이상한 일은 아니다. 우리 할머니의 고향 마을에서는 누가 죽으면 시신을 관에 넣어 뚜껑을 열어 둔 채로 집에 두고 친구들과 이웃들이 찾아와 인사를 할 수 있게 한다. 가족들은 문을 장식해 마을에 죽음을 알리고, 사람들이 함께 슬퍼하고 필요할 때 위로를 건넬 수 있게 한다. 우리 가족은 남편이 죽으면 1년 동안 검은 옷을 입었다. 정해진 절차와 행동 양식이 있었으며 슬픔을 쏟아 낼 창구가 있었다.

나는 이 전통에 익숙했고 존도 그렇게 하기를 원했을 것이라고 생각했다. 하지만 존의 시신을 집에 두고 싶었던 가장 큰 이유 중 하나는 어느 정도 존이 죽었다는 사실을 믿고 싶지 않아서이기도 했다. 내 마음속 한구석에서는 이 상황을 인정하지 못하고 있었다. 이 모든 것이 잠시 일어났다 다시 제자리로 돌아갈 일들 같았다. 나는 그저 우리가 알던 세상으로 돌아가게 해 줄 스위치를 찾고 있는 느낌이었다. 존은 새로운 치료를 위해 며칠 밤을 병원에서 자고 오는 것일 뿐이며 내가 정신을 차리고 잘 버티고 있으면 그를 다시 만날 수 있을 것 같았다.

죽었지만 죽지 않은 자들

가장 친한 친구이자 바로 옆집에 사는 이웃이며 마침

임상심리학자이기도 한 페르난다가 매일 찾아와 주어 다행이었다. 페르난다는 엄청난 감정적 위기에 봉착한 이 순간에 나를 위해 해 줄 수 있는 일은 감정의 쓰나미가 덮쳐 올 때 그저 옆에 있어 주는 것이라는 것을 알고 있는 사람이었다. 내가 이 특별한 친절에 감사를 표할 때마다 페르난다는 이렇게 말했다. "친절이 아니야. 사랑이지."

우리 건물에 살고 있는 정통 유대인Orthodox Jewish 여성들과 친밀한 관계였던 것도 행운이었다. 점점 규모가 커지는 가정을 돌보고 가족들을 건사하면서도 이 여성들은 서두르는 법이 없었다. 언제나 차분하고 반갑게 나를 맞이해 주었으며 그들의 아이들과 손자들, 그리고 날씨에 대해 늘 한담을 나누어 주었다. 그들은 존이 세상을 떠난 그날 밤 내 비명 소리를 듣고는 곧바로 달려와 나를 도와주었고 해야 할 일을 알고 있었다. 내가 존의 손을 잡고 놓아 주지 못하고 있을 때 그들은 나를 붙잡아 주었다.

그 이후 이 커뮤니티의 여성들은 같은 종교를 믿지도 않는, 그저 이웃일 뿐인 나를 자신들의 일원으로 받아 주었다. 나 역시 그들의 위로와 친절, 마쪼볼 스프(유대인들의 전통 닭고기 스프-옮긴이)를 받아들였다. 그들은 유대인 전통 장례 의식인 시바shiva에 대해서도 가르쳐 줬다. 슬픔을 표현하고 추스리는 구조와 절차를 담은 전통이었다. 나는 나의 가톨릭 배경과 유대인 이웃들의 전통을 모두 적용한 전체론적인 접근법으로 존을 애도했다. 검은 옷을 입었고 집 안의 거울을 모두 덮었다. 상실을 상징하는 해진 검은 리본을 달았다(유대인은 가까운 사람이 죽으면 거울을 덮어 보이지 않게 하고, 검은 옷이나 천을 찢어 리본을 만들어 단다-옮긴이). 다양한 종교로부터 온 다양한 위로의 기도를 들었다. 내 슬픔을 나눌 공간이 주어진 것 같았다.

때때로 '비애grief'와 '애도mourning'는 같은 의미처럼 뒤섞여 사용되지만 과학자들과 정신건강 의료진들은 이 두 가지를 다른 개념으로 분리해 사용한다. 비애는 상실 후에 겪는 생각과 감정을 모두 아우르고, 애도는 내면의 상태를 밖으로 표출하는 방식을 말한다. 어떤 문화권에서는 애도의 과정이 의식화되고 규칙이 정해져 있기도 하다. 중국의 경우 붉은색은 행복과 기쁨, 행운을 상징하며 전통적으로 신랑과 신부는 붉은색 옷을 갖추어 입는다. 그래서 누군가 죽은 후에는 붉은색 옷을 입지 않는다. 필리핀에서는 일주일간 관을 열어 두고 철야 기도를 하는데 그 기간 동안에는 바닥을 쓸면 안 된다.

장례식과 같이 확고하게 자리 잡은 몇몇 전통을 제외하면 서구 사회의 현대적 애도는 사람마다 매우 다르며 꼭 따라야만 하는 정해진 규칙은 없다. 이것의 좋은 점은 '제대로 된' 애도를 해야 한다는 압박 없이 자신에게 맞는 방법으로 상실을 애도할 수 있다는 것이다. 단점은 사랑하는 사람을 잃고 어떻게 애도하고 추모해야 할지 모를 때 상실로 인한 고통에 더해 사회적 혼란과 무력감, 방향을 잃은 느낌을 갖게 될 수도 있다는 점이다.

나는 절차가 필요했다. 시바는 할머니의 애도 의식과 가장 가까운 형식이었다. 나에게는 극심한 고통과 혼란을 담아 내고 조절할 수 있도록 마음의 가드레일이 필요했다. 이웃들은 내가 혼자 있지 않도록 마음을 써 주었다. 그들이 나를 살아 있게 해 주었지만, 나는 겨우 살아만 있을 뿐이었다. 바쵸를 산책시키러 나갈 수도 없는 나를 위해 이웃들이 자청해서 도와주었다. 내가 처음으로 로비에 내려가자 건물에서 일하는 직원들이 모두 나를 보고는 곧바로 다가왔다. 경기가 끝나고 농구 선수들이 하는 것처럼 모두가 나를 안아 주었다. 우리는 다 같이 슬퍼하며 함께 울었다.

그 후 몇 주 내내 나는 몸에 맞지도 않는 존의 커다란 후드 티를 입고 존에게 선물했던 야구 모자를 쓰고 다녔다. 모자에는 로저 페더러Roger Federer의 이니셜인 RF가 쓰여 있었다. 우리는 둘 다 테니스 팬이었는데 몇 년간 이 두 글자를 '영원한 사랑Romantic Forever'의 줄임말로 바꿔 읽곤 했다. 그 모자와 존의 후드 티는 내 유니폼이자 또 하나의 피부였다.

몇 주가 흐르고 몇 달이 지났다. 존의 죽음 직후 내가 받았던 넘치는 위로와 친절은 천천히 줄어들었다. 나와 많이 친하지 않았던 이웃들은 나를 피하기 시작했다. 이미 조의를 표했는데 이제 나를 보고 무슨 말을 해야 할지 몰랐던 것이다. 나는 점점 내성적으로 변했고, 다른 사람들과 마주치고 싶지 않았다. 동정의 눈빛에 조금씩 지쳐 갔고, 모자와 선글라스, 커다란 스웨터 속으로 숨어들었다. 곧 사람들은 나를 알아보지 못하거나 그런 척하게 되었다. 나는 유령이 되었고, 사람들도 나를 유령처럼 대했다.

감정적 뇌와 인간의 심리에 관해 내가 갖고 있던 모든 지식은 존의 죽음 앞에 아무런 쓸모도 의미도 없어 보였다. 나 자신을 위해 할 수 있는 것이 아무것도 없었다. 커피 한 잔을 만들 마음도 생기지 않았다. 무력했다. 하지만 존이 죽고 나서 몇 주 후 추도식을 준비해야 했다. 가족과 친구들, 이웃과 동료들, 특히 그 당시 시카고 대학교 총장이었던 밥 지머Bob Zimmer와 부인인 샤디 바치-지머Shadi Bartsch-Zimmer 교수의 친절과 지지, 그리고 안내가 없었다면 나 혼자는 그렇게 슬픈 행사를 치루지 못했을 것이다. 추도식은 존이 학위 수여식 연설을 했던 시카고 대학교의 역사적인 록펠러 기념 교회Rockefeller Memorial Chapel에서 진행되었다.

생전에 존과 잘 알고 지내며 외로움에 관한 존의 연구에 감명받아 그 주제를 자신이 운영하는 선구적인 비영리 재단에서 우선적으로 다루게 했던 덴마크 왕세자비가 보내 준 하얀 꽃으로 예배당을 장식했다. 학교는 미국 국기를 조기 게양했는데 그러한 대우를 해 준 것은 존의 죽음이 처음이었다. 백파이프 연주자는 '어메이징 그레이스Amazing Grace(미국인의 영적 국가로 불리는 찬송가 – 옮긴이)'를 연주했다. 나는 검정색 베일을 썼고 어느 누구와도 거의 대화를 할 수가 없었던 것으로 기억한다. 7년 전 파리에서 결혼식을 올렸을 때 내 손을 잡고 입장해 주었던 컬럼비아 대학의 잭 로우 박사가 추도식에 참석했다. 그는 그때 내 얼굴을 묘사하는 단어는 독일 철학에 나오는 'Scheitern'뿐이라고 했다. 대충 번역하면 '난파한 배'라는 뜻이다. 내가 느끼던 바를 정확히 표현한 말이었다. 한때 나는 바다를 가르던 배였지만 지금은 빠르게 침몰 중이었다.

추도연설을 하는 동안 나 스스로를 꽉 붙들었다. 존이 나에게 어떤 의미였는지에 대해 무너져 내리지 않고 말할 자신이 없어서 그곳에 있는 사람들과 전 세계에서 편지를 보내 준 사람들에 대해 생각했다. 모두의 지원과 관심에 대해 존을 대신해 가족과 친구들, 동료들, 학생들에게 감사 인사를 전했다. 그리고 존을 향한 감사의 인사로 내 짧은 연설을 마쳤다. 존에게 말을 건넨 그 순간은 그가 여전히 존재하는 것 같은(사실이 아니지만 위로가 되었던) 느낌을 주었고, 그것은 내가 그 자리에 서 있을 힘을 얻기 위해 꼭 필요한 느낌이었다. 나는 존이 과학과 사랑에 빠졌던 점에 감사한다고 말했다. 존의 연구와 그의 뛰어남에 대해 이야기했고, 더욱 의미 있는 삶이란 다른 사람과 연결된 삶이라는 사실에 실증적 증거를 제시하고 사회적 관계에 대한 새로운 이해에 존이 어떻게 초석을 깔았는지에 대해 말했다. 하지만 자리에 앉아 눈물을 훔치는 수많은 얼

굴들을 바라보면서 나에게 가장 중요했던 그 관계가 부서
졌다는 것을 알았고 정말이지 나에게 의미 있는 삶이라는
게 여전히 가능할지 알 수 없었다.

12.
유령을 사랑하는 법

슬퍼하는 사람에게 해 줄 수 있는 최악의 말은
시간이 약이라는 것이다.
—존 카치오포

나는 슬펐고 외로웠다. 다행히도 슬픔을 어떻게 극복
해야 하는지 알았던 외로움 연구자와 결혼했던 덕에 무엇
을 어떻게 해야 할지 알려 주는 단서가 곳곳에 있었다. 그
중에서도 존이 AARP(미국 은퇴자 협회) 집회에서 고령층
회원을 대상으로 했던 강연 영상을 보고 또 보았다. 강연
내용은 사랑하는 사람을 잃은 사람을 어떻게 배려해야 하
는가에 관한 것이었다. 이 강연 영상은 존의 장례식 날 가

족과 친구들을 위로하고 고통을 이겨내는 데 도움이 될 말을 찾아보다 발견했다. 유튜브에 존의 이름을 입력하자 한 번도 본 적 없는 영상이 나오길래 재생 버튼을 눌렀다. 갑자기 화면 속의 존이 나를 보며 직접 말을 걸어 왔다. 그의 강아지 같은 커다란 눈은 촉촉했으며 평소보다 더 친절했고, 그곳에 모인 사람들에게 공감하고 있었다. 마치 사랑하는 이를 잃은 고통을 직접 느끼는 것 같았다.

존은 자신이 시작한 외로움에 대한 종적 연구에 대해 설명하고 있었는데, 당시 우리는 시카고에서 고령층을 대상으로 한 그 연구를 여전히 진행 중이었다. 연구를 시작한 지 11년째가 되었을 때였고 연구에 참여했던 많은 사람들이 가장 친한 친구나 50년간 함께 한 배우자의 죽음과 같은 큰 상실을 최근에 경험한 상태였다. 존은 이들에게 그러한 상실이 '세상이 끝나는 것 같은' 느낌이라는 것을 잘 알고 있었다. 하지만 연구 참여자들이 "사회적 고립의 정말 끔찍한 상황에서도 다시 일어서는" 것을 몇 번이고 목격하기도 했다. 존은 그들을 독려했다. "때때로 세상이 가장 캄캄할 때 그 불행을 기회로 삼으십시오. 우리 앞에 어떤 가능성이 펼쳐져 있는지 알아내야 하며 포기해서는 안 됩니다." 그러면서도 뻔한 지혜에 대해서는 언제나처럼 비판적이었다. "슬픔에 잠긴 사람에게 해서는 안 될 말은 시간이 해결해 준다는 겁니다. 시간이 해결하는 것이 아닙니다. 행동과 인지, 타인에게 접근하는 방식이 중요합니다."

그 후 나는 몇 달 동안 슬픔을 치유하는 것은 시간이
아니라 타인이라는 존의 말에 대해 많이 생각했다. 이 말
을 공안公案(선불교에서 화두를 근거로 수행하는 참선법-옮
긴이)으로 삼고 명상을 했지만 때로 반박해 보기도 했다.
우리의 연구를 통해 터득한 지혜를 여전히 믿긴 했지만 존
을 잃고 난 후에는 다른 사람들에게는 손톱만큼의 관심도
가실 수가 없었다. 내가 원하는 것은 오직 존뿐이었다.

존, 지금 내가 어떻게 인생에 새로운 사람을 들일 수 있겠
어? 내가 이렇게 슬프고, 뇌에서는 조난 신호를 보내고, 사랑의
회로는 완전히 꺼져 버렸는데? 자라나고 퍼져서 당신을 받아들
였던 나의 각회는 완전한 암흑 속이야. 그저 남편을 잃은 게 아
니라 나 자신을 잃어 버린 것 같아.

하지만 존의 무덤 앞에서도 존과의 말싸움에서 이길
수는 없었다. 머릿속에서 비록 자기는 떠났더라도 우리의
사랑은 내 마음에 생물학적으로 새겨져 남아 있다고 말하
는 따뜻하면서도 이성적인 존의 목소리가 들렸다. 존이 나
에게 말하지 않았던 것은, 아니 내가 듣고 싶어 하지 않았
던 부분은, 사랑의 회로를 다시 활성화하려면 짝을 잃은
데서 오는 슬픔과 고통을 직면할 강인함이 필요하다는 사
실이었다.

250

어떻게 슬퍼해야 하는가

존의 죽음이 심리적으로뿐 아니라 신체적으로도 얼마나 많은 상처를 주었는지는 가히 충격적일 정도였다. 실제로 몇 주간 얹힌 것처럼 답답하고 속이 쓰렸고, 거의 아무것도 먹지 못해서 몸무게가 한 달 사이 9킬로그램이나 줄었다. 사랑하는 사람의 죽음을 견디는 것은 사람이 겪을 수 있는 가장 극심한 스트레스 중 하나이며, 그 스트레스는 그대로 몸으로 전해진다. 배우자와 사별한 사람들이 여러 가지 심각한 건강 문제를 겪게 되는 것도 바로 그 때문이다. 안정시 심박수resting heart rate가 증가하고 혈압도 높아진다. 몸은 코르티솔이라는 스트레스 호르몬으로 가득차며 면역력이 떨어진다. 드물게는 사랑하는 사람이 사망했다는 충격적인 뉴스 자체로 치명적이기도 하다.

사랑하는 이가 죽은 후 24시간 동안에는 사망한 사람과 가까웠던 정도에 따라 심장마비 위험이 보통 때보다 21~28배가량 높아진다. 심장마비가 오지 않는다고 해도 어떤 사람들은 자기가 심정지를 겪고 있다고 착각하기도 하는데, 실제로 일어나는 일은 상심증후군이라는 현상이다. 흔한 일은 아니지만 격심한 스트레스가 심장의 주요 펌프실의 모양을 변화시켜 극심한 통증을 야기한다. 그러므로 마음이 아파서 실제로 죽을 수도 있다는 것은, 드물기는 해도 가능한 일이다.

또한 사랑하는 이의 죽음으로 인한 일차적 충격에서 살아남는다고 해도 이후 몇 달간은 위험에 노출되어 있다. 영국에서 1960년대부터 남편을 잃은 사람 4,486명을 관찰한 슬픔에 관한 획기적인 연구를 진행했다. 이 연구 결과, 배우자를 잃고 난 후 6개월 동안의 사망률이 같은 연령의 기혼자보다 40퍼센트 더 높은 것으로 나타났다. 이 기간이 지나면 치명률은 또래의 다른 사람들과 비슷하게 맞춰지기 시작한다. 그러나 좀 더 최근의 연구들에서는 파트너의 죽음을 겪은 사람의 경우, 특히 그가 비탄에 빠져 있다면 극심한 슬픔이 지나간 후에도 오랫동안 심혈관계 질환과 당뇨, 암이 발생할 위험이 높아진다고 한다.

비통한 감정은 신체를 상하게 하면서 뇌에도 큰 고통을 준다. 사랑하는 사람을 잃고 슬픔에 빠져 있을 때는 평소처럼 온전히 생각할 수가 없다. 뇌의 알람 기능인 편도체는 과도하게 활성화되고, '조절과 계획'을 맡은 전전두피질의 기능은 저하된다. 그 때문에 간단한 일도 처리하지 못하고, 슬픔의 안갯속에서 길을 잃는 것이다. 운동이나 식사, 커피 만들기 같은 일들을 잊어 버리고, 고속도로에서 출구를 그냥 지나치게 된다.

비탄에 빠져 있을 때 이렇게 주의가 흐려지는 이유 중 하나는 자기 자신의 관점에서만 상실을 생각하는 것이 아니라 이미 떠나고 없는 사랑하는 사람의 입장에서도 생각하기 때문이다. 앞에서 이야기했던 거울 신경계를 떠올려

보자. 살아 있을 때 상대방에게 느꼈던 공감 반응은 상대방이 죽은 후에도 온전히 남아 있다. 사랑했던 사람의 사진을 보고 마음의 눈으로 그 사람을 떠올릴 때면 떠난 사람이 자신의 죽음에 대해 어떻게 생각하고 어떤 마음을 가질지 상상하게 된다. 존이 떠났을 때 바로 내가 그랬다. 우리 관계에서 아직도 아픈 사람은 나뿐이라는 것을 알면서도 마치 존도 여전히 아픈 것처럼 그의 고통에 열중했다. '말도 안 돼, 존은 너무 젊은데.' 내가 그를 대신할 수 있다면 좋겠다고 생각하고 또 생각했다.

이는 심리학에서 '비탄 반추grief rumination'라고 불리는 개념의 일부이다. 반대 사실(내가 그렇게 하지 않았다면 어땠을까?)로 스스로를 괴롭히든, 모든 것이 부당하다고 생각(왜 그 사람일까? 왜 우리지?)하며 살든, 그렇게 하는 내내 시각적으로나 감정적으로 그 죽음을 반복해서 겪는 것이나 마찬가지이다. 그리고 원치 않는 이별을 겪었을 때처럼 과거에 대한 회상과 자전적 기억을 담당하는 뇌 영역에 불이 들어온다. 삶이 마치 영화의 예고편처럼 눈 앞에 펼쳐지며 언제나 슬픈 결말을 맞는다. 신체 감각을 주관하는 뇌 영역 역시 활성화되어 감정적 고통을 신체적으로 느끼게 된다. 팔다리나 가슴이 조여 온다거나 숨이 가빠지고, 두통이라든가 감각의 마비 같은 증상들이다.

이렇게 몸과 마음에 위험을 느끼게 되면 뇌의 주요 위협 신호에 빨간 불이 켜진다. 가장 두려워했던 일이 이미 벌어졌다고 느껴질 때도 생존 본능을 주관하는 편도체는 모든 실린더를 가동시켜 시상하부로 신호를 보내 화학물질을 내보내게 하고 계속해서 신체를 투쟁-도피 상태로 대기시킨다. 이 상태로 며칠, 심지어 몇 주는 괜찮을지 몰라도 오래 지속되면 문제가 된다. 이제는 잘 알겠지만 우리 몸은 계속해서 이런 느낌을 견디도록 설계되어 있지 않다. 누군가를 잃어 버리고 촉발된 스트레스 반응이 사라지지 않고 계속 남아 있게 되면 그 때문에 뇌의 회로가 재배치되고 정신적으로 퓨즈가 끊어져 버릴 수도 있다.

복합적 혼란

극심한 비탄은 여러 형태로 발현된다. 어떤 사람은 분노와 우울감, 절망을 느끼고, 어떤 사람은 세상으로부터 스스로를 단절하거나 충동적으로 행동하는가 하면 감정을 억누르기도 한다. 흔히들 슬픔을 여러 '단계'로 나누곤 하는데 그런 이야기를 듣다 보면 슬픔에도 어떤 레시피가 있는 걸까 하는 의문이 든다. 사랑하는 사람을 잃었을 때 느끼는 슬픔의 다섯 단계—그러고는 끝이다! 진실은 이렇다. 대부분의 사람들에게 있어 누군가를 잃었을 때 느끼는 슬픔은 사이클론 같은 것이다. 한 번에 여러 가지 감정이 휘몰아치거나 한 가지 감정이 두고두고 소용돌이친다. 슬픔의 단계라는 것은 우리의 바람일 뿐이다. 그 단계를 모두 지나면… 더 나은 어떤 곳에 다다를 수 있을 것이라는 희망.

대부분의 사람들에게 이는 맞는 말일 수 있다. 사랑하는 사람을 잃고 나서 6~12개월이 지나면 비탄의 안개를 걷고 나오게 된다. 물론 그전과 완전히 똑같을 수는 없겠지만 그래도 앞으로 나아가기 시작하며 새로운 선택지를 모색하고, 존이 말했듯이 끔찍한 고립의 시간을 딛고 다시 일어선다. 하지만 사랑하는 이를 잃은 사람들의 10퍼센트 정도는 처음 1년이 지날 때까지도 여전히 그 상처를 극복하지 못한다. 그들은 심리학자들이 말하는 '복합 비애complicated grief'의 수렁에 빠져 있다. 그들은 사랑에 우는 좀비가 되어 사랑하는 사람을 다시 만날 수 없다는 것을 머리로는 알면서도 끊임없이 갈망하며 그리워한다. 눈앞에 보이는 모든 것이 다시는 돌아갈 수 없음을 상기시킨다. 이런 상태가 되면 삶에서 모든 기쁨이 빠져나가 버린다.

보통의 비애와 복합 비애의 관계는 보통의 외로움과 만성적 외로움에 비할 수 있다. 외로움과 비애는 모두 방어기제이며 진화적으로 적응을 위한 생물학적 신호이다. 외로움은 생존을 위해 타인과 관계를 맺어야 한다고 알려주고, 비애는 상실의 트라우마를 이겨 낼 수 있게 돕는다. 그 과정을 신뢰하는 법을 배워야 하고, 비애를 겪는 동안 뇌에서 일어나는 변화를 받아들이고 그 변화에 주의를 기울이는 법, 이 시기의 긴박함과 낯섦을 활용해 나에게 찾아온 모든 감정을 포용하고 치유하는 법을 배워야만 한다. 하지만 그렇게 할 수 없는 사람도 있다. 복합 비애를 겪고 있다면 만성적 외로움과 마찬가지로 마음과 심장에, 그리고 신체에 위험요소가 될 수 있다.

UCLA 정신과 교수인 메리 프란시스 오코너Mary-Frances O'Connor 연구팀은 복합 비애와 보통의 비애를 겪고 있는 실험 참가자들의 뇌를 촬영하는 동안 이미 사망한 사랑하는 사람의 사진을 보여 주었다. 그러자 복합 비애를 겪고 있는 사람들의 뇌에서 도파민에 의해 작동되는 보상 체계의 일부 영역—측좌핵nucleus accumbens(동기 및 보상과 관련된 정보를 처리하는 뇌의 보상체계-옮긴이)—이 활성화된 반면, 보통의 비애를 겪고 있는 사람들에게는 그러한 현상이 나타나지 않는다는 것을 발견했다. 뇌에서 가장 오래된 영역인 대뇌 변연계에서 편도체 옆에 위치한 측좌핵은 보통 무언가를 매우 갈망할 때 언젠가는 가질 수 있을 것이라는 기대로 그것을 찾는 상황에서 불이 들어오곤 한다. 그리고 신경과학자들은 측좌핵이 무언가를 얻는 것 자체보다 보상에 대한 기대에 더욱 민감하다는 사실을 알아냈다.

건강한 형태의 비애란 잃어 버린 사람의 사진을 보았을 때 그것이 더는 '살아 있는 보상'의 상징이 아닌 지금은 없는 사람에 대한 기억이라는 것을 이해하는 것이다. 무슨 이유로든 복합 비애에 빠진 사람들의 뇌는 이 사실을 받아들이지 못한다. 그들은 사랑하는 사람의 죽음을 받아들이지 않는다. 이들의 뇌 깊은 곳에서는 여전히 사랑하는 사람을 다시 만나고 만질 수 있기를 기대한다. 측좌핵이 소위 뇌의 보상 회로 안에 위치하고는 있지만 이것이 과도하게 활성화되는 것은 좋은 신호가 아니며, 오히려 그 반대이다. 복합 비애가 제대로 치료되지 않으면 건강에 매우 해로울 수 있으며 일부 연구자들은 이를 외상성 뇌 손상에 비유하기도 한다. 이로 인해 치매나 다른 형태의 인지 저하가 시작될 수 있다는 근거를 발견하기도 했다.

무너짐

복합 비애를 겪는 사람들이 그 고통에 대처하기 위해 취하는 방법 중 하나는 잃어 버린 사람에 대한 생각을 회피하는 것이다. 일리가 있는 방법이다. 회피는 고통을 견디기 위한 자연스러운 방법이고 고통에 적응하는 방법이기도 하다. 하지만 이 적응기제를 극단적으로 취하게 될 때 오히려 부작용이 일어난다. 심리학자들은 비애로 뒤섞인 감정을 계속해서 회피하게 되면 결코 그것을 극복할 수 없다고 말한다. 시선 추적 연구를 통해 사랑하는 사람을 잃었다는 사실을 계속 반추하는 사람일수록 동시에 상실을 상기시키는 것들을 회피하고자 한다는 사실이 밝혀졌다. 종합적으로 따져보면 회피는 비애로 뒤섞인 감정을 직면하고 처리하는 것보다 더 많은 정신적 에너지를 필요로 하며, 이는 우리를 더욱 불안하게 만들고 삶의 다른 면에 대한 집중력을 앗아 간다.

나의 경우 회피는 선택지에 없었다. 나는 존을 잃고 큰 비통함에 잠겨 어떻게 해도 그것을 보이지 않는 곳에 욱여넣어 숨길 수가 없었다. 어디에서나 존의 부재가 느껴졌다. 그것을 직면할 수밖에 없었지만 그렇다고 해서 상처가 사그라드는 건 아니었다. 사실 그 고통을 견디는 것이 인생에서 가장 힘든 일이었다.

그리고 거기에서 빠져나오지 못할 뻔했다.

존을 잃고 몇 주가 지났을 때까지도 나는 여전히 울다 잠들었고 삶의 어디에서도 기쁨을 느낄 수 없었다. 추모식을 한 후에도 끝났다는 느낌은 들지 않았고, 오히려 존의 부재가 부인할 수 없는 현실이 되고 말았다. 나는 검은 베일을 쓰고 장례 행렬 맨 앞에서 고통스러운 숨을 내쉬며 어디로 가는지도 모른 채 걸음을 내딛던 나를 끊임없이 떠올렸다. 이제 어디를 향해 걸어야 하는 것일까? 사회 생활의 모양새를 시도해 보기는 했다. 이웃들과 잡담을 나누었고 친구들과 커피를 마셨다. 하지만 내가 우울증이라는 것을 알 수 있었다. 그때까지 한 번도 경험해 본 적 없는 우울감이었다. 늘 고개를 숙이고 있었고 기운도, 식욕도 없었다. 꽃 옆을 지나가도 향기를 맡을 수 없었고 새들의 지

저쪽도 들을 수 없었다. 음식을 먹어도 아무 맛도 나지 않았다.

외로움의 껍질을 깨고 나오려고 애를 써보기도 했다. 존이 죽고 한 달이 지난 어느 날 밤 이웃들이 함께 농구 게임을 보기 위해 우리 건물로 모였다. 새크라멘토 킹스Secramento Kings와 존이 제일 좋아하던 팀 중 하나인 골든스테이트 워리어스Golden State Warriors의 경기였다. 방 안은 사람들로 가득 찼고 내가 걸어 들어가자 모두 조용해졌다. 나를 보고 다들 놀란 것이었다. 그도 그럴 것이 지난 4주간 나는 사람들을 피해 혼자 지냈다. 하지만 모두들 반겨주었고 내가 '정상적인 삶'으로 한 발을 딛어 낸 것을 보고 기뻐했다.

내가 좋아하는 사람들이 거기 있었다. 항암치료를 받으러 갈 때 우리를 도와준 직원, 시바를 하는 동안 내 옆을 지켜 준 이웃들, 그리고 존이 죽은 다음 날 내 얼굴을 보자마자 무슨 일이 일어났는지 알아차렸던 친구. 나와 함께 개를 산책시키던 그 친구는 나를 두 팔로 안고 함께 울어주었다. 모두가 그곳에서 함께 좋은 시간을 보내며 나에게 들어오라고 손을 흔들었다. 그 따뜻한 얼굴들을 보며 내가 어떤 기분이었는지 짐작하겠는가?

혼자 있는 느낌이었다. 완전히 홀로. 이것은 내게 존이 없는 삶은 더는 살 가치가 없다는 반증이었다. 그리고 이 슬픔을 이겨 내게 해 주는 것은 "시간이 아니라 다른 사람들"이라는 존의 지혜로운 말도 완전히 틀린 것 같았다. 나는 위층으로 올라가 우리 집 문을 열고 들어가서 그대로 바닥에 쓰러졌다. 이제 끝이다, 이 고통을 끝내고 싶었다. 삶이 의미를 잃은 느낌이었다. 편도체가 조종하는 뇌의 알람 체계가 자폭하고 있는 것 같았다. 편도체를 진정시키기 위해 멈추라는 신호를 보내는 이성적인 전전두피질을 가로막고 더 큰 알람으로 덮어 버리는 것 같았다.

나는 너는 떨어질 수 없는 바닥까지 떨어졌다. 그런데 놀랍게도 그 순간 내 안의 과학자가 행동을 개시했다. 어떤 회의적인 가설 하나가 내 마음을 지배하던 절망의 미로에 들어섰다. '어차피 오늘 모든 걸 끝낼 거라면 내일 끝내도 되는 거잖아.'

(말해 두지만, 이건 절대 좋은 생각이 아니다.)

일단 자고 내일 다시 생각하기로 했다. 다만 잠자리에 들기 전 나라 반대편에 살고 있던 옛 친구에게 조난 신호를 하나 보냈다. 그때 내게 필요한 것은 더는 다정한 포옹이나 걱정스러운 눈빛, 친절한 이웃으로부터의 마쪼볼 스프가 아니었다. 그 모든 것이 존이 없는 처음 몇 주간 나를 버티게 해 준 중요한 것들이긴 했지만 이제 내게 필요한 것은 내가 스스로를 구원할 방법을 알려 줄 누군가였다.

아침에 일어나 보니 여전히 깊은 구렁텅이가 내 앞에 놓여 있었지만 어쩐지 더는 절벽에 매달려 있는 느낌은 아니었다. 폭풍이 지나가고 한 줄기 빛이 비쳐 들었다. 메일함에 친구로부터 온 메일이 들어 있었다. 내 삶을 구원할 메일이었다.

몇 년 전 우연히 알게 된 그 친구는 은퇴한 프로 테니스 선수로, 대부분의 스트레스 상황에서 평온함을 유지하는 법을 알고 있는 '대인배' 같은 사람이었다. 그는 내 이야기의 앞부분, 즉 내가 오랫동안 어떻게 혼자 지냈는지, 존을 만나기 전까지 내 인생에 사랑은 없을 거라고 생각했던 그 부분에 대해서는 잘 알고 있었다. 하지만 우리가 연락하고 지낸 지 이미 여러 해가 흘러 친구는 존이 세상을 떠난 것은 물론이고 그가 아팠던 사실도 모르고 있었다.

우리는 위로의 이메일을 몇 번 주고받다 통화를 했다. 사실 그 친구가 무슨 말을 해 주기를 바랐던 것인지는 잘 모르겠다. 다른 친구들이나 가족들과도 연락을 이어가고 있었고, 모두가 나에게 온 마음을 쏟으며 도움을 주려 하고 나를 비탄에서 구해 줄 조언을 찾아내려고 애썼다. 하지만 아무것도 위로가 되지 않았다.

친구는 나와 대화한 지 몇 분 만에 내가 위태로운 상태라는 것을 알아차렸다. 우리의 통화는 간략했고 감정적이지도 않았다. 하지만 그는 진실을 말해 주었다. 스스로의 마음—나 자신이 누군지도 알 수 없게 느껴졌던 마음—을 믿지 못하겠거든 대신 몸을 믿어 보라고 했다. 그는 집 근처에 공원이라든가, 달리기를 할 수 있을 만한 공간이 있는지 물었다. 나는 멀지 않은 곳에 3킬로미터 정도 되는

12. 유령을 사랑하는 법　　　　*261*

트랙이 있다고 대답했다.

"좋네. 운동화를 신고 가서 세 바퀴를 돌고 와 봐. 그리고 내일 같은 시간에 전화해."

그는 내가 얼마나 망가지고 약해졌는지 모르고 있었다. 9킬로미터를 달려 본 지는 정말 오래되었다. 하지만 언제나 모범생이었던 나는 결국 숙제를 해냈다. 반 바퀴를 돌자 숨이 차올랐고 땀이 쏟아졌으며 다리는 절룩거렸다. 하지만 계속하기로 했다. 나머지 8킬로미터는 걸었다. 다음날이 되자 온몸이 아파서 하루종일 누워 있고 싶었지만 친구는—나는 이제 그 친구를 '코치'라고 불렀다—다시 9킬로미터를 달리라고 했다. 그렇게 했다. 다시 9킬로미터를 달렸고, 또다시 그렇게 했다.

나는 1년간 매일 9킬로미터씩 달렸다. 코치는 내가 무엇을 먹어야 하는지, 액체와 고체로 된 음식물을 균형 있게 섭취하는 법, 그리고 심지어 잠자리에 들기 전 매일 저녁 읽을 책까지 정해 주었다. 그리고 나에게 영감이 될 만한 영상과 다큐멘터리 리스트도 보내 주었다. 지옥을 헤쳐나온 운동선수들의 이야기, 가족을 잃고 팔다리를 잃고 지독한 가난과 학대를 이겨 내고 챔피언이 된 선수들의 이야기였다. 이 이야기들은 무슨 이유에서인지 나의 동력이 되어 주었다.

나는 코치에게 규칙적으로 소식을 전했다. 그는 내가 보내는 모든 메시지에 답장하지는 않았지만 그래도 일주

일에 한 번은 연락이 왔다. 언뜻 보기에 무작위로 답변을 주는 것 같은 이런 직관적 기술을 가리켜 심리학에서는—책벌레 용어로—'변동비율을 활용한 조작적 조건화operant conditioning with variable-ration schedule'라고 한다. 이렇게 함으로써 상대방의 반응을 계속 추측하게 하고, 예상치 못한 보상을 통해 사안에 대해 스스로 회복할 수 있는 탄력성을 유지하면서 행동에 큰 변화를 가져올 수 있다.

일반적인 상식과는 다르게 보일 수도 있지만 이런 상황에서 사람들은 기대어 울 수 있는 어깨보다는 잡을 수 있는 손을 필요로 한다. 경우에 따라서는 엉덩이를 가볍게 걷어차이는 것일 수도 있다. 코치는 나에게 도움을 주고자 엄격한 방식을 선택했다. 내가 잘 보이려고 하면 일부러 퇴짜를 놓았다. 내가 1킬로를 8분만에 돌파했다고 하면 이렇게 말하는 식이었다. "우리 할머니도 그거보다는 빠르겠다." 어느 겨울날 호수 옆을 달리고 있었는데 우박이 섞인 차가운 비가 얼굴로 퍼부었던 적이 있다. 견딜 수 없을 만큼 추운 날이었지만 영하의 시카고 날씨가 주는 물리적 고통은 집에 돌아왔을 때 나를 맞이하는 마음의 고통에 비할 바가 아니었다. 그 순간 나는 추운 바깥에서 며칠이고 달릴 수 있다면 좋겠다고 생각했다.

"도망치기 위해 달리지 말고 돌아오기 위해 달려." 코치가 말했다. 사실 처음에는 도망치고 있었다. 하지만 발 아래 땅을 딛고 달릴수록 몸과 마음에 도는 그 유명한 러너 호르몬—엔도르핀, 도파민, 세로토닌—의 긍정적인 효과가 느껴졌다. 마침내 달리기는 나의 복합 비애를 단순하게 만들어 주었고 나는 어둠 속에서 빠져나올 수 있게 되었다. 나는 자연적인 몸의 기능과 뇌의 회복 탄력성 및 사회적 특성 덕분에 살아 돌아올 수 있었다. 존이 말한 대로 다른 사람들(코치와 운동선수들의 이야기, 그리고 그들이 구현해 낸 내면의 강인함)을 통해 힘을 낼 수 있었지만, 또한 내 안에서도 그 힘을 찾아냈다. 나는 진정한 나를 향해 달려 들어가고 있었다. 몇 달이 지나자 코치는 이제 어린 시절 나의 열정의 대상이던 내 오랜 친구에게 돌아갈 때가 됐다고 말했다. 바로 테니스였다. 나는 늘 싱글 매치를 선호했지만 여자 더블 리그에 가입했다. 이제 최소한 테니스 코트에서는 파트너와 함께 뛸 준비가 되어 있었다.

이후의 당신을 사랑하기 위하여

함께 나누고 싶은 사랑 이야기가 하나 더 있다. 리처드 파인만Richard Feyman과 그의 첫 부인인 알린 그린봄Arline Greenbaum의 이야기이다. 파인만은 이 책에서 세 번째로 언급되는 이론물리학자이다. 물리학이 무엇이길래 이렇게나 많은 학자들이 감동적인 로맨스를 만들어 낼까? 아원자 입자(원자 구조를 구성하는 입자-옮긴이)의 궤적을 발견하고 1965년 노벨상을 수상한 파인만은 동시에 아름다운 글을 쓰는 작가였고, 대중에게 물리학을 설명하는 책을 여러 권 출판해 과학의 대중화에 기여했다. 하지만 파인만이 쓴 가장 훌륭한 글 중 하나는 그의 생전에 출판된 적이 없다. 바로 죽은 아내 알린에게 쓴 편지였다.

알린은 파인만의 고등학교 시절 첫사랑이었다. 파인만은 대학에 진학하고 물리학계에 걸출한 업적을 남기는 출발점이 된 박사 과정을 시작하면서도 첫사랑과 결혼하겠다는 꿈을 버리지 않았고, 알린이 결핵 말기라는 진단을 받은 후에는 결심이 더욱 확고해졌다. 두 사람은 1941년 맨해튼에서 페리를 타고 스태튼섬Staten Island으로 가서 시청에서 비밀리에 결혼했다. 결혼식 증인으로는 모르는 사람 두 명을 세웠다. 결핵이 옮을 위험이 있어서 신랑은 신부의 뺨에만 키스할 수 있었다. 파인만은 알린이 죽은 지 거의 2년이 지나 죽은 아내에게 편지를 썼다. 편지 속에는 그토록 이성적인 과학자가 자신의 마음을 온통 쏟아붓고 노력하고 흔들리고 죽음 후에도 멈추지 않는 사랑의 미스터리를 잡기 위해 손을 뻗는 모습이 담겨 있다. 그는 알린이 자신에게 얼마나 큰 의미인지에 대해 이야기하면서 알린이 "새로운 생각을 떠올리는 여자idea-woman"였으며 그들이 함께한 "모든 무모한 모험을 이끌었던 총사령관"이었다고 표현한다. 그리고 알린이 없이는 자신은 혼자라고 고백한다. 죽은 아내에게 보내는 편지에서 내면의 두려움과 희망을 털어놓고 자신이 얼마나 아내를 보살피고 위로하고 싶어 하는지, "작은 일"—옷 만들기나 중국어 배우기—이라도 좋으니 얼마나 함께하고 싶은지 이야기한다.

파인만의 편지는 지금까지 사랑에 대해 이 책에서 이야기한 어떤 과학적 설명보다 진정으로 영원한 사랑이란 무엇인지에 대해 잘 보여 준다. 편지는 잊을 수 없는 아름답고도 놀라운 두 문장으로 끝이 난다. "내 아내를 사랑한다. 내 아내는 죽었다." 그러고는 서명을 한 뒤 다음과 같은 추신을 달았다. "이 편지를 부치지 못하는 것을 이해해 줘. 난 당신의 새로운 주소를 모르잖아."

마지막 깨달음

삶을 롤러코스터라고 한다면, 자신이 놀이기구에 이미 타고 있다는 사실을 받아들이지 못하는 사람과 삶의 오르내림은 내가 어떻게 할 수 있는 일이 아니라는 사실을 인정하지 못하는 사람이 가장 고통받을 것이다. 두려움이 가차 없이 밀려드는 상황에서 내가 알게 된 것은, 어떻게 할 수 없는 일을 통제하려고 노력하기보다는 눈을 크게 뜨고 소리를 지르는 편이 훨씬 나으며 친구의 팔을 꽉 붙잡거나 아니면 옆에 앉은 모르는 사람에게라도 손을 잡아 달라고 부탁하는 것이 낫다는 것이다.

나는 이를 실험실이나 달리기 트랙이 아닌 스카이다이빙을 하면서 배웠다. 존이 죽고 나서 맞은 첫 번째 여름에 가족들과 시간을 보내려 스위스에 갔다. 내 생일을 맞아 오랜 친구들이 깜짝 쇼를 준비했다. 어느 날 아침 나를 데리러 갈 테니 편안한 옷에 운동화를 신고 나오라고 했다. 나는 알프스의 어딘가 경치가 좋은 곳으로 하이킹을 가려나 해서 들떠 있었다. 하지만 그 비밀 장소에 도착하자 들판에는 엔진이 켜진 작은 비행기 여러 대가 서 있었고, 사람들은 이상하게 생긴 배낭을 메고 있었다.

곧 그 배낭에 낙하산이 들어 있다는 것을 알아차렸다.

"짜잔!" 친구들이 활짝 웃으며 소리쳤다.

친구들의 계획은 나 혼자 강사와 함께 스카이다이빙을 하고 자신들은 땅에서 기다리며 사진을 찍어 주는 것이었다. 나는 혼란스러웠다. 우정이란 함께 좋은 시간을 나누는 것이지 친구가 겁에 질린 걸 보고 있는 것은 아니지 않나? 내가 비행을 죽을 만큼 무서워한다는 사실을 모르는 걸까? 비록 내 삶을 바친 연구를 통해 예상치 못한 일도 받아들이고 '흘러가는 대로 두어야 한다는' 지혜를 얻었다고는 해도 내게는 이 세상에서 스카이다이빙만큼 무서운 일도 없었다.

비행기 문이 열리자 극심한 공포가 몰려왔다. 나와 하나로 묶인 스카이다이빙 강사는 문이 열리고 얼굴에 세찬 바람을 처음 맞았을 때 크게 소리를 지르면 산소가 부족하다는 느낌이 들지 않을 것이고 비행기에서 뛰어내릴 때 드는 자연스럽고도 지극히 합리적인 공포를 극복하는 데 도움이 될 것이라고 설명했다. 소리를 지르면 뇌가 더 수월하게 고통과 불편을 받아들이고 그 순간에 집중하게 된다. 운동이나 웃음, 울음과 마찬가지로 소리 지르기 역시 엔도르핀을 방출해 고통과 쾌락을 조절하는 뇌 영역인 대뇌 변연계에 영향을 미친다. 고통을 소리 내어 표출하고 어딘가 아플 때 크게 "아아아!" 하고 소리치는 편이 이를 악물고 반응을 억제하는 것보다 실제로 고통을 훨씬 더 감내할 수 있게 한다는 연구 결과가 있다. 과거 과학자들은 그러한 표현이 그저 의사소통의 한 형태에 불과하며 곤경에 처했음을 알리는 일종의 신호라고 생각했지만, 현대 과학에서는 소리를 지르는 것이 자연적 진통제의 하나임을 이해한다.

비행기는 매우 작았고 말도 못하게 흔들렸다. 문이 열렸을 때 나는 너무 무서운 나머지 일부 선택적인 사항들에만 신경을 쓸 수 있었다. 강사가 하는 말에 집중해 보려고 했지만 프로펠러가 돌아가는 소리 때문에 "공포"와 "비명"이라는 말밖에 들리지 않았다.

"알겠어요!"

나는 비행기 안에서 소리를 지르기 시작했다. 구름 사이로 다이빙할 때도 소리를 질렀고 낙하하는 내내 소리를 질렀다. 40초간의 자유 낙하가 있었고, 나는 그것이 남편이 떠난 후 내 삶에 일어난 일 중 가장 멋진 40초였다는 것을 곧바로 알았다. 그 순간, 두려움이란 행복과 마찬가지로 우리 뇌 안에서 화학물질의 결합으로 만들어진다는 것을 분명히 알게 되었다. 우리에게 일어나는 일을 막을 수는 없지만 그 일들에 대해 어떻게 생각할지는 스스로 결정할 수 있다는 것을 깨달았다. 언제나 그렇게 생각할 수는 없다 해도 말이다.

존을 내 삶에 계속 존재하게 하려면 존을 기억할 때의 고통을, 유령을 끌어안으려 할 때의 고통을 직면해야 한다는 것을 깨닫는 순간이었다. 스스로의 고통을 직면하고 난 다음에야 비로소 어디에서나 존을 찾을 수 있게 되었다. 이것이 나의 마지막 깨달음이다. 떠나 버린 누군가를 사랑하는 것은 그를 더 가까이 안는 것이며 마음처럼 느껴지는 뇌 안에 그를 간직하는 것이다.

전체론적 사랑 이론

　수많은 사람들과 마찬가지로 나 역시 앞으로 닥쳐 올 일에 대해 모르는 채로 홀로 코로나19 팬데믹을 겪었다. 나는 앞으로 평생 혼자일까? 사람들의 사회적 관계가 다시 예전 같을 수 있을까? 원래대로 돌아갈 수 있을까? 세상으로부터 단절된 느낌은 너무나 강렬했다. 사실 이런 현상은 많은 사람들에게 새로운 경험이었겠지만 나는 이 상태에 평생 익숙했다. 사회적 고립은 존을 만나기 전까지 나라는 사람을 특징지었던 면이었고 그가 세상을 떠난 후 눈사태처럼 나에게 들이닥쳤던 감정이었는데, 그에 대해 세상 사람들이 어떻게 반응하는지를 지켜보는 일은 흥미롭기도 했다.

　팬데믹이 시작되자마자 사회과학 분야의 동료 연구

자들은 평생에 한 번 있을까 말까 한 이 상황에서 인간이 갖게 되는 독특한 마음을 분석하기 위해 경쟁적으로 실험을 시작했다. 하지만 나는 아무런 실험도 할 수 없었다. 학교는 문을 닫았고 실험실도 폐쇄되었으며 fMRI 스캐너에도 불이 꺼졌다. 그저 물러나 앉아 우리가 외로움에 관한 연구에서 예측했던 것들이 실제 삶에서 실시간으로 어떻게 전개될지를 지켜보는 수밖에 없었다. 나는 팬데믹 사태가 그로 인한 모든 역경에도 불구하고 궁극적으로는 사람들의 사회 생활에 긍정적인 영향을 미치고 사회 전체에 거대한 마음의 리셋을 불러오기를, 그리하여 점점 더 작게 쪼개지고 외로운 세상을 살고 있는 사람들이 타인과의 연결고리를 찾고 함께하는 법을 배울 수 있게 되기를(사회적 거리 두기 속에서라도) 바랐다. 그리고 인간관계를 우선순위에 두어야 하는 이유와 스스로를 돌보지 않으면 다른 사람 역시 돌볼 수 없다는 사실을 깨닫기를 희망했다.

3월 말까지 시카고는 완전히 얼어붙고 폐쇄되었다. 일시적으로라도 환경의 변화가 필요하다고 생각했다. 나는 맑은 날의 시카고도 흐린 날의 시카고도 사랑하지만 그렇다고 해서 이 아파트에서 또 위기를 겪을 수는 없었다. 풀과 나무가 필요했고 자연 속에서 나무와 희망에 둘러싸여 있어야 했다. 기억 속에서 오리건주 포틀랜드가 떠올랐다. 2015년에 존과 함께 갔던 곳이었다. 그리고 언젠가 도시에서 별로 멀지 않은 오스위고Lake Oswego 호숫가에 작은 집을 사서 그곳에 정착하는 상상을 했었다. 시간이 조금 걸리긴 했지만 나는 결국 우리가 상상했던 집과 비슷한 집을 찾았고, 가 보지도 않고 임대했다.

격리 기간 초반에는 비행기도 없었다. 기차나 버스로 여행하는 것은 안전하지 않았지만 건물 차고에는 긴 겨울잠을 자고 있던 우리의 자동차가 있었다. 가방에 짐을 대충 꾸려 우리 강아지 바쵸를 조수석에 앉히고 차에 올랐다. 시카고에서 포틀랜드까지 3일 연속으로 하루에 12시간씩 운전했다. 더 오래 걸리지만 신비롭고 아름다운 북쪽 길을 선택했다. 미니애폴리스Minneapolis, 파고Fargo, 빌링스Billings, 보즈먼Bozeman, 미줄라Missoula, 워싱턴주 남쪽 가장자리의 스포켄 밸리Spokane Valley를 지나 포틀랜드로 들어가는 컬럼비아강을 따라 달렸다. 도로에는 아무도 없었다. 호텔은 가는 곳마다 텅 비어 있었다. 때때로 노스 다코타North Dakota와 몬태나Montana의 얼음과 눈 때문에 운전을 한다기보다는 아무도 없는 고속도로에서 스케이트를 타는 것 같기도 했다. 시내로 들어갈 때 즈음에는 차에 눈과 먼지가 두껍게 쌓였다.

포틀랜드에 도착해서 처음에는 단백질 바와 캔 수프 같은 포장 식품을 먹으며 지냈다. 그러다 봉쇄령이 해제되고 나서는 근처 농장에서 직접 채소를 샀다. 매일 아침 몇 마일을 달리는 것으로 하루를 시작했다. 일도 했다. 스카이프Skype와 줌Zoom으로 소통했다. 다른 사람들과 마찬가지로 나도 일상을 재정립했다. 그런데 이 새로운 일상에는 이상한 점이 있었다. 한 주가 멀다 하고 기자들이 연락해 왔다. 〈뉴욕타임스〉부터 〈워싱턴포스트〉, CNN, 〈보그〉, 〈위민스 헬스〉, 〈내셔널 지오그래픽〉… 모두가 나에게 사회적 고립으로부터 살아남는 방법에 대해 물었다. 사실 그들이 대화하길 바란 사람은 사랑 박사가 아니라 외로움 박사였다. 하지만 존이 없으니 대신 나에게 우리가 함께했던 연구에 대해 물었고, 의학적 치료를 통해 사회적 고립의 영향력을 줄이고 사회적 관계를 촉진시키고자 했던 그 연구에 내가 기여한 바에 대한 설명을 요청했다. 때때로 실제로 나와 존을 혼동한 기자들이 존 카치오포 앞으로 보낸 이메일을 받을 때마다 나는 슬며시 웃곤 했다. "존에게"로 시작하는 이메일들 덕분에 마치 존이 여전히 살아 있는 것 같았다.

하지만 물론 이런 이메일을 받는 것이 쓸쓸하기도 했다. 이 이메일들을 더는 존에게 전달할 수 없다는 현실에 또다시 직면했고 내가 삶에서 잃어 버린 모든 것들이 떠올랐다. 그 이메일들을 읽으며 되새겨지는 고통을 극복하기 위해 의도적으로 내면을 들여다보아야 했고, 점차 아픈 경험을 표면화하고 이것을 좀 더 긍정적인 기억과 연관시켜야 했다. 이는 심리학에서 인지행동치료CBT라고 부르는 것으로, 신경과학자 리사 슐먼Lisa Shulman 박사가 "사람들은 새로운 정신적 연상을 만들어 감정적 짐을 덜어 낸다"고

분석한 방법이다. 나는 존이 생전에 미디어의 인터뷰 요청이나 과학적 사실에 대해 물어오는 이메일을 좋아했다는 점을 기억해 냈다. 존은 자신의 지식을 다른 사람과 나눌 기회를 가질 수 있어서 그때마다 매우 즐거워했다. 그렇게 생각하니 "존에게"로 시작하는 이메일들은 존의 미소를 떠올리게 했고 이제 나는 좀 더 긍정적인 마음으로 그런 이메일들을 바라볼 수 있게 되었다.

　나는 외로움의 과학에 관한 우리 작업을 바탕으로 누군가에게 조언하게 될 때는 언제나 긍정적이고 객관적이도록 노력했다. 하지만 진정성 있는 사람이고자 한다면, 스스로에게 진실하고자 한다면, 그리고 다른 사람들과 연결되고자 한다면 나 자신을 열어 보여야 한다는 것 또한 알았다. 사람들에게 내가 반대편에서 돌아왔다는 사실을 알리고 싶다면 나 역시 외로운 군중 속 일원이었다는 것을 밝혀야 했다. 팬데믹 이전부터 다른 사람들과 긍정적인 소식을 나누는 것이 건강한 대인관계에 도움이 된다는 것은 알고 있었지만 부정적인 경험을 공유하는 건 나에게 새로운 일이었다. 팬데믹을 통해 공동체 간 공유의 장점을 더 잘 이해하게 되었고, 또 어떻게 하면 다른 사람들과 함께 공동체 사회의 이점(사회적 관계를 통해 얻게 되는 내면의 강인함)을 늘려갈 수 있을지 깨닫게 되었다. 이제는 부정적인 것에 대해 이야기하는 것과 부정적인 기운을 뿜어내는 것은 다르다는 것을 안다. 감정은 긍정적이지도 부정적이지도 않은, 그저 감정일 뿐이다. 그것이 우리의 건강과 행복, 수명에 긍정적이거나 부정적인 영향을 미칠지 결정하는 것은 우리가 그 감정에 어떻게 반응하는지에 달려 있다.

어느 정도 규칙적인 생활을 하기 위해 나는 매일 아침 4시 30분에 일어났다. 밖은 여전히 어둡고 조용하며 평화로웠다. 명상을 했고 또 다른 하루가 주어진 것에 감사를 표했으며 운동도 했다. 그리고 노트북을 가지고 커다란 창가에 자리를 잡았다. 별을 바라보면서 팬데믹 생활이 고립되어 있으면서도 한편으로는 외부와 긴밀하게 연결된 우주선에서의 삶과 크게 다르지 않다는 생각을 했다. 그러던 어느 날 아침 메일함을 열어 보니 나사NASA로부터 메시지가 하나 와 있었다. 외로운 뇌에 관한 주제로 미국국립보건원과 함께 우주 기지국 우주인들에게 화상 강연을 해 달라는 요청이었다. 우주 비행사들이 도대체 왜 내 연구에 관심을 갖는지 의아했다. 고립되어 사는 것의 경지에 오른 사람들이 아닌가. 그들은 긍정적인 생각과 규칙적인 생활, 운동, 그리고 외로움을 느끼면 안된다는 의무감으로 우주에서 1년을 혼자 보낼 수 있는 사람들이다. 무엇을 더 배운단 말인가?

그 화상 강연은 지금까지 내가 참석한 어떤 강연과도 달랐다. 기밀 유지 때문에 참석자들의 얼굴을 볼 수 없었고, 나는 어두운 컴퓨터 화면에 대고 이야기하며 반대편의 정체 모를 목소리들의 흥미로운 질문들에 답변했다. 내가 나사에서 일하는 사람들에게 도움이 되었는지는 모르겠지만 그 경험을 통해 우주에서의 삶이라는 은유가 현실을 얼마나 잘 반영하는지를 깨닫게 되었다. 팬데믹 상황에서 설사 멀리 떨어져 있다 하더라도 사랑하는 사람들과 함께하기 위해, 우리도 우주비행사들처럼 뇌를 재설계해야 했다. 생일 파티부터 원격 진료에 이르기까지 대부분의 사회적 소통을 가상의 영역으로 옮겨와야 했다.

팬데믹이 지속되는 동안 어느 때보다 별을 바라보는 시간이 많았다. 그리고 2021년 겨울의 어느 날 밤, 포틀랜드에서 남쪽으로 3시간을 달려 선리버Sunriver 초원에 있는 자연센터와 우주 전망대를 방문했다. 가이드는 내가 완벽한 때에 도착했다고 했다. 그의 계산에 따르면 몇 분 후 정확히 오후 11시 22분에 국제우주정거장이 우리 머리 위에 20초간 머물다 사라질 것이었다. 우주정거장에 반사되어 비친 밝은 태양 빛 덕에 육안으로도 우주정거장을 볼 수 있었는데, 나에게는 꼭 별똥별처럼 보여 반사적으로 소원을 빌었다.

맑은 하늘에는 보름달이 떠 있었고 빛 공해도 거의 없었다. 저 멀리 우주에서, 우리가 상상의 힘으로 연결하기전까지는 그저 의미 없는 점에 불과했을 여든여덟 개의 별자리에 둘러싸인 비행사들에 대해 생각했다. 어린 나의 호기심을 무럭무럭 자라게 했던, 십 대의 나와 함께 있어 주었던, 그리고 한참이 지나 길을 잃은 느낌이었을 때 나에게 길을 보여 주었던 그 별자리들 말이다. 어둠 속에서 반짝이는 별들을 보며 언제나 나에게 "고난 속에 아름다움이 있다"고 말해 주던 친구가 생각났다. 풀리지 않는 문제에 봉착하고 어둠 속에 갇히는 순간에도 새로운 방식으로 모든 것을 볼 수 있고 또 그 점들을 연결할 새로운 길이 있다. 가끔 고개를 들어 하늘을 올려다보는 것을 기억하면 된다.

다시 돌아보면 내 이야기가 세상에 두 번 다시 없을 특별한 것은 아니다. 나는 자신만의 사랑과 아픔의 이야기를 공유해 준 다양한 사람들을 만났다. 그리고 그때마다 사람들의 기쁨과 고통 속에서 나를 발견한다. 사랑과 외로움 같은 것은 보편적인 감정으로 모든 범주를 뛰어넘어 우리 모두가 경험하는 일이다. 외로움의 놀라운 점 중 하나는, 건강을 위협하는 다른 만성적 요인들과 달리 사회적·경제적 지위의 보호를 받을 수 없다는 점이다. 마음의 상처는 누구에게나—요리사, 운동선수, 간호사, 도어맨, 물리학자, 시인, 팝스타에게도—찾아온다.

가수 셀린 디온의 예를 들어 보자. 셀린 디온이 부른 사랑 노래들은 유명하지만 대부분의 사람들은 그녀의 실제 러브 스토리에 대해서는 잘 모른다. 셀린은 막 스타가 되었을 때 오랫동안 자신의 일을 관리해 주던 르네 앙젤릴René Angélil과 사랑에 빠졌다. 셀린은 어릴 때부터 자신을 지지해 주고 가수로서의 경력을 살펴 주던 앙젤릴을 무척 동경했다. 르네는 두 번 이혼했고 셀린과는 스무 살도 넘게 나이 차이가 났다. 셀린의 어머니는 둘의 결혼을 강력히 반대했다. 셀린은 한때 진짜 마음을 숨겨 보기도 했지만 억누르기에는 너무나 강렬하고 순수한 감정이었다.

두 사람은 사랑에 운을 걸어 보기로 했다. 결혼식은 TV를 통해 캐나다 전국으로 방송되었고 두 사람의 러브 스토리가 세상에 알려졌다. 셀린은 아무것도 숨기지 않았다. 숨길 것이 없다고 느꼈고 르네를 완전히 사랑했다. 르네는 셀린이 유일하게 만난 남자였고 유일하게 키스한 남자였다. 둘은 21년을 행복하게 함께 보냈다. 음식을 직접 섭취하지 못해 몸에 튜브를 꽂아 영양분을 공급받으며 마지막 몇 년을 보낸 르네는 길고 치열했던 식도암과의 싸움 끝에 2016년, 73세의 나이로 셀린의 품 안에서 숨을 거뒀다. 그리고 이틀 후 셀린은 사랑하던 남동생마저 암으로 떠나 보냈다.

셀린은 상실이 무엇인지 세포 단위로 세세히 이해했다. 사랑으로 충만한 것이 어떤 것인지도 알았으며 보통 사람이 겪는 외로움 이상을 경험했다. 셀린은 르네를 떠나보낼 수 없었고, 심지어 남편의 손을 본떠 만든 청동 모형을 매일 밤 무대에 오르기 전에 꼭 쥐었다. 르네의 장례가 끝나자마자 기자들은 셀린에게 두 번째 사랑의 가능성에 대해 질문했다. 남편이 죽고 6년이 지나 셀린은 "사랑에 빠졌다"고 말해 모두를 놀라게 했다. 하지만 그녀는 여전히 혼자였다. 혼자이지만 사랑하고 있는 상태. "사랑이 반드시 다시 결혼하는 것을 의미하는 것은 아니다. 무지개를 볼 때, 일몰을 볼 때, 아름다운 춤을 볼 때 나는 사랑을 한다. 내가 하는 일을 사랑하기 때문에 매일 밤 무대에 선다."

셀린의 이야기와 나의 이야기, 그리고 사랑하는 사람을 잃은 다른 많은 사람들의 이야기로부터 여러분이 알았으면 하는 것은—그리고 이 책에서 논의한 인간관계의 신경과학을 통해서도—사랑은 우리가 인정하는 것보다 훨씬 광범위한 개념이라는 점이다. 사랑이라는 현상은 고립되고 형언할 수 없는 감정이 아니라 인지적·생물학적 필요로써, 측정할 수는 있지만 끊임없이 변화하는, 그리고 우리를 더 나은 파트너일 뿐 아니라 더 나은 사람으로 만드는 힘을 가진 것으로 바라보기 시작해야 한다. 나는 이 책의 시작에서도 혼자였고, 책의 끝에서도… 혼자이다. 하지만 원점으로 돌아와 보니 실험실에서 사랑에 대해 연구하는 신경과학자로서도, 그리고 삶에서 사랑을 경험하는 한 인간으로서도 영원한 사랑의 열쇠를 찾았다는 확신이 든다. 그 열쇠는 바로 열린 마음이다. 행동보다 말이 훨씬 쉽긴 하겠지만 마음을 연다는 것은 마음이 어떻게 작동하는지를 이해하는 데서 시작한다.

그것이 바로 이 책에서 나와 여러분이 알아내고자 했

던 것이다. 지금 우리가 알게 된 모든 것들에 대해 생각해 보자. 우리는 사랑이 생물학적으로 필요하다는 것을 안다. 사회적 관계가 뇌를 우주에서 가장 강력한 기관으로 진화하게 했다는 것도 안다. 그 진화가 혐오 신호—외로움과 비애 등—를 발달시켜 우리가 스스로의 사회적 신체를 잘 돌볼 수 있도록 한다는 것도 알고 있다. 혼자라는 점이 외로운 것이 아니라는 것을 알고, 사랑은 그로 인한 기쁨도 선사하지만 스스로를 확장하고자 하는 인간의 욕구 역시 채워 줄 수 있다는 것을 안다. 그리고 우리는 그러한 확장을 위해 내면을 들여다봐야 하고, 정직해야 하며, 스스로에게 진실해야 하고, 자기 자신을 노출해야 한다는 것을 안다. 누군가를 향한 사랑과 열정(스포츠나 일, 삶의 목적과 같은)을 향한 사랑은 뇌의 관점에서는 매우 비슷하다는 것도 안다. 마음과 심장, 그리고 몸 없이는 진정으로 사랑할 수 없다는 것을 안다. 사랑을 지속하는 것이 얼마나 어렵고 또 사랑을 떠나 보내는 것은 얼마나 힘든지, 사랑을 잃어 버리면 얼마나 망가지게 되는지도 안다.

존은 영어에 '외로움과 반대'되는 단어가 없다고 말하곤 했다. 다른 생물학적 필수요건들—배고픔이나 목마름—과 마찬가지로 반의어가 없는 것이다. 하지만 나는 내 연구와 개인적 경험을 바탕으로 외로움의 반대말은 사랑이 아닐까 생각하기 시작했다. 사랑이란 존이 오랜 시간 찾아다녔던 사회적 유대감이자 풍부한 느낌이다. 오늘 나를 둘러싸고 있는 바로 그것이다. 그리고 이제 여러분이 스스로의 사랑을 찾아볼 수 있게 되길 바란다. 그 사랑 이 야기가 어떻게 끝나더라도 말이다.

내 모든 사랑을 담아.

감사의 말

마지막 장을 쓰려 하니 나 자신을 다시 돌아보게 된다. 지금까지 삶의 여정에서 만났던 한 사람 한 사람이 모두 나에게 영감을 주었고 인간됨에 가르침을 주었다. 그 모든 사람들과, 여기에 언급하는 이들(특별한 순서는 없다), 그리고 이 책에서 언급하지 않았더라도 나에게 소중한 사람들에게 말로 다 할 수 없는 감사의 말씀을 전한다.

우선 내 인생의 사랑, 1월의 어느 추운 날에 만나 영원히 내 마음을 따뜻하게 감싸 준 사람에게 끝없는 감사를 표하고 싶다. '당신은 그때도 나에게 감동을 주는 사람이었고 지금도 매일 가장 신비롭고도 아름다운 방식으로 영감이 되고 있습니다. 당신의 열정과 영민함, 에너지, 일을 대하는 태도, 지적이고도 창의적인 생각, 우아함, 그리고 사람들을 향한 끝없는 사랑이 한 번도 가능하다 생각해 본 적 없던 세상을 향해 내 심장과 마음을 열어 주었습니다. 그곳은 단순하면서도 심오한 내면의 아름다움과 진실이 존재하는 세상입니다. 미소가 마음의 상처를 치유하고 기쁨과 희망, 혁신이 가득한 세상이지요. 그리고 사람들과 서로 이어진 삶이야말로 가장 의미 있는 삶이라 여겨지는 곳입니다. 당신의 부재는 여전히 내 마음을 무겁게 짓누르지만 당신은 내 심장 가까이에서 언제나 함께합니다.'

또한 우리 모두가 잃어 버린 모든 사람들에게도 변치 않는 감사를 전하고 싶다. 그들은 과거에는 우리를 격려해 주었고 지금도 하루하루를 가장 잘 살아 낼 수 있도록, 언제나 세상에 호기심을 가질 수 있도록, 다른 이들에게 친절하도록, 그리고 그 무엇도, 누구도 당연히 여기지 않을 수 있게 계속해서 도와준다.

끝없는 지지와 사랑을 보내 주는 존과 나의 가족들에게, 그리고 계속해서 우리에게 응원을 보내 주고 보살펴 주며 사랑해 주는 모든 사람들에게 깊은 감사의 말을 전한다. 존이 남긴 획기적인 과학 이론들과 더불어 그로 인해 감명을 받았던 우리 모두를 통해 존은 영원히 살아 있을 것이다.

과학 학회를 우리의 심장이 하나가 되는 곳으로 만들어 주었던 로라 카스텐슨과 잭 로우, 그리고 우리와 함께 파리에 있었던 과학자들에게도 특별한 감사를 보낸다.

매일 같이 나에게 영감을 불어넣어 준 (그리고 지금도 그러한) 모든 커플들에게도 영원한 감사의 마음을 전한다. 사랑하는 부모님, 이 책에서 언급한 커플들, 그리고 〈뉴욕타임스〉의 '현대인의 사랑' 칼럼에 등장했던 커플들, 그리고 사랑하는 사람과 오래도록 행복하게 잘 살고 있는 나의 친구들.

스티븐 헤이먼Stephen Heyman의 멋진 글과 영민함, 그리고 인내심을 가지고 여러 개에 달하는 이 책의 초고를 다듬어 준 전문성에 깊이 감사한다. 스티븐은 글의 과학적 정보를 다듬고 나의 시적인 생각들을 정리해 주어 이 책이 나오는 데 지대한 공헌을 해 주었다.

이 책의 장과 문단을 읽고 살펴봐 준 스티븐 핑커Steven Pinker, 일레인 햇필드, 리처드 데이비슨, 쟈코모 리졸라티, 마이클 가자니가, 스콧 그래프턴, 조나단 페브스너, 장르네 두하멜, 리처드 페티, 랄프 아돌프에게도 깊이 감사한다.

훌륭한 마음가짐과 한결같은 지지를 보여 준 에이전트 카틴카 매슨Katinka Matson에게도 큰 신세를 졌다. 내 삶의 이야기와 생각을 책으로 만드는 데 귀중한 조언과 지지를 보내 준 플랫아이언Flatiron 편집자 메건 린치Megan Lynch와 메간 하우저Meghan Houser, 그리고 이 책이 출판되도록 애써 준 플랫아이언 직원들에게도 감사하다. 말라티 차발리Malati Chavali, 낸시 트리픽Nancy Trypuc, 말레나 비트너

Marlena Bittner, 에린 키비Erin Kibby, 크리스토퍼 스미스Christopher Smith, 쿠쿠아 아슌Kukuwa Ashun, 에밀리 월터스Emily Walters, 빈센트 스탠리Vincent Stanley, 몰리 블룸Molly Bloom, 도나 나츨Donna Noetzel, 그리고 밥 밀러Bob Miller 등이다.

또한 여러 의문과 흥미로운 질문으로 지난 20년간 나의 한계를 넘어 그 전에는 상상하지 못했던 곳으로 경계를 넓혀 준 모든 저널리스트들과 사상가들, 논평가들에게 역시 감사한다.

엘리자베타 라다바스Elisabetta Ládavas, 알폰소 카라마차Alfonso Caramazza, 쟈코모 리졸라티, 마이클 가자니가, 스콧 그래프턴, 파올로 바톨로메오Paolo Bartolomeo, 스티브 콜Steve Cole, 스테파노 카파Stefano Cappa, 마이클 포스너Michael Posner, 조지 울포드George Wolford, 브루스 맥이웬Bruce McEwen 등 과학계에서 나에게 멘토가 되어 준 분들, 동료와 친구들에게 매우 감사한다. 그들은 내 커리어 내내 생각에 불꽃을 붙여 주고 정밀한 과학적 방법을 심어 주었으며, 모든 과학적 발견에 있어 신나는 호기심과 지적 감각을 고수하면서 신경과학의 기초와 사회인지 심리학의 원리, 그리고 복잡한 수학적 접근에 대해 가르쳐 주었다.

시카고 대학교 의과대학의 모든 간호사와 직원들, 의사들에게 깊이 감사한다. 또한 시카고 대학교 의료 보건 시스템Medical Health System 원장 케니스 폴론스키Kenneth S. Polonsky, 기초과학 학부 학장 콘라드 질리암Conrad Gilliam,

정신행동 신경과학 학과장 다니엘 요하나Daniel Yohanna, 시카고 대학교 명예 총장이자 전 총장인 밥 지머Bob Zimmer, 그리고 내가 배려 속에서 연구할 수 있도록 귀중한 지적 환경을 마련해 준 샤디 바치 지머와 다른 모든 동료들에게도 감사를 표한다.

내 연구에 참여해 준 분들께도 시간과 마음을 내준 것에 무한한 감사를 전한다. 또 다른 영감의 원천이 되어 준 모든 학생들과 연구 보조, 조교수들에게 감사하다. 모두가 열정과 창의력, 헌신으로 나에게 감동을 주었다.

내가 공부하고 일했던 대학들의 모든 이들에게도 감사드린다. 그들은 내가 한계를 뛰어넘고 마음에 관한 멋진 탐구를 시작할 수 있도록 영감을 주었다. 다트머스 대학교에서는 리아 서머빌Leah Sommerville, 에밀리 크로스Emily Cross, 안토니아 해밀턴Antonia Hamilton을 비롯해 집으로 돌아가는 크로스 컨트리 스키에 오르기 전 두뇌 데이터 생성을 위해 실험실에서 긴 시간을 함께해 준 모든 동료들에게 감사한다. 제네바 대학 병원에서 만났던 모든 환자들이 보여 준 내면의 강인함과 평화에, 간호사들의 끝없는 친절과 존경스러울 정도의 침착함, 감정이 격해질 수 있는 어려운 상황에서도 환자를 돕고자 하는 헌신적인 마음에 깊이 감사한다. 신경학 병동과 심리학/임상 신경과학 부서의 모든 멘토와 동료들에게 감사하며 특히 테오도르 랜디스Theodor Landis, 올라프 블랑케Olaf Blanke, 마르기타 시크

286

Margitta Seeck, 크리스토프 미셸Christoph Michel, 마히 도미니크 마토히Marie-Domonique Mortory, 프랑수아즈 베르나스코니Françoise Bernasconi, 장 마히 안노니Jean-Marie Annoni, 파비엔느 페렌Fabienne Perren, 스테판 페리그Stephen Perrig, 피에르 메제밴드Pierre Mégevand, 패트릭 부미에Patrik Vuilleumier, 아흐민 슈나이더Armin Schnider, 프렌체스코 비앙키 데미첼리Francesco Bianchi-Demicheli, 폴 비쇼프Paul Bischof, 도미니크 드 지글러Dominique DeZiegler, 고란 란츠Goran Lantz, 클로드 알랑 하와트Claude-Alain Hauert에게 특히 마음을 전하고 싶다. 캘리포니아 대학교 산타바바라 캠퍼스의 교수들과 동료들 모두에게 감사의 마음을 보낸다. 각자의 분야에서 선구자로서 길을 개척해 나가는 모두의 모습은 나에게 깊은 감명을 주었으며, 특히 낸시 콜린스Nancy Collins, 셸리 게이블, 레다 코스미데스Leda Cosmides와 브렌다 메이저Brenda Major를 언급하고 싶다. 시러큐스 대학교의 모든 동료들에게도 지지를 보내 주어 감사하다고 전하고 싶으며 에이미 크리스Amy Criss, 윌리엄 호이어William Hoyer, 래리 르완도스키Larry Lewandowski, 브라이언 마튼즈Brian Martens에게 특히 고맙다. 아르헨티나 인지신경센터의 동료들에게도 감사를 표한다. 특히 파쿤도 마네스Facundo Manes, 블라스 코우토, 아구스틴 이바네즈Agustin Ibanez에게 인사를 전하고 싶다. 이들은 흥미롭고도 고무적인 대화 상대가 되어 주었을 뿐 아니라, 우리 과학 논문에 지대한 공헌을 해주었으며 환자를 돌보는 데 있어 누구도 말릴 수 없는 열정을 보여 주었다.

대학 시절 교수님들과 초등학교 때 선생님들, 특히 부부였던 모로 고드히Moreau-Gaudry 선생님 두 분과 로슈 Roche 선생님은 아주 어릴 때부터 내가 가진 지식을 다른 사람과 나누어야 한다고 가르쳐 주셨다. 그리고 내 삶 전체에서 목적 의식에 대해 알려 주고 스포츠에 대한 끝없는 사랑을 고취시켜 주었던 테니스 코치들에게도 큰 신세를 졌다.

웨스트 코스트의 친구들에게도 매우 감사하다. 특히 캔디스Candice와 로저Roger, 매릴린Marylyn과 닐Neil, 존John 과 샤론Sharon, 킴Kim, 베키Becky, 구찌Gucci, 샬롯Charlotte에게 밤낮으로 끝없는 응원을 보내 주어 고맙다고 말하고 싶다. 샤론Sharon과 마이클Michael에게도 따뜻한 마음 고마웠다고 전한다. 오리건주의 모든 친구들에게도 늘 나에게 감명을 주어 끝없이 감사하다고 말하고 싶다.

시카고의 친구들과 우리 건물의 도어맨, 경비원, 다른 직원들에게도 특별한 감사의 마음을 표한다. 누군지 다들 알 것이다. 그중 프란과 마브Fran and Marv, 제이미와 브루스Jamie and Bruce, 로나Lorna, 게일Gail, 안Ann, 트리쉬Trish, 던과 팀Dawn and Tim, 숀과 제프Shawn and Jeff, 패트리시아와 존 Patricia and John, 로래인과 존Lorraine and Jon, 린다와 존Linda and John, 로라와 존Laura and John, 캐시와 크래이그Cathy and Craig, 데비와 짐Debbie and Jim, 모린과 셔우드Maureen and Sherwood, 매탑과 션Mahtab and Sean, 안젤라Angela, 엘리자베스 Elizabeth, 요란다Yolanda, 에릭Eric, 마빈Marvin, 카메론Camer-on, 로이Roy, 패트릭Patrick, 임마누엘Emanuel, 아르투로Arturo, 톰Tom, 제롬Jerome, 장 클로드Jean-Claude, 조세프Joseph, 제이 콥Jacob에게 계속해서 존을 사랑해 주고 깊은 내면의 강인함과 공동체 정신을 보여 주어 말로 다 할 수 없는 감사를 전한다.

언제나 열정이 넘치고 계속해서 용기를 주는 내 여자 친구들 페르난다Fernanda, 레일라Leila, 니사Nisa, 산드라 Sandra, 니콜Nicole, 조제Josée, 로지Rosie, 크리스티안Christiane 에게도 감사한다. 이 친구들이 보여 주는 자신의 파트너와 아이들을 향한 사랑은 나에게 언제나 영감이 된다. 장난기 넘치는 유머 감각과 축구 경기를 보려는 의지, 빌리 진 킹 컵Billie Jean King Cup 미국/스위스전에 참가하고 등산을 하며 요가를 하거나 지적 열정을 나누는 모습은 지난 몇 년간 나에게 큰 힘이 되어 주었다.

내가 가장 힘들었을 때 꼭 필요했던 끝없는 지지와 진심 어린 말, 다정한 미소를 보내 준 덴마크 왕세자비께도 더할 수 없이 깊은 감사를 보낸다. 제인 퍼슨Jane Persson, 헬리 오스터가드Helle Østergaard를 비롯한 비영리 메리 재단Mary Foundation의 모든 팀원들에게도 외로움과의 조용한 싸움 속에서 사람들을 이어 주고자 하는 무조건적인 사랑과 꾸준한 헌신에 대해 감사의 말을 전한다.

나를 산책시켜 주고 사랑과 위로를 보내 주는 우리 강아지 바쵸에게 무한한 감사를 보낸다.

나에게 치유의 길을 밝혀 준 코치에게도 겸허하고 존경하는 마음을 담아 감사드린다. 나에게 모범이 되어 주고, 내면을 바라보아야 하는 만큼 높이 올려다보라고 이야기해 주고, 스포츠를 통해 내면의 지혜를 추구하는 기쁨을 알려 주며 내가 다른 사람들에게 영감을 주도록 격려해 주는 점에 대해 고맙게 생각한다.

그리고 마지막으로 빼놓을 수 없는 독자들에게도 깊은 감사의 마음을 표현하고 싶다. 지금 이 페이지를 읽어 주는 것에, 비록 책을 쓰며 힘든 시간이 다시 떠오르긴 했지만 그래도 이 책을 통해 내가 겪은 이야기를 나눌 수 있게 해 준 점에 감사드린다. 덕분에 그 시간 속으로 다시 뛰어들어 내 이야기를 하며 희망을 찾고 세상 모든 것과 사람들에게서 아름다움을 발견할 수 있었다.

이야기는 계속된다.

참고문헌

프롤로그

"Pandemic Has Aged the Average Relationship Four Years," *Business Wire*, February 10, 2021, accessed July 1, 2021, https://www.businesswire.com/news/home/20210210005650/en/Lockdown-Love-Pandemic-Has-Aged-the-Average-Relationship-Four-Years.

Center for Translational Neuroscience, "Home Alone: The Pandemic Is Overloading Single-Parent Families," *Medium*, November 11, 2020, accessed September 28, 2021, https://medium.com/rapid-ec-project/home-alone-the-pandemic-is-overloading-single-parent-families-c13d48d86f9e.

Conrad Duncan, "Nearly Half of Japanese People Who Want to Get Married 'Unable to Find Suitable Partner,'" *The Independent*, June 19, 2019, accessed July 1, 2021, https:// www.independent.co.uk/news/world/asia/japan-birth-rate-marriage-partner-cabinet-survey-a8966291.html.

David Curry, "Dating App Revenue and Usage Statistics (2021)," BusinessOfApps.com, March 10, 2021, accessed July 1, 2021, https://www.businessofapps.com/data/dating-app-market.

Elena Reutskaja et al., "Choice Overload Reduces Neural Signatures of Choice Set Value in Dorsal Striatum and Anterior Cingulate Cortex," *Nature Human Behaviour* 2 (2018): 925–35.

Ellen S. Berscheid and Pamela C. Regan, *The Psychology of Interpersonal Relationships* (New York: Routledge, 2016), 429.

Graham Farmelo, *The Strangest Man: The Hidden Life of Paul Dirac, Mystic of the Atom* (New York: Basic Books, 2011), 187.

J. H. McKendrick, L. A. Campbell, and W. Hesketh, "Social Isolation, Loneliness and Single Parents in Scotland," September 2018, accessed September 28, 2021, https://opfs.org.uk/wp-content/uploads/2020/02/1.-Briefing-One-180904_FINAL.pdf.

James Joyce, *Ulysses* (Oxford: Oxford University Press, 1998), 319.

John T. Cacioppo et al., "Marital Satisfaction and Break-ups Differ Across On-line and Off-line Meeting Venues," *Proceedings of the National Academy of Sciences* 110, no. 25 (2013): 10135–40.

Kate Julian, "The Sex Recession," *Atlantic*, December 2018, accessed July 1, 2021, https://www.theatlantic.com/magazine/archive/2018/12/the-sex-recession/573949/.

Lisa Bonos, "Our Romantic Relationships Are Actually Doing Well During the Pandemic,

Study Finds," *Washington Post*, May 22, 2020, accessed July 1, 2021, https://www.washingtonpost.com/lifestyle/2020/05/22/marriage-relationships-coronavirus-arguments-sex-couples.

Nora Daly, "Single? So Are the Majority of U.S. Adults," pbs.org, September 11, 2014, accessed July 1, 2021, https://www.pbs.org/newshour/nation/single-youre-not-alone.

Pew Research Center, "Dating and Relationships in the Digital Age," May 2020, accessed July 1, 2021, https://www.pewresearch.org/internet/2020/05/08/dating-and-relationships-in-the-digital-age.

Pew Research Center, "Nearly Half of U.S. Adults Say Dating Has Gotten Harder for Most People in the Last 10 Years," August 2020, accessed July 1, 2021, https://www.pewresearch.org/social-trends/2020/08/20/nearly-half-of-u-s-adults-say-dating-has-gotten-harder-for-most-people-in-the-last-10 years.

Richard Fry, "The Share of Americans Living Without a Partner Has Increased, Especially Among Young Adults," Pew Research Center, October 11, 2017, accessed July 1, 2021, https://www.pewresearch.org/fact-tank/2017/10/11/the-share-of-americans-living-without-a-partner-has-increased-especially-among-young-adults/.

Richard Gunderman, "The Life-Changing Love of One of the 20th Century's Greatest Physicists," *The Conversation*, December 9, 2015, accessed July 1, 2021, https://theconversation.com/the-life-changing-love-of-one-of-the-20th-centurys-greatest-physicists-51229.

Tom Morris, "Dating in 2021: Swiping Left on COVID-19," Gwi.com, March 2, 2021, accessed July 1, 2021, https://blog.gwi.com/chart-of-the-week/online-dating/.

Victor Hugo, *Les Misérables* (New York: Athenaeum Society, 1897), 312–13.

1. 사회적 뇌

"Human Brain Can Store 4.7 Billion Books—Ten Times More Than Originally Thought," *Telegraph*, January 21, 2016, accessed July 1, 2021, https://www.telegraph.co.uk/news/science/science-news/12114150/Human-brain-can-store-4.7-billion-books-ten-times-more-than-originally-thought.html.

Antoine Lutz et al., "BOLD Signal in Insula Is Differentially Related to Cardiac Function During Compassion Meditation in Experts vs. Novices," *Neuroimage* 47, no. 3 (2009): 1038–46.

Beatrice C. Lacey and John I. Lacey, "Two-Way Communication Between the Heart and the Brain: Significance of Time Within the Cardiac Cycle," *American Psychologist* 33, no. 2 (1978): 99.

C. C. Gillispie, *Dictionary of Scientific Biography*, vol. 1 (New York: Charles Scribner's Sons, 1970).

C. U. M. Smith, "Cardiocentric Neurophysiology: The Persistence of a Delusion," *Journal of the History of the Neurosciences* 22, no. 1 (2013): 6–13.

Desmond Sheridan, "The Heart, a Constant and Universal Metaphor," *European Heart Journal* 39, no. 37 (2018): 3407–9.

Ferris Jabr, "Does Thinking Really Hard Burn More Calories?," *Scientific American,* July 18, 2012, accessed July 1, 2021, https://www.scientificamerican.com/article/thinking-hard-calories/.

Frederico A. C. Azevedo et al., "Equal Numbers of Neuronal and Nonneuronal Cells Make the Human Brain an Isometrically Scaled-Up Primate Brain," *Journal of Comparative Neurology* 513, no. 5 (2009): 532–41.

Helen Fisher, *Anatomy of Love: A Natural History of Mating, Marriage, and Why We Stray*, rev. ed. (New York: W. W. Norton, 2017), 281.

Jonathan Pevsner, "Leonardo da Vinci's Contributions to Neuroscience," *Trends in Neurosciences* 25, no. 4 (2002): 217–20.

Jonathan Pevsner, "Leonardo da Vinci's Studies of the Brain," *The Lancet* 393 (2019): 1465–72.

Lisbeth Marner et al., "Marked Loss of Myelinated Nerve Fibers in the Human Brain with Age," *Journal of Comparative Neurology* 462, no. 2 (2003): 144–52, https://doi.org/10.1002/cne.10714.

Matthew Cobb, *The Idea of the Brain* (New York: Basic Books, 2020), 1–2.

Michael S. Gazzaniga, "Who Is in Charge?," *BioScience* 61, no. 12 (2011): 937–38.

Michael S. Gazzaniga, *The Consciousness Instinct: Unraveling the Mystery of How the Brain Makes the Mind* (New York: Farrar, Straus and Giroux, 2018), 26–27.

Paul Reber, "What Is the Memory Capacity of the Human Brain?," Scientific American Mind, May 1, 2010, accessed July 1, 2021, https://www.scientificamerican.com/article/what-is-the-memory-capacity/.

Rebecca Von Der Heide, Govinda Vyas, and Ingrid R. Olson, "The Social Network-Network: Size Is Predicted by Brain Structure and Function in the Amygdala and Paralimbic Regions," *Social Cognitive and Affective Neuroscience* 9, no. 12 (2014): 1962–72.

Robin Dunbar, "The Social Brain Hypothesis," *Evolutionary Anthropology: Issues, News, and Reviews* 6, no. 5 (1998): 178–90.

Rollin McCraty et al., "The Coherent Heart: HeartBrain Interactions, Psychophysiological Coherence, and the Emergence of System-Wide Order," *Integral Review* 5 (2009): 10–115

Sandra Aamodt and Sam Wang, *Welcome to Your Brain: Why You Lose Your Car Keys but Never Forget How to Drive and Other Puzzles of Everyday Behavior* (New York: Bloomsbury, 2009), 102.

Sophie Fessl, "The Hidden Neuroscience of Leonardo da Vinci," *Dana Foundation*, September 23, 2019, accessed July 1, 2021, https://dana.org/article/the-hidden-neuroscience-of-leonardo-da-vinci.

Stephanie Cacioppo and John T. Cacioppo, *Introduction to Social Neuroscience* (Princeton, NJ: Princeton University Press, 2020), 77–83.

Stephanie Cacioppo et al., "A Quantitative Meta-analysis of Functional Imaging Studies of Social Rejection," *Scientific Reports* 3, no. 1 (2013): 1–3.

Thomas Bartol Jr. et al., "Nanoconnectomic Upper Bound on the Variability of Synaptic Plasticity," *eLife* 4 (2015): https://elifesciences.org/articles/10778.

William Shakespeare, *The Merchant of Venice* (Shakespeare Navigators website), 3.2.63–64.

Yuval Noah Harari, Sapiens: A Brief History of Humankind (New York: Random House, 2014).

2. 싱글의 뇌

B. J. Casey et al., "Behavioral and Neural Correlates of Delay of Gratification 40 Years Later," *Proceedings of the National Academy of Sciences* 108, no. 36 (2011): 14998–15003.

Brain Moskalik and George W. Uetz, "Female Hunger State Affects Mate Choice of a Sexually Selected Trait in a Wolf Spider," *Animal Behaviour* 81, no. 4 (2011): 715–22.

Bruno Laeng, Oddrun Vermeer, and Unni Sulutvedt, "Is Beauty in the Face of the Beholder?," *PLoS One* 8, no. 7 (2013): e68395.

Claus Wedekind et al., "MHC-Dependent Preferences in Humans," *Proceedings of the Royal Society of London B* (Biological Sciences) 260, no. 1359 (1995): 245–49, https://royalsocietypublishing.org/doi/10.1098/rspb.1995.0087.

Elizabeth A. Lawson et al., "Oxytocin Reduces Caloric Intake in Men," *Obesity* 23, no. 5 (2015): 950–56.

Junyi Yang et al., "Only-Child and Non-Only Child Exhibit Differences in Creativity and Agreeableness: Evidence from Behavioral and Anatomical Structural Studies," *Brain Imagining Behavior* 11, no. 2 (2017): 493–502.

Marjorie Taylor et al., "The Characteristics and Correlates of Fantasy in School-Age Children: Imaginary Companions, Impersonation, and Social Understanding," *Developmental Psychology* 40, no. 6 (2004): 1173–87.

Stephanie Cacioppo, "Neuroimaging of Love in the Twenty-First Century," in *The New Psychology of Love*, ed. R. J. Sternberg and K. Sternberg (Cambridge, UK: Cambridge University Press, 2019), 357–68.

3. 일을 향한 열정

Eric R. Kandel, James H. Schwartz, and Thomas M. Jessell, *Principles of Neural Science* (New York: McGraw-Hill, 2012).

John T. Cacioppo, Laura Freberg, and Stephanie Cacioppo, *Discovering Psychology: The Science of Mind* (Boston: Cengage, 2021).

Norman Dodge, *The Brain That Changes Itself: Stories of Personal Triumph from the Frontiers of Brain Science* (New York: Penguin, 2007).

Olaf Blanke and Stephanie Ortigue, *Lignes de fuite: Vers une neuropsychologie de la peinture* (Lausanne: PPUR Presses Polytechniques, 2011), 113–43.

Olaf Blanke, Stephanie Ortigue, and Theodor Landis, "Colour Neglect in an Artist," *The Lancet* 361, no. 9353 (2003): 264.

Sharon Begley, Change Your Mind, *Change Your Brain: How a New Science Reveals Our Extraordinary Potential to Transform Ourselves* (New York: Ballantine, 2007).

4. 러브 머신

David Amaral and Ralph Adolphs, eds., *Living Without an Amygdala* (New York: Guilford Publications, 2016).

Elaine Hatfield and Richard L. Rapson, *Love and Sex: Cross-Cultural Perspectives* (Boston: Allyn & Bacon, 1996), 205.

Emiliana R. Simon-Thomas, et al., "An fMRI Study of Caring vs Self-Focus During Induced Compassion and Pride," *Social Cognitive and Affective Neuroscience* 7, no. 6 (2012): 635–48.

Francesco Bianchi Demicheli, Scott T. Grafton, and Stephanie Ortigue, "The Power of Love on the Human Brain," *Social Neuroscience* 1, no. 2 (2006): 90–103.

Francesco Bianchi-Demicheli and Stephanie Ortigue, "System and Method for Detecting a Specific Cognitive-Emotional State in a Subject," U.S. Patent 8,535,060, *issued September* 17, 2013.

Joseph LeDoux, *The Emotional Brain: The Mysterious Underpinnings of Emotional Life* (New York: Simon & Schuster, 1998), 161–64.

Kristen A. Lindquist et al., "The Brain Basis of Emotion: A Meta-analytic Review," *Behavioral and Brain Sciences* 35, no. 3 (2012): 121.

Marian C. Diamond et al., "On the Brain of a Scientist: Albert Einstein," *Experimental Neurology* 88, no. 1 (1985): 198–204.

Matthieu Ricard, *Altruism: The Power of Compassion to Change Yourself and the World* (New York: Little, Brown, 2015).

Ralph Adolphs et al., "Impaired Recognition of Emotion in Facial Expressions Following

Bilateral Damage to the Human Amygdala," *Nature* 372 (1994): 669–72.

Raymond J. Dolan and Patrick Vuilleumier, "Amygdala Automaticity in Emotional Processing," *Annals of the New York Academy of Sciences* 985, no. 1 (2003): 348–55.

Richard J. Davidson and William Irwin, "The Functional Neuroanatomy of Emotion and Affective Style," *Trends in Cognitive Sciences* 3, no. 1 (1999): 11–21.

Stephanie Cacioppo, "Neuroimaging of Love in the Twenty-First Century," in *The New Psychology of Love*, ed. R. A. Sternberg and K. Sternberg (Cambridge: Cambridge University Press, 2019): 332–44.

Stephanie Ortigue et al., "Electrical Neuroimaging Reveals Early Generator Modulation to Emotional Words," *Neuroimage* 21, no. 4 (2004): 1242–51.

Stephanie Ortigue et al., "The Neural Basis of Love as a Subliminal Prime: An Event-Related Functional Magnetic Resonance Imaging Study," *Journal of Cognitive Neuroscience* 19, no. 7 (2007): 1218–30.

5. 거울에 비친 사랑

Alejandro Pérez, Manuel Carreiras, and Jon Andoni Duñabeitia, "Brain-to-Brain Entrainment: EEG Interbrain Synchronization While Speaking and Listening," *Scientific Reports* 7, Article 4190 (2017).

Daniel Kahneman, *Thinking, Fast and Slow* (New York: Farrar, Straus and Giroux, 2011).

David Dignath et al., "Imitation of Action-Effects Increases Social Affiliation," *Psychological Research* 85 (2021): 1922–33, https://link.springer.com/article/10.1007/s00426-020-01378-1.

Emeran A. Mayer, "Gut Feelings: The Emerging Biology of Gut-Brain Communication," *Nature Reviews Neuroscience* 12, no. 8 (2011): 453–66.

Giacomo Rizzolatti and Corrado Sinigaglia, *Mirrors in the Brain: How Our Minds Share Actions and Emotions* (New York: Oxford University Press, 2008), 115.

Jing Jiang et al., "Neural Synchronization During Face-to-Face Communication," *Journal of Neuroscience* 32, no. 45 (2012): 16064–69.

John T. Cacioppo and Stephanie Cacioppo, "Decoding the Invisible Forces of Social Connections," *Frontiers in Integrative Neuroscience* 6 (2012): 51.

John T. Cacioppo, Laura Freberg, and Stephanie Cacioppo, *The Science of Mind* (Boston: Cengage, 2021), 70.

Richard E. Petty and John T. Cacioppo, "The Elaboration Likelihood Model of Persuasion," in *Communication and Persuasion* (New York: Springer, 1986), 1–24.

Rick B. van Baaren et al., "Mimicry and Prosocial Behavior," *Psychological Science* 15, no. 1 (2004): 71–74.

Stephanie Cacioppo et al., "Intention Understanding over T: A Neuroimaging Study on Shared Representations and Tennis Return Predictions," *Frontiers in Human Neuroscience* 8 (2014): 781.

Stephanie Ortigue et al., "Spatio-Temporal Dynamics of Human Intention Understanding in Temporo-Parietal Cortex: A Combined EEG/fMRI Repetition Suppression Paradigm," *PLoS One* 4, no. 9 (2009): e6962.

Stephanie Ortigue et al., "Understanding Actions of Others: The Electrodynamics of the Left and Right Hemispheres: A High-Density EEG Neuroimaging Study," *PLoS One* 5, no. 8 (2010): e12160.

6. 뇌가 오른쪽으로 스와이프할 때

Anthony F. Bogaert, "Asexuality: Prevalence and Associated Factors in a National Probability Sample," Journal of Sex Research 41, no. 3 (2004): 279–87.

Arthur D. Craig, "How Do You Feel— Now? The Anterior Insula and Human Awareness," *Nature Reviews Neuroscience* 10, no. 1 (2009).

Bernard W. Balleine, Mauricio R. Delgado, and Okihide Hikosaka, "The Role of the Dorsal Striatum in Reward and Decision-Making," *Journal of Neuroscience* 27, no. 31 (2007): 8161–65.

Cyrille Feybesse and Elaine Hatfield, "Passionate Love," in *The New Psychology of Love*, ed. R. J. Sternberg and A. Sternberg (Cambridge: Cambridge University Press, 2019), 183–207.

Dorothy Tennov, *Love and Limerence: The Experience of Being in Love* (Lanham, MD: Scarborough House, 1998), 74.

Elaine Hatfield and G. William Walster, *A New Look at Love* (Lanham, MD: University Press of America, 1985).

Elaine Hatfield and Richard L. Rapson, *Love and Sex: Cross-Cultural Perspectives* (Boston: Allyn & Bacon, 1996).

Elaine Hatfield, Richard L. Rapson, and Jeanette Purvis, *What's Next in Love and Sex: Psychological and Cultural Perspectives* (New York: Oxford University Press, 2020).

Ellen Berscheid and Elaine Hatfield, *Interpersonal Attraction* (Reading, MA: Addison-Wesley, 1969).

Ellen Berscheid and Pamela C. Regan, *The Psychology of Interpersonal Relationships* (New York: Routledge, 2016).

Emily A. Stone, Aaron T. Goetz, and Todd A. Shackelford, "Sex Differences and Similarities in Preferred Mating Arrangements," *Sexualities, Evolution & Gender* 7, no. 3 (2005): 269–76.

Esther D. Rothblum et al., "Asexual and Non-asexual Respondents from a U.S. Population-Based Study of Sexual Minorities," *Archives of Sexual Behavior* 49 (2020): 757–67.

G. Oscar Anderson, "Love, Actually: A National Survey of Adults 18+ on Love, Relationships, and Romance," *AARP*, November 2009, https://www.aarp.org/relationships/love-sex/info-11-2009/love_09.html.

Helen Fisher, "Anatomy of Love," *Talks at Google*, September 22, 2016, posted on December 7, 2016, https://www.youtube.com/watch?v=Wthc5hdzU1s.

Helen Fisher, "Lust, Attraction, and Attachment in Mammalian Reproduction," *Human Nature* 9, no. 1 (1998): 23–52.

Helen Fisher, *Anatomy of Love: A Natural History of Mating, Marriage, and Why We Stray*, rev. ed. (New York: W. W. Norton, 2017).

India Morrison, "Keep Calm and Cuddle On: Social Touch as a Stress Buffer," *Adaptive Human Behavior and Physiology*, no. 2 (2016): 344–62.

Joseph Campbell and Bill D. Moyers, *Joseph Campbell and the Power of Myth with Bill Moyers*, "Episode 2: The Message of Myth," New York: Mystic Fire Video, 2005.

Lisa M. Diamond, "Emerging Perspectives on Distinctions Between Romantic Love and Sexual Desire," *Current Directions in Psychological Science* 13, no. 3 (2004): 116–19.

Mylene Bolmont, John T. Cacioppo, and Stephanie Cacioppo, "Love Is in the Gaze," *Psychological Science* 25, no. 9 (2014): 1748–56.

Quentin Bell, *Virginia Woolf: A Biography* (New York: Harcourt Brace Jovanovich, 1974), 185.

Raymond C. Rosen, "Prevalence and Risk Factors of Sexual Dysfunction in Men and Women," *Current Psychiatry Reports* 2, no. 3 (2000): 189–95.

Richard J. Davidson and Sharon Begley, *The Emotional Life of Your Brain: How Its Unique Patterns Affect the Way You Think, Feel, and Live—and How You Can Change Them* (New York: Penguin, 2013), 318–24.

Sarah A. Meyers and Ellen Berscheid, "The Language of Love: The Difference a Preposition Makes," *Personality and Social Psychology Bulletin* 23, no. 4 (1997): 347–62.

Sinikka Elliott and Debra Umberson, "The Performance of Desire: Gender and Sexual Negotiation in Long-Term Marriage," *Journal of Marriage and Family* 70, no. 2 (2008): 391–406.

Stephanie Cacioppo et al., "Selective Decision-Making Deficit in Love Following Damage to the Anterior Insula," *Current Trends in Neurology* 7 (2013): 15.

Stephanie Cacioppo, "Neuroimaging of Love in the Twenty-First Century," in *The New Psychology of Love*, ed. R. J. Sternberg and K. Sternberg (Cambridge: Cambridge University Press, 2019): 345–56.

Swethasri Dravida et al., "Joint Attention During Live Person-to-Person Contact Activates rTPJ, Including a Sub-Component Associated with Spontaneous Eye-to-Eye Contact," *Frontiers in Human Neuroscience* 14 (2020): 201.

7. 우리에게는 언제나 파리가 있지

"Elephant Emotions," *Nature*, October 14, 2008, accessed July 1, 2021, https://www.pbs. org/wnet/nature/unforgettable-elephants-elephant-emotions/5886/#.

"The Heart-Brain Connection: The Neuroscience of Social, Emotional, and Academic Learning," YouTube, https://www.youtube.com/watch?v=o9fVvsR-CqM.

Aaron Kucyi et al., "Enhanced Medial Prefrontal-Default Mode Network Functional Connectivity in Chronic Pain and Its Association with Pain Rumination," *Journal of Neuroscience* 34, no. 11 (2014): 3969–75.

Anat Perry et al., "The Role of the Orbitofrontal Cortex in Regulation of Interpersonal Space: Evidence from Frontal Lesion and Frontotemporal Dementia Patients," *Social Cognitive and Affective Neuroscience* 11, no. 12 (2016): 1894–901.

Antoine Bechara, "The Role of Emotion in Decision-Making: Evidence from Neurological Patients with Orbitofrontal Damage," *Brain and Cognition* 55, no. 1 (2004): 30–40.

Antoine Bechara, Hanna Damasio, and Antonio R. Damasio, "Emotion, Decision Making and the Orbitofrontal Cortex," *Cerebral Cortex* 10, no. 3 (2000): 295–307.

Antoine Lutz et al., "Long-Term Meditators Self-Induce High-Amplitude Gamma Synchrony During Mental Practice," *Proceedings of the National Academy of Sciences* 101, no. 46 (2004): 16369–73.

Bastien Blain and Robb B. Rutledge, "Momentary Subjective Well-Being Depends on Learning and Not Reward," *eLife* 9, e57977, https://elifesciences.org/articles/57977.

Camille Piguet et al., "Neural Substrates of Rumination Tendency in Non-Depressed Individuals," *Biological Psychology* 103 (2014): 195–202.

Cortland J. Dahl, Christine J. Wilson-Mendenhall, and Richard J. Davidson, "The Plasticity of Well-Being: A Training-Based Framework for the Cultivation of Human Flourishing," *Proceedings of the National Academy of Sciences* 117, no. 51 (2020): 32197–206, https://doi.org/10.1073/pnas.2014859117.

Ellen Williams et al., "Social Interactions in ZooHoused Elephants: Factors Affecting Social Relationships," *Animals* 9, no. 10 (2019): 747.

Florence Williams, *The Nature Fix: Why Nature Makes Us Happier, Healthier, and More Creative* (New York: W. W. Norton, 2017).

François Lhermitte, "Human Autonomy and the Frontal Lobes. Part II: Patient Behavior in Complex and Social Situations: The 'Environmental Dependency Syndrome,'" *Annals of Neurology* 19, no. 4 (1986): 336.

Gazzaniga, Ivry, and Mangun, *Cognitive Neuroscience*, 468–73, 536–37.

Giulia Zoppolat, Mariko L. Visserman, and Francesca Righetti, "A Nice Surprise: Sacrifice Expectations and Partner Appreciation in Romantic Relationships." *Journal of Social and Personal Relationships* 37, no. 2 (2020): 450–66.

Gregory N. Bratman et al., "Nature Experience Reduces Rumination and Subgenual

Prefrontal Cortex Activation," *Proceedings of the National Academy of Sciences* 112, no. 28 (2015): 8567–72.

Jale Eldeleklio lu, "Predictive Effects of Subjective Happiness, Forgiveness, and Rumination on Life Satisfaction," *Social Behavior and Personality* 43, no. 9 (2015): 1563–74.

James J. Gross, ed., *Handbook of Emotion Regulation* (New York: Guilford, 2013).

John Darrell Van Horn et al., "Mapping Connectivity Damage in the Case of Phineas Gage," PLoS One 7, no. 5 (2012): e37454.

John M. Harlow, "Passage of an Iron Rod Through the Head," Boston Medical and *Surgical Journal* 39, no. 20 (1848): 277.

Kevin N. Ochsner, Jennifer A. Silvers, and Jason T. Buhle, "Functional Imaging Studies of Emotion Regulation: A Synthetic Review and Evolving Model of the Cognitive Control of Emotion," *Annals of the New York Academy of Sciences* 1251 (2012): E1.

Kieran O'Driscoll and John Paul Leach, "'No Longer Gage': An Iron Bar Through the Head: Early Observations of Personality Change After Injury to the Prefrontal Cortex," BMJ 317, no. 7174 (1998): 1673–74, doi:10.1136/bmj.317.7174.1673a.

L. Crystal Jiang and Jeffrey T. Hancock, "Absence Makes the Communication Grow Fonder: Geographic Separation, Interpersonal Media, and Intimacy in Dating Relationships," *Journal of Communication* 63, no. 3 (2013): 556–77.

Marc Palaus et al., "Cognitive Enhancement via Neuromodulation and Video Games: Synergistic Effects?," *Frontiers in Human Neuroscience* 14 (2020): 235.

Mariam Arain et al., "Maturation of the Adolescent Brain," *Neuropsychiatric Disease and Treatment*, no. 9 (2013): 449.

Michael S. Gazzaniga, Richard B. Ivry, and G. R. Mangun, *Cognitive Neuroscience: The Biology of the Mind* (New York: W. W. Norton, 2014), 515–65.

Nagesh Adluru et al., "BrainAGE and Regional Volumetric Analysis of a Buddhist Monk: A Longitudinal MRI Case Study," *Neurocase* 26, no. 2 (2020): 79–90.

Richard J. Davidson and Antoine Lutz, "Buddha's Brain: Neuroplasticity and Meditation," *IEEE Signal Processing Magazine* 25, no. 1 (2008): 176–74.

Richard J. Davidson and Sharon Begley, *The Emotional Life of Your Brain: How Its Unique Patterns Affect the Way You Think, Feel, and Live—and How You Can Change Them* (New York: Penguin, 2013), 43.

Richard J. Davidson, Katherine M. Putnam, and Christine L. Larson, "Dysfunction in the Neural Circuitry of Emotion Regulation—a Possible Prelude to Violence," *Science* 289, no. 5479 (2000): 591–94.

Robb B. Rutledge et al., "A Computational and Neural Model of Happiness," *Proceedings of the National Academy of Sciences* 111, no. 33 (2014): 12252–57.

Sara M. Szczepanski and Robert T. Knight, "Insights into Human Behavior from Lesions to the Prefrontal Cortex," *Neuron* 83, no. 5 (2014): 1002–18.

Tamlin S. Conner and Paul J. Silvia, "Creative Days: A Daily Diary Study of Emotion,

Personality, and Everyday Creativity," *Psychology of Aesthetics, Creativity, and the Arts* 9, no. 4 (2015): 463.

Tammi Kral et al., "Impact of Short-and Long-Term Mindfulness Meditation Training on Amygdala Reactivity to Emotional Stimuli," *Neuroimage* 181 (2018): 301–13.

Valerie E. Stone, Simon Baron-Cohen, and Robert T. Knight, "Frontal Lobe Contributions to Theory of Mind," *Journal of Cognitive Neuroscience* 10, no. 5 (1998): 640–56.

Wei-Yi Ong, Christian S. Stohler, and Deron R. Herr, "Role of the Prefrontal Cortex in Pain Processing," *Molecular Neurobiology* 56, no. 2 (2019): 1137–66.

8. 함께하면 더 나아진다

Allan Schore and Terry Marks-Tarlow, "How Love Opens Creativity, Play and the Arts Through Early Right Brain Development," in *Play and Creativity in Psychotherapy*, Norton Series on Interpersonal Neurobiology, ed. Terry Marks-Tarlow, Marion Solomon, and Daniel J. Siegel (New York: W. W. Norton, 2017), 64–91.

Arthur Aron and Elaine N. Aron, "Self-Expansion Motivation and Including Other in the Self," in *Handbook of Personal Relationships: Theory, Research and Interventions*, ed. Steve Duck (New York: John Wiley & Sons, 1997), 251–70.

Barbara L. Fredrickson, Love 2.0: *Finding Happiness and Health in Moments of Connection* (New York: Penguin, 2013), 49.

Carsten K. W. De Dreu, Matthijs Baas, and Nathalie C. Boot, "Oxytocin Enables Novelty Seeking and Creative Performance Through Upregulated Approach: Evidence and Avenues for Future Research," *Wiley Interdisciplinary Reviews: Cognitive Science* 6, no. 5 (2015): 409–17.

Jens Förster, Kai Epstude, and Amina Özelsel, "Why Love Has Wings and Sex Has Not: How Reminders of Love and Sex Influence Creative and Analytic Thinking," *Personality and Social Psychology Bulletin* 35, no. 11 (2009): 1479–91.

Jen-Shou Yang and Ha Viet Hung, "Emotions as Constraining and Facilitating Factors for Creativity: Companionate Love and Anger," *Creativity and Innovation Management* 24, no. 2 (2015): 217–30.

Jürgen Renn, Robert J. Schulmann, and Shawn Smith, *Albert Einstein, Mileva Mari : The Love Letters*, ed. (Princeton, NJ: Princeton University Press, 1992), 23.

Kelly Campbell and James Kaufman, "Do You Pursue Your Heart or Your Art? Creativity, Personality, and Love," *Journal of Family Issues* 38, no. 3 (2017): 287–311.

Nel M. Mostert, "Diversity of the Mind as the Key to Successful Creativity at Unilever," *Creativity and Innovation Management* 16, no. 1 (2007): 93–100.

Olaf Blanke et al., "Stimulating Illusory OwnBody Perceptions," *Nature* 419, no. 6904 (2002): 269–70.

Rafael Wlodarski and Robin I. M. Dunbar, "The Effects of Romantic Love on Mentalizing Abilities," Review of General Psychology 18, no. 4 (2014): 313–21.

Sally Singer, "Ruben Toledo Remembers His Beloved Late Wife, Designer Isabel Toledo," Vogue.com, December 17, 2019, accessed July 1, 2021, https://www.vogue.com/article/isabel-toledo-memorial.

Stephanie Cacioppo, Mylene Bolmont, and George Monteleone, "Spatio-Temporal Dynamics of the Mirror Neuron System During Social Intentions," *Social Neuroscience* 13, no. 6 (2018): 718–38.

Stephanie Ortigue and Francesco BianchiDemicheli, "Why Is Your Spouse So Predictable? Connecting Mirror Neuron System and Self-Expansion Model of Love," *Medical Hypotheses* 71, no. 6 (2008): 941–44.

Stephanie Ortigue et al., "Implicit Priming of Embodied Cognition on Human Motor Intention Understanding in Dyads in Love," *Journal of Social and Personal Relationships* 27, no. 7 (2010): 1001–15.

Stephanie Ortigue et al., "The Neural Basis of Love as a Subliminal Prime: An Event-Related Functional Magnetic Resonance Imaging Study," *Journal of Cognitive Neuroscience* 19, no. 7 (2007): 1218–30.

9. 아플 때나 건강할 때나

A. Courtney DeVries, Erica R. Glasper, and Courtney E. Detillion, "Social Modulation of Stress Responses," *Physiology & Behavior* 79, no. 3 (2003): 399–407.

Ariela F. Pagani et al., "If You Shared My Happiness, You Are Part of Me: Capitalization and the Experience of Couple Identity," *Personality and Social Psychology Bulletin* 46, no. 2 (2020): 258–69.

Barbara L. Fredrickson, Love 2.0: *Finding Happiness and Health in Moments of Connection* (New York: Penguin, 2013), 75.

Brett J. Peters, Harry T. Reis, and Shelly A. Gable, "Making the Good Even Better: A Review and Theoretical Model of Interpersonal Capitalization," *Social and Personality Psychology Compass* 12, no. 7 (2018): e12407.

Dawn C. Carr et al., "Does Becoming a Volunteer Attenuate Loneliness Among Recently Widowed Older Adults?," *Journals of Gerontology: Series B* 73, no. 3 (2018): 501–10.

Ellen S. Berscheid and Pamela C. Regan, *The Psychology of Interpersonal Relationships* (New York: Routledge, 2016), 31–62.

James A. Coan, Hillary S. Schaefer, and Richard J. Davidson, "Lending a Hand: Social Regulation of the Neural Response to Threat," Psychological Science 17, no. 12 (2006): 1032–39.

Jean-Philippe Gouin and Janice K. Kiecolt-Glaser, "The Impact of Psychological Stress on Wound Healing: Methods and Mechanisms," *Critical Care Nursing Clinics of North America* 24, no. 2 (2012): 201–13.

Jean-Philippe Gouin et al., "Marital Behavior, Oxytocin, Vasopressin, and Wound Healing," *Psychoneuroendocrinology* 35, no. 7 (2010): 1082–90.

John T. Cacioppo and Stephanie Cacioppo, "Loneliness in the Modern Age: An Evolutionary Theory of Loneliness (ETL)," *Advances in Experimental Social Psychology* 58 (2018): 127–97.

John T. Cacioppo and Stephanie Cacioppo, "The Growing Problem of Loneliness," *The Lancet* 391, no. 10119 (2018): 426.

John T. Cacioppo and William Patrick, *Loneliness: Human Nature and the Need for Social Connection* (New York: W. W. Norton, 2008).

Julianne HoltLunstad et al., "Loneliness and Social Isolation as Risk Factors for Mortality: A Meta-Analytic Review," *Perspectives on Psychological Science* 10, no. 2 (2015): 227–37.

Kathleen B. King and Harry T. Reis, "Marriage and Long-Term Survival After Coronary Artery Bypass Grafting," *Health Psychology* 31, no. 1 (2012): 55.

Kathleen B. King et al., "Social Support and LongTerm Recovery from Coronary Artery Surgery: Effects on Patients and Spouses," *Health Psychology* 12, no. 1 (1993): 56.

Matthieu Ricard, *Altruism: The Power of Compassion to Change Yourself and the World* (New York: Little, Brown, 2015).

Micaela Rodriguez, Benjamin W. Bellet, and Richard J. McNally, "Reframing Time Spent Alone: Reappraisal Buffers the Emotional Effects of Isolation," *Cognitive Therapy and Research* 44, no. 6 (2020): 1052–67.

Nicholas Epley and Juliana Schroeder, "Mistakenly Seeking Solitude," *Journal of Experimental Psychology: General* 143, no. 5 (2014): 1980.

Shelly L. Gable and Harry T. Reis, "Good News! Capitalizing on Positive Events in an Interpersonal Context," *Advances in Experimental Social Psychology* 42 (2010): 195–257.

Stephanie Cacioppo and John T. Cacioppo, *Introduction to Social Neuroscience* (Princeton, NJ: Princeton University Press, 2020), 21–53.

Stephanie Cacioppo, John P. Capitanio, and John T. Cacioppo, "Toward a Neurology of Loneliness," *Psychological Bulletin* 140, no. 6 (2014): 1464.

Tara Lomas et al., "Gratitude Interventions," in *The Wiley Blackwell Handbook of Positive Psychological Interventions* (New York: John Wiley & Sons, 2014), 3–19.

10. 시간의 시험

"Dessa: Can We Choose to Fall Out of Love?," filmed in June 2018 in Hong Kong, TED video, 11:31, https:// www.ted.com/talks/dessa_can_we_choose_to_fall_out_of_ love_feb_2019.

"That May Not Actually Be Good News," Time.com, November 26, 2018, accessed July 1, 2021, https://time.com/5434949/divorce-rate-children-marriage-benefits/.

Andrew E. Reed and Laura L. Carstensen, "The Theory Behind the Age-Related Positivity Effect," *Frontiers in Psychology* 3 (2012): 339.

Arif Najib et al., "Regional Brain Activity in Women Grieving a Romantic Relationship Breakup," *American Journal of Psychiatry* 161, no. 12 (2004): 2245–26.

Arthur Aron et al., "The Experimental Generation of Interpersonal Closeness: A Procedure and Some Preliminary Findings," *Personality and Social Psychology Bulletin* 23, no. 4 (1997): 363–77.

Dessa, *My Own Devices: True Stories from the Road on Music, Science, and Senseless Love* (New York: Dutton, 2019).

Hazel Markus and Paula Nurius, "Possible Selves," American Psychologist 41, no. 9 (1986): 954–69.

Helen Fisher, "Evolution of Human Serial Pair Bonding," *American Journal of Physical Anthropology* 78, no. 3 (1989): 331–54.

Justin A. Lavner et al., "Personality Change Among Newlyweds: Patterns, Predictors, and Associations with Marital Satisfaction over Time," D*evelopmental Psychology* 54, no. 6 (2018): 1172.

Laura L. Carstensen, Derek M. Isaacowitz, and Susan T. Charles, "Taking Time Seriously: A Theory of Socioemotional Selectivity," *American Psychologist* 54, no. 3 (1999): 165.

Mandy Len Catron, "To Fall in Love with Anyone, Do This," *New York Times,* January 11, 2015, accessed July 1, 2021, https://www.nytimes.com/2015/01/11/style/modern-love-to-fall-in-love-with-anyone-do-this.html.

Marcus Mund et al.,"Loneliness Is Associated with the Subjective Evaluation of but Not Daily Dynamics in Partner Relationships," *International Journal of Behavioral Development* (2020), doi:10.1177/0165025420951246.

Marcus Mund, "The Stability and Change of Loneliness Across the Life Span: A Meta-Analysis of Longitudinal Studies," *Personality and Social Psychology Review* 24, no. 1 (2020): 24–52.

Michael J. Rosenfeld, "Couple Longevity in the Era of Same-Sex Marriage in the United States," *Journal of Marriage and Family* 76, no. 5 (2014): 905–18.

Michael S. Gazzaniga, Richard B. Ivry, and G. R. Mangun, *Cognitive Neuroscience: The Biology of the Mind* (New York: W. W. Norton, 2014), 573–78.

Quinn Kennedy, Mara Mather, and Laura L. Carstensen, "The Role of Motivation in the

Age-Related Positivity Effect in Autobiographical Memory," *Psychological Science* 15, no. 3 (2004): 208–14.

Roberto A. Ferdman, "How the Chance of Breaking Up Changes the Longer Your Relationship Lasts," *Washington Post*, March 18, 2016, accessed July 1, 2021, https://www.washingtonpost.com/news/wonk/wp/2016/03/18/how-the-likelihood-of-breaking-up-changes-as-time-goes-by/.

Roy F. Baumeister, "Passion, Intimacy, and Time: Passionate Love as a Function of Change in Intimacy," *Personality and Social Psychology Review* 3, no. 1 (1999): 49–67.

Stephanie Cacioppo et al., "Social Neuroscience of Love," *Clinical Neuropsychiatry* 9, no. 1 (2012): 9–13.

Stephen Heyman, "Hard Wired for Love," *New York Times*, November 17, 2017, accessed July 1, 2021, https://www.nytimes.com/2017/11/08/style/modern-love-neuroscience.html.

Susan Turk Charles, Mara Mather, and Laura L. Carstensen, "Aging and Emotional Memory: The Forgettable Nature of Negative Images for Older Adults," *Journal of Experimental Psychology: General* 132, no. 2 (2003): 310.

William James, "The Consciousness of Self," chap. 10 in *The Principles of Psychology*, vol. 1 (New York: Henry Holt, 1890).

Wonjun Choi et al., "'We're a Family and That Gives Me Joy': Exploring Interpersonal Relationships in Older Women's Softball Using Socioemotional Selectivity Theory," *Leisure Sciences* (2018): 1–18, doi:10.1080/01490400.2018.1499056.

Yoobin Park et al., "Lack of Intimacy Prospectively Predicts Breakup," *Social Psychological and Personality Science* 12, no. 4 (2021): 442–51.

11. 난파

"Professor John T. Cacioppo Memorial," YouTube video, 56:17, posted by UChicago Social Sciences, May 7, 2018, https://www.youtube.com/watch?v=Fc2uEzTptxo.

12. 유령을 사랑하는 법

Amy Paturel, "The Traumatic Loss of a Loved One Is Like Experiencing a Brain Injury," Discover, August 7, 2020, accessed July 20, 2021, https://www.discovermagazine.com/mind/the-traumatic-loss-of-a-loved-one-is-like-experiencing-a-brain-injury.

Brian Arizmendi, Alfred W. Kaszniak, and Mary-Frances O'Connor, "Disrupted Prefrontal Activity During Emotion Processing in Complicated Grief: An fMRI

Investigation," *NeuroImage* 124 (2016): 968–76.

Brian Knutson et al., "Anticipation of Increasing Monetary Reward Selectively Recruits Nucleus Accumbens," *Journal of Neuroscience* 21, no. 16 (2001): RC159.

C. Murray Parkes, Bernard Benjamin, and Roy G. Fitzgerald, "Broken Heart: A Statistical Study of Increased Mortality Among Widowers," *British Medical Journal* 1, no. 5646 (1969): 740–43.

Elizabeth Mostofsky et al., "Risk of Acute Myocardial Infarction After the Death of a Significant Person in One's Life: The Determinants of Myocardial Infarction Onset Study," *Circulation* 125, no. 3 (2012): 491–96.

Genevieve Swee and Annett Schirmer, "On the Importance of Being Vocal: Saying 'Ow' Improves Pain Tolerance," *Journal of Pain* 16, no. 4 (2015): 326–34.

James Gleick, *Genius: The Life and Science of Richard Feynman* (New York: Pantheon, 1992), 151.

John T. Cacioppo, "Overcoming Isolation | AARP Foundation," YouTube video, 1:16, posted by AARPFoundation, February 25, 2013, https://www.youtube.com/watch?v=xBWGdQ_lx_A.

John T. Cacioppo, Laura Freberg, and Stephanie Cacioppo, *Discovering Psychology: The Science of Mind* (Boston: Cengage, 2021), 310.

Lisa M. Shulman, *Before and After Loss: A Neurologist's Perspective on Loss, Grief, and Our Brain* (Baltimore: Johns Hopkins University Press, 2018), 53–64.

M. Katherine Shear, "Complicated Grief," *New England Journal of Medicine* 372, no. 2 (2015): 153–60.

Maarten C. Eisma et al., "Is Rumination After Bereavement Linked with Loss Avoidance? Evidence from Eye-Tracking," *PLoS One* 9, no. 8 (2014): e104980.

Manuel Fernández-Alcántara et al., "Increased Amygdala Activations During the Emotional Experience of Death-Related Pictures in Complicated Grief: An fMRI Study," *Journal of Clinical Medicine* 9, no. 3 (2020): 851.

Mary-Frances O'Connor et al., "Craving Love? Enduring Grief Activates Brain's Reward Center," *Neuroimage* 42, no. 2 (2008): 969–72.

Mary-Frances O'Connor, "Grief: A Brief History of Research on How Body, Mind, and Brain Adapt," *Psychosomatic Medicine* 81, no. 8 (2019): 731.

Matthew N. Peters, Praveen George, and Anand M. Irimpen, "The Broken Heart Syndrome: Takotsubo Cardiomyopathy," *Trends in Cardiovascular Medicine* 25, no. 4 (2015): 351–57.

Richard J. Davidson and Sharon Begley, *The Emotional Life of Your Brain: How Its Unique Patterns Affect the Way You Think, Feel, and Live—and How You Can Change Them* (New York: Penguin, 2013), 285–95.

Richard P. Feynman to Arline Greenbaum, October 17, 1946, in *Perfectly Reasonable Deviations from the Beaten Track: The Letters of Richard P. Feynman,* ed. Michelle Feynman (New York: Basic Books, 2005), 68–69, https://lettersofnote.

com/2012/02/15/i-love-my-wife-my-wifeis-dead, accessed July 20, 2021.

에필로그

Catherine Thorbecke and Faryn Shiro, "3 Years After Her Husband's Death,
  Celine Dion Shares Advice to Overcome Loss: 'You Cannot Stop Living,'"
  GoodMorningAmerica.com, April 2, 2019, accessed July 20, 2021, https://www.
  goodmorningamerica.com/culture/story/years-husbands-death-celine-dion-shares-
  advice-overcome-62099061.
Harry T. Reis et al., "Are You Happy for Me? How Sharing Positive Events with Others
  Provides Personal and Interpersonal Benefits," *Journal of Personality and Social
  Psychology* 99, no. 2 (2010): 311.
Lisa M. Shulman, *Before and After Loss: A Neurologist's Perspective on Loss, Grief, and Our
  Brain* (Baltimore: Johns Hopkins University Press, 2018), 36.

우리가 사랑에 빠질 수밖에 없는 이유

: 낭만과 상실, 관계의 본질을 향한 신경과학자의 여정

1판 1쇄 펴냄 2022년 10월 10일
1판 3쇄 펴냄 2023년 4월 15일

지은이 스테파니 카치오포
옮긴이 김희정 · 염지선
발행인 김병준
편집 김서영
디자인 김은혜
마케팅 김유정 · 차현지
발행처 생각의힘

등록 2011. 10. 27. 제406-2011-000127호
주소 서울시 마포구 독막로6길 11, 우대빌딩 2, 3층
전화 02-6925-4185(편집), 02-6925-4188(영업)
팩스 02-6925-4182
전자우편 tpbook1@tpbook.co.kr
홈페이지 www.tpbook.co.kr

ISBN 979-11-90955-66-9 (03400)